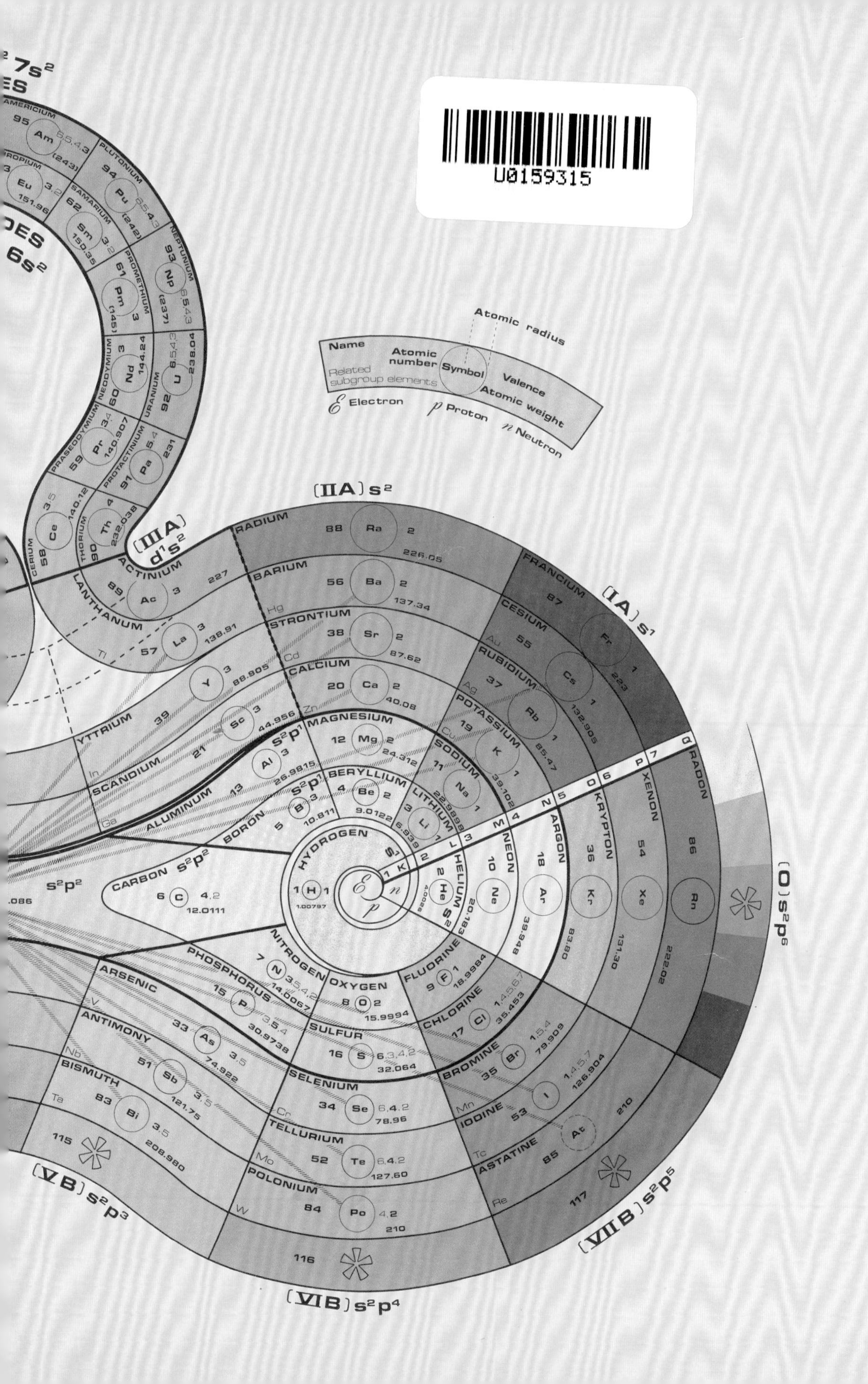

U0159315
Atomic radius
Name
Atomic number
Symbol
Valence
Atomic weight
Related subgroup elements
Electron
Proton
Neutron
(IA) s1
(IIA) s2
(IIIA) d1s2
(VB) s2p3
(VIB) s2p4
(VIIB) s2p5
(O) s2p6
HYDROGEN 1 H 1 1.00797
HELIUM 2 He 4.0026
LITHIUM 3 Li 1 6.939
BERYLLIUM 4 Be 2 9.0122
BORON 5 B 3 10.811
CARBON s2p2 6 C 4,2 12.0111
NITROGEN 7 N 3,5,4,2 14.0067
OXYGEN 8 O 2 15.9994
FLUORINE 9 F 1 18.9984
NEON 10 Ne 20.183
SODIUM 11 Na 1 22.9898
MAGNESIUM 12 Mg 2 24.312
ALUMINUM 13 Al 3 26.9815
PHOSPHORUS 15 P 3,5,4 30.9738
SULFUR 16 S 6,3,4,2 32.064
CHLORINE 17 Cl 1,4,5,6,7 35.453
ARGON 18 Ar 39.948
POTASSIUM 19 K 1 39.102
CALCIUM 20 Ca 2 40.08
SCANDIUM 21 Sc 3 44.956
ARSENIC 33 As 3,5 74.922
SELENIUM 34 Se 6,4,2 78.96
BROMINE 35 Br 1,5 79.909
KRYPTON 36 Kr 83.80
RUBIDIUM 37 Rb 1 85.47
STRONTIUM 38 Sr 2 87.62
YTTRIUM 39 Y 3 88.905
ANTIMONY 51 Sb 3,5 121.75
TELLURIUM 52 Te 6,4,2 127.60
IODINE 53 I 1,4,5,7 126.904
XENON 54 Xe 131.30
CESIUM 55 Cs 1 132.905
BARIUM 56 Ba 2 137.34
LANTHANUM 57 La 3 138.91
CERIUM 58 Ce 3,5 140.12
PRASEODYMIUM 59 Pr 3,4 140.907
NEODYMIUM 60 Nd 3 144.24
PROMETHIUM 61 Pm 3 (145)
SAMARIUM 62 Sm 3,2 150.35
EUROPIUM Eu 3,2 151.96
BISMUTH 83 Bi 3,5 208.980
POLONIUM 84 Po 4,2 210
ASTATINE 85 At 210
RADON 86 Rn 222.02
FRANCIUM 87 Fr 1 223
RADIUM 88 Ra 2 226.05
ACTINIUM 89 Ac 3 227
THORIUM 90 Th 4 232.038
PROTACTINIUM 91 Pa 5,4 231
URANIUM 92 U 6,5,4,3 238.04
NEPTUNIUM 93 Np 6,5,4,3 (237)
PLUTONIUM 94 Pu 6,5,4,3 (242)
AMERICIUM 95 Am 6,5,4,3 (243)
115
116
117
K L M N O P Q

THE ELEMENTS
化学元素
A Visual History of Their Discovery
发现史

PHILIP
BALL

[英] 菲利普·鲍尔
著

左安浦
译

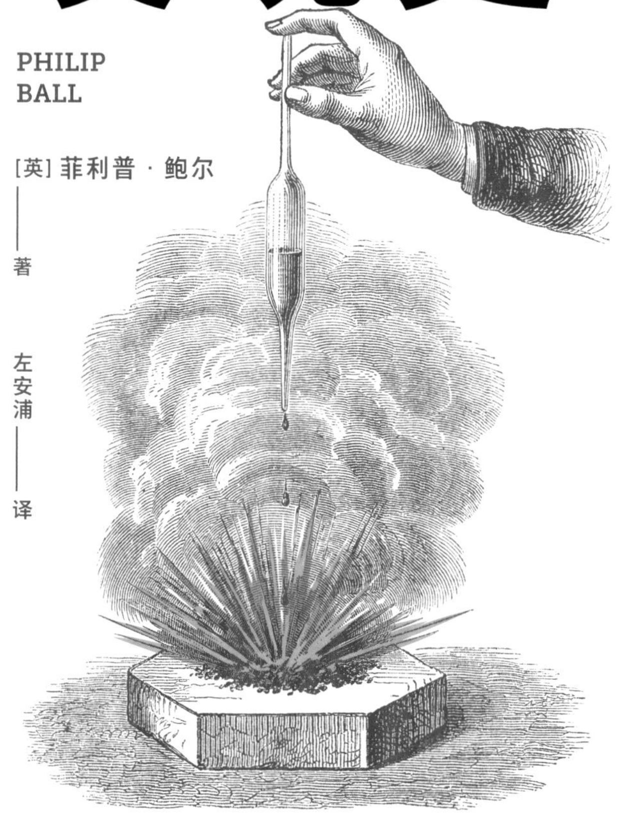

重庆出版集团 重庆出版社

图书在版编目（CIP）数据

化学元素发现史 /（英）菲利普·鲍尔著；左安浦译. — 重庆：重庆出版社，2024.7
ISBN 978-7-229-18535-0

Ⅰ. ①化… Ⅱ. ①菲… ②左… Ⅲ. ①化学元素—普及读物 Ⅳ. ① O611-49

中国国家版本馆 CIP 数据核字 (2024) 第 070956 号

Original title: *The Elements: A Visual History of Their Discovery*

Published by Chongqing Publishing House Co., Ltd.

版贸核渝字（2023）第 173 号

化学元素发现史

HUAXUE YUANSU FAXIAN SHI

［英］菲利普·鲍尔（Philip Ball） 著　　左安浦 译

责任编辑：夏　添　范　佳
美术编辑：范　佳
责任校对：李小君
特约编辑：颜　磊
选题策划：双又文化·饶莎莎
封面设计：别境Lab

重庆出版集团
重庆出版社　出版

重庆市南岸区南滨路 162 号 1 幢　邮政编码：400061　http://www.cqph.com
凸版艺彩（东莞）印刷有限公司印制
重庆出版集团图书发行有限公司发行
E-MAIL：fxchu@cqph.com　邮购电话：023-61520656
全国新华书店经销

开本：787 mm × 1092 mm　1/16　印张：14
2024 年 8 月第 1 版　2024 年 8 月第 1 次印刷
ISBN 978-7-229-18535-0
定价：118.00 元

如有印装质量问题，请向本集团图书发行有限公司调换：023-61520678

Pl. 13.

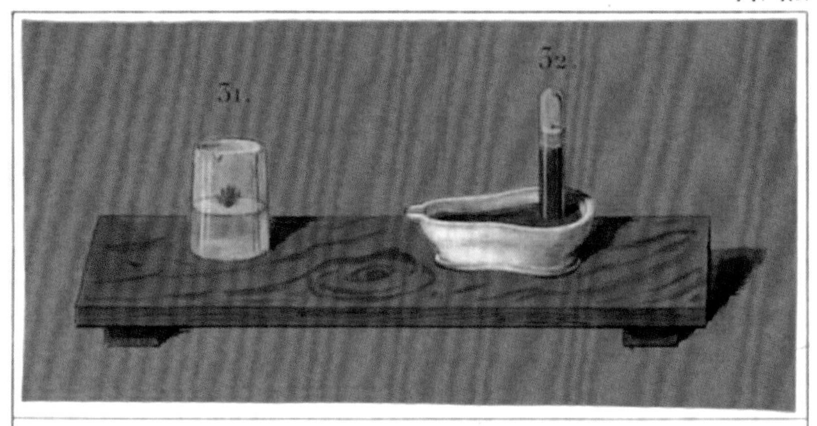

引言

人类对其生活的世界有着许多发现，其中最深刻也最有用的是了解这个世界的构成。我们能看到和摸到的所有物质都由原子构成，目前已知的原子只有118种（它们太小了，用传统的光学显微镜也看不到），而且许多原子极其罕见。我们熟悉的世界可能只包含其中的二三十种。这些物质被称为**化学元素**，它们极大地简化了我们对周围世界的理解。在知道这些元素之前，我们不可能想到，所有物质都可以通过分析和归类变成几种基本成分——与之形成鲜明对比的是，生物界已发现的物种数量非常庞大，仅甲虫就有三十多万个已知的品种。所以，我们应该感谢有限的化学元素。

尽管如此，对化学专业的新生来说，这仍然是一份令人望而生畏的长名单。他们可能听说过碳、氧等元素，那么钪、镨呢？能够念出一些元素的名字已经很难得，更不用说记住关于它们的一切，或者说找到去学习这些知识的动力。

了解相关的历史可能有帮助。这些元素是随着时间推移而逐渐被发现的——大约从1730年开始，以令人惊讶的稳定速度，大约每两三年发现一个，偶尔会有爆发或中断的情况。这个过程并不是源自协调一致的寻找计划（几十年前，情况开始变得不同，所有新发现的元素都必然是人造的），这是一项偶然的工作：科学家和技术专家可能会在一种不知名的矿物中发现未知的元素，或者在太阳光谱中寻得新元素的蛛丝马迹，又或者通过液化和蒸馏空气发现微量的稀有气体（亦称“惰性气体”）。发现这些元素的故事就像传记，不是寂寂无名之辈的随机组合，而更像是源远流长的史诗，讲述了我们如何试图理解和操纵周围的世界。对化学家来说，元素的确颇具个性——有益的或顽固的，新奇的或沉闷的，友好的或危险的。化学家经常就“最喜欢的元素”发起调查，这似乎是非常书呆子气的行为——直到你亲自去了解这些元素，便可能会发现，你也有了对元素的偏好和厌恶。

有些元素非常有用：比如，作为药物或其他医疗制剂的关键成分；用于制造硬度与强度更高、更有光泽、导电性更好的新材料等。有些元素有色彩鲜艳的化合物（与其他元素结合），在制作颜料和染料方面很有价值。有些元素是能量的来源，有些元素是生命必需的营养物质，有些元素是温度比深空环境还低的制冷剂。某些元素的性质和用途使它们被写进了辞典——机会如“金”子般宝贵（千载难逢的机会）；乌云有“银”色镶边（黑暗中的一线光明）；建议像“铅”球一样落地（毫无效果）；反对者被“铁”拳镇压；煽动者无法获得公众的“氧”气（公众的关注）。我们可能还会谈论路灯的“钠”光、“氢”弹、“镍”商店（一元店）、“镁”照明弹，但几乎不理解为什么这些词中会用到这些元素。“元素”这个概念本身就包含了一种超越化学的基本原则，我们也会谈论法律元素、数学元素（古希腊数学家欧几里得的专著《几何原本》所讨论的主题）、语言元素和烹饪元素。

对页图：一位圣人拿着古代炼金术的石碑。图片出自穆罕默德·伊本·乌梅尔的《银色水》的衍生副本，巴格达，约1339年，藏于土耳其伊斯坦布尔托普卡帕皇宫图书馆。

所有这些都意味着，化学元素的发现史不止是化学一门学科的发展。它还为我们提供了一种视野，即我们如何理解自然世界，包括理解我们自身的结构。此外，它还展示了这些知识如何伴随着我们的技术演进和工艺演进——“伴随”这个词是对的，因为这种叙事挑战了一种常见但不准确的观点，即“科学总是先发现后应用”。实际事务（如采矿或制造）产生了问题与挑战，从而导致了新的发现。我们也可以看到，科学发现并不是一个非人格化的、不可阻挡的过程，而是取决于个人的动机和能力，有时还取决于一些个人特质：决心、想象力、野心、洞察力，以及超凡的好运气——永远不要低估最后一点。

一个不可避免的事实是，这类历史必须从欧洲人及其男性后裔的开拓与成就讲起，尤其是最近几个世纪的历史。现在，我们会觉得这多少有些不舒服。直到近代，女性都很难进入科学机构，而且，那些为数不多的女性科研工作者也经常遭遇强烈的歧视和偏见。例如，在 19 世纪末元素镭和钋的发现中，玛丽·居里做了大部分的工作，但 1903 年这项成就被授予诺贝尔物理学奖时，她几乎被忽视了。该奖项最初只打算颁给她的丈夫兼合作者皮埃尔·居里，但被后者拒绝。类似地，玛丽-安妮·保尔兹·拉瓦锡对其丈夫——18 世纪法国著名化学家安托万·拉瓦锡的工作所做的贡献，长期以来被认为

Periodische Gesetzmässigkeit der Elemente nach Mendelejeff.

Reihen	Gruppe I R^2O	Gruppe II RO	Gruppe III R^2O^3	Gruppe IV RH^4 RO^2	Gruppe V RH^3 R^2O^5	Gruppe VI RH^2 RO^3	Gruppe VII RH R^2O^7	Gruppe VIII RO^4
1	H=1							
2	Li=7	Be=9,08	B=11	C=12	N=14	O=16	F=19	
3	Na=23	Mg=24	Al=27,04	Si=28	P=31	S=32	Cl=35,37	
4	K=39	Ca=40	Sc=44	Ti=50,25	V=51,1	Cr=52,45	Mn=54,8	Fe=56, Co=58,6 Ni=58,6, Cu=63
5	(Cu=63)	Zn=65	Ga=68	Ge=72	As=75	Se=78,87	Br=79,76	
6	Rb=85	Sr=87,3	Yt=89,6	Zr=90	Nb=94	Mo=96	–=100	Ru=103,5, Rh=104 Pd=106, Ag=107,6
7	(Ag=107,6)	Cd=111,7	In=113,4	Sn=117,4	Sb=120	Te=126	J=126,5	
8	Cs=133	Ba=136,8	La=138,5	Ce=141,2	Di=145	–	–	– – – –
9	(–)	–	–	–	–	–	–	
10	–	–	Er=166	–	Ta=182	W=184	–	Os=191,12, Jr=192,6 Pt=194, Au=196
11	(Au=196)	Hg=200	Tl=204	Pb=206,4	Bi=207,5	–	–	
12	–	–	–	Th=232	–	U=240	–	– – – –

Verlag v. Lenoir & Forster, Chem-Physikal. Institut, Wien IV. Waaggasse 5.

Lith. v. Schorner & Hachammer Wien, IV. Hptst. 51

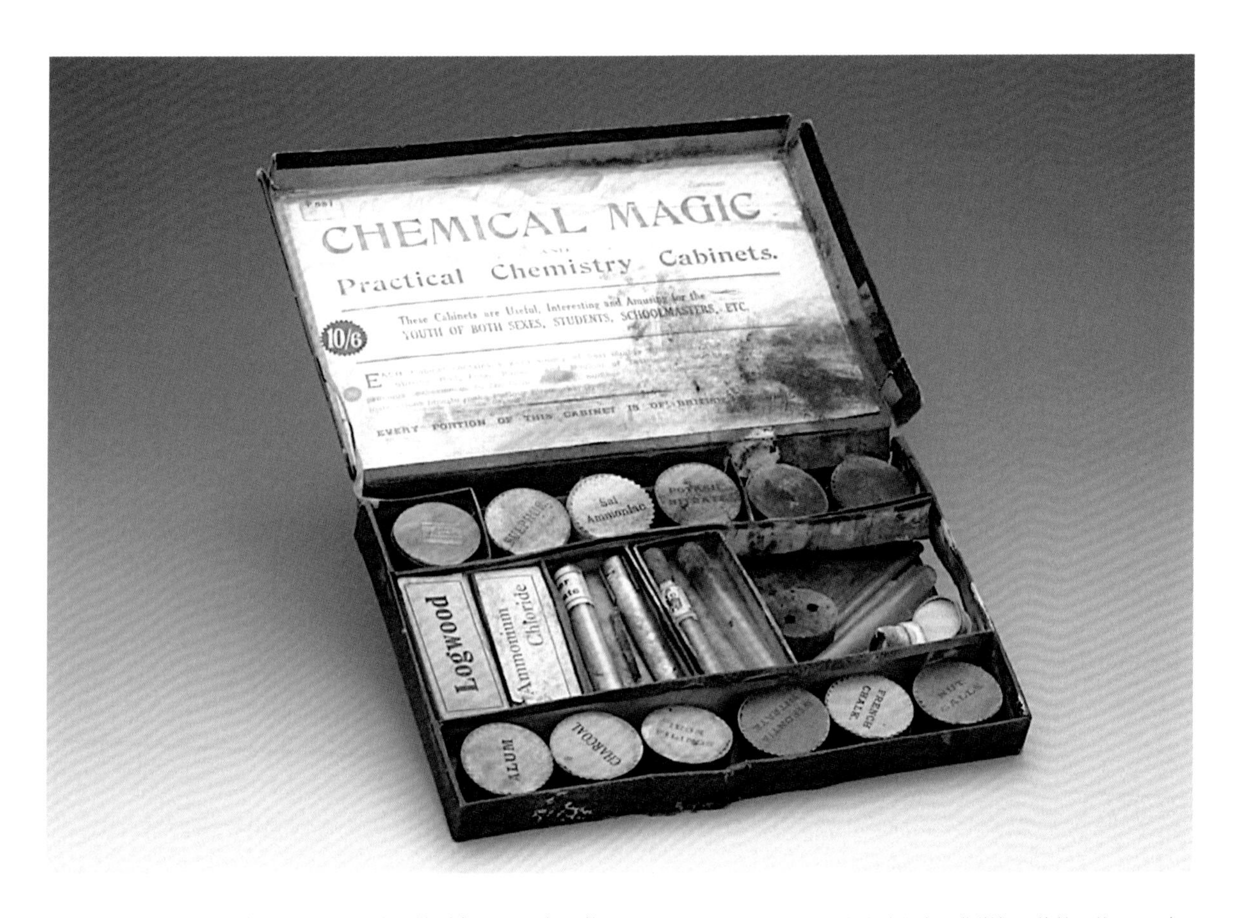

对页图：早期元素周期表的挂图。图片来自门捷列夫，1893年，藏于日本京都大学吉田南校区图书馆。

上图：F. 金斯利制作的化学魔法和实用化学柜，伦敦，约1920年，藏于英国牛津科学史博物馆。

只是妻子的责任，而不是科学合作者的成就。甚至在20世纪50年代，当对重放射性元素的发现做出杰出贡献的美国核化学家达莲娜·霍夫曼到美国洛斯阿拉莫斯国家实验室领导一个新团队时，还有人说肯定弄错了，因为“我们这个部门不雇用女性”。

此外还要解释一下，为什么有色人种在这个故事中的地位很低？在现代早期以来，西方的全球统治和剥削的整个历史中，这个问题相当普遍。这种偏见和系统性偏差仍然导致他们在今天的科学界处于被代表的状态。现在还不清楚元素的发现史会持续多久，或者说还能持续多久——但至少亚洲科学的崛起会让我们期待并希望，如果这一进程持续下去，它将具有明显的文化丰富性和多样性。

说明

本书描述的大多数元素，都在相应页面的边栏里显示了它们的原子序数、原子符号、标准原子量、周期族名称和周期族号，在某些情况下还会显示它们在标准温度和压强下的相（固态、液态或气态）。

- 碱金属
- 碱土金属
- 过渡金属
- 后过渡金属
- 类金属

1 H 氢 1.008								
3 Li 锂 6.94	4 Be 铍 9.0122							
11 Na 钠 22.990	12 Mg 镁 24.305							
19 K 钾 39.098	20 Ca 钙 40.078	21 Sc 钪 44.956	22 Ti 钛 47.867	23 V 钒 50.942	24 Cr 铬 51.996	25 Mn 锰 54.938	26 Fe 铁 55.845	27 Co 钴 58.933
37 Rb 铷 85.468	38 Sr 锶 87.62	39 Y 钇 88.906	40 Zr 锆 91.224	41 Nb 铌 92.906	42 Mo 钼 95.95	43 Tc 锝 (98)	44 Ru 钌 101.07	45 Rh 铑 102.91
55 Cs 铯 132.91	56 Ba 钡 137.327	71 Lu 镥 174.97	72 Hf 铪 178.49	73 Ta 钽 180.948	74 W 钨 183.84	75 Re 铼 186.21	76 Os 锇 190.23	77 Ir 铱 192.22
87 Fr 钫 (223)	88 Ra 镭 (226)	103 Lr 铹 (262)	104 Rf 𬬻 (267)	105 Db 𬭊 (270)	106 Sg 𬭳 (269)	107 Bh 𬭛 (270)	108 Hs 𬭶 (270)	109 Mt 鿏 (278)

超重元素

57 La 镧 138.91	58 Ce 铈 140.12	59 Pr 镨 140.91	60 Nd 钕 144.24	61 Pm 钷 (145)	62 Sm 钐 150.36	63 Eu 铕 151.96
89 Ac 锕 (227)	90 Th 钍 232.04	91 Pa 镤 231.04	92 U 铀 238.03	93 Np 镎 (237)	94 Pu 钚 (244)	95 Am 镅 (243)

元素周期表

- 镧系元素
- 锕系元素
- 其他非金属元素
- 卤素
- 稀有气体
- 特征暂不明确

								2 He 氦 4.0026
			5 B 硼 10.81	6 C 碳 12.011	7 N 氮 14.007	8 O 氧 15.999	9 F 氟 18.998	10 Ne 氖 20.180
			13 Al 铝 26.982	14 Si 硅 28.085	15 P 磷 30.974	16 S 硫 32.06	17 Cl 氯 35.45	18 Ar 氩 39.948
28 Ni 镍 58.693	29 Cu 铜 63.546	30 Zn 锌 65.38	31 Ga 镓 69.723	32 Ge 锗 72.630	33 As 砷 74.922	34 Se 硒 78.971	35 Br 溴 79.904	36 Kr 氪 83.798
46 Pd 钯 106.42	47 Ag 银 107.87	48 Cd 镉 112.41	49 In 铟 114.82	50 Sn 锡 118.71	51 Sb 锑 121.76	52 Te 碲 127.60	53 I 碘 126.90	54 Xe 氙 131.29
78 Pt 铂 195.08	79 Au 金 196.97	80 Hg 汞 200.59	81 Tl 铊 204.38	82 Pb 铅 207.2	83 Bi 铋 208.98	84 Po 钋 (209)	85 At 砹 (210)	86 Rn 氡 (222)
110 Ds 𫟼 (281)	111 Rg 𬬭 (281)	112 Cn 鿔 (285)	113 Nh 鿭 (286)	114 Fl 𫓧 (289)	115 Mc 镆 (289)	116 Lv 𫟷 (293)	117 Ts 鿬 (293)	118 Og 鿫 (294)

64 Gd 钆 157.25	65 Tb 铽 158.93	66 Dy 镝 162.50	67 Ho 钬 164.93	68 Er 铒 167.26	69 Tm 铥 168.93	70 Yb 镱 173.05
96 Cm 锔 (247)	97 Bk 锫 (247)	98 Cf 锎 (251)	99 Es 锿 (252)	100 Fm 镄 (257)	101 Md 钔 (258)	102 No 锘 (259)

目录

引言 4

元素周期表 8

第1章 古典元素 13

第2章 古董金属 31

第3章 炼金元素 51

第4章 新金属 75

第5章 化学的黄金时代 103

第6章 电的发现 143

第7章 辐射时代 169

第8章 核时代 191

引文出处 218

扩展阅读 220

译名对照 221

图片来源 224

古典元素

赫耳墨斯·特里斯墨吉斯忒斯 —— 这位传说中的圣人或神，正向埃及天文学家托勒密传授世界体系。饰有浮雕的银盘，公元 500 年 —600 年，藏于美国加利福尼亚州马里布盖蒂别墅保罗·盖蒂博物馆。

古典元素

约公元前 850 年

希腊字母表从腓尼基字母表发展而来。

公元前 776 年

第一场有记载的奥林匹克运动会举行。

约公元前 624 年—前 545 年

米利都的泰勒斯在世。他有时被认为是几何学与数学推理之父。

约公元前 571 年—约前 497 年

萨摩斯的毕达哥拉斯在世。他的一些追随者提出，地球不是宇宙的中心，而是围绕着“中心的火”旋转。

约公元前 460 年—约前 370 年

科斯的希波克拉底在世。他是希波克拉底医学学派的创始人，建立了西方医学的基础。他相信疾病是自然过程，而不是神的惩罚。

公元前 380 年

苏格拉底的学生柏拉图在雅典建立学园。

公元前 384 年—前 322 年

亚里士多德在世。他受教于柏拉图，创立了逍遥学派和亚里士多德传统。

约公元前 287 年—前 212 年

锡拉库扎的阿基米德在世。他是发明家、工程师、数学家和天文学家。

大约在公元前 360 年，柏拉图在其包罗万象的哲学著作《蒂迈欧篇》中写道：“世界的躯体由四种基本成分组成，即土、气、火、水，这些组分恰好构成了这个世界。”

人们经常认为，这四种元素是古代世界的通用体系，但事实并非如此。“四元素说”是公元前 5 世纪的恩培多克勒制定的，他是一位充满了奇异故事的哲学家。有人说他是能起死回生的魔术师；而据传说，他认为自己是不朽的神，于是跳进了埃特纳火山，并因此死去。这些故事里的许多人生活在没有可靠历史记录的时代，所以我们应该对这些故事多加推敲。

下图：四元素。图片详见《关于道德主题和自然史的各种诗歌专著》（1481 年，意大利），哈雷手稿编号 3577，藏于英国伦敦大英图书馆。

恩培多克勒的元素体系在中世纪以后的西方世界屹立不倒，部分是因为它得到了重量级人物亚里士多德和柏拉图的认同。尽管如此，关于世界的构成，即使在希腊哲学家中也有几种不同的观点。这并不惊奇，因为答案并不是显而易见的，也不容易找到。但寻找答案的努力似乎遵循了两个指导原则。

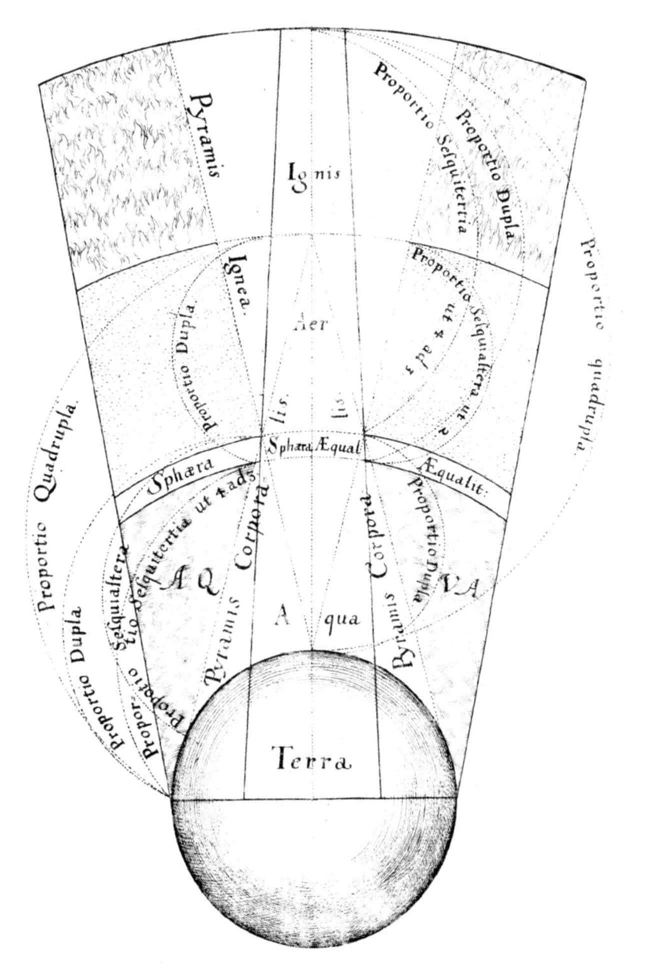

上图：四种古典元素土（Terra）、水（Aqua）、气（Aer）、火（Ignis），排列在同心的宇宙球体中。图片出自罗伯特·弗拉德的《大与小的两个宇宙的形而上学，物理学与技艺的历史》（1617年出版于奥本海姆，出版商为 J. T. de Bry），藏于美国洛杉矶盖蒂研究所。

第一条原则是，世界的结构具有非常多样的性质：有些是固态，有些是液态，有些是气态。当然，我们还可以区分得更精细：比如，有柔软而黏湿的物质（如泥浆），也有坚硬而柔韧的物质（如木材）。它们有不同的颜色、味道和气味。然而在研究什么是基本元素的时候，许多古希腊哲学家只看到了最基本的区别，比如颜色，但颜色是浅显易变的——铜可以暗淡成绿色的铜锈。但一般来说，具有“土性”的物质都非常稳固。

第二条指导原则是，物质可以改变。燃烧一根木头，它的大部分似乎会消失在空气中，留下土质的灰烬；铜和铁可以熔化成流动的形式。因此，对元素的理解不仅仅是希望描述一个静态的、不变的世界，它还必须解释我们看到的变化。

我们很容易想象，古代的元素体系产生于对简单性的追求。这种追求促使后来的化学家制定了元素周期表，并以统一的观点解释原子是什么。这种追求也促使现代物理学家发展了关于构成原子的基本粒子家族的理论。也许这种追求概念统一性的冲动的确起到了一定的作用——人们总是发现，把复杂的事物和过程分解成更容易掌握的简单的事物和过程，这样的尝试是很有用的，毕竟这是科学事业的一个重要部分。但是，理解元素也是出于实用的动机。当面包被烘烤的时候，当砂浆在砖块之间凝固的时候，当陶釉在窑中产生光泽硬度的时候，究竟发生了什么？当我们回顾元素的发现史时，永远不要忘记，许多发现并不是因为科学家、工匠和技术专家在寻找它们，而是因为他们试图制造一些有用的东西。化学是一门制造的技艺，而且一直如此——我们之所以想知道元素是什么，是因为去了解它们总是有用的。

原始物质

“大多数早期哲学家认为，一切事物的本质都可归结为物质本原。”这听起来像历史书中的一句用来描述古代世界观的引语，但它的作者实际上是公元前 4 世纪的亚里士多德。对他而言，200 年前的哲学家说的话早已成为历史。“万物存在的形式，万物初始的状态……这就是他们认为的元素和事物的本原，”亚里士多德继续写道，“虽然物质的状态会改变，但物质本身不会改变。”他想表达的是，只有一种原始物质（也常称为原始质料），其他所有物质都起源于此。

下图：米利都的阿那克西曼德手持日晷。公元 3 世纪初的镶嵌画，藏于德国特里尔莱茵国家博物馆。

事实并非如此，否则本书将会十分简短。然而，今天大多数科学家所相信的图景与亚里士多德并无太大不同。我们的宇宙始于“大爆炸”，当时的空间、时间和它所包含的一切都产生于一粒种子。这粒种子非常渺小、充满能量，我们最好的物理理论也无法描述它。我们知道，这个几乎无限小的时空气泡，容不下太多的多样性。如果我们退回到创世的最初一刻，就必须消除我们今天看到的所有差异——不同元素的原子之间的差异，原子内部基本粒子的差异，以及它们之间相互作用力的差异。这是我们所能想象到的最大程度的统一，我们还不能用理论来对其进行描述。

然而，亚里士多德的原始物质（在希腊语中经常被称为“prote hyle”，后来在拉丁语中被称为“prima materia”）并没有那么奇异和不可想象。他的想法是，造物主（希腊哲学家并不怀疑宇宙中存在一些造物主，但他们没有像犹太—基督教那样想象出一个具体的神）并没有使用 4 个元素，而是只用了 1 个，其他 3 个都由此产生。现在的我们很难理解这些。我们倾向于认为，元素是我们可以看到和拿着的某种物质。但古希腊人经常把原始物质理解为一种“质料因”（material cause，亚里士多德的四因说：质料因、形式因、动力因、目的因。其中质料因是指构成事物的材料、元素或基质——译者注），它带来了周围的所有物质。我们看不到原始物质，也不确定它能否被看到——正如我们不可能看到大爆炸的中心并了解那里有什么一样。

“原始物质”的概念经常与希腊哲学中最早的传

统之一联系起来，即公元前7世纪兴盛起来的米利都学派（或伊奥尼亚学派）。米利都是安纳托利亚（今土耳其）西海岸的一座城市。在米利都学派中，我们知道的最早的成员是泰勒斯。事实上，泰勒斯基本上可以说是我们最早全面了解的希腊哲学家，尽管许多是后来的二手信源，比如来自亚里士多德。我们会看到，泰勒斯对原始物质有自己的看法，而他的学生和继承者阿那克西曼德总结了这个概念为什么如此难以捉摸。他称其为“阿派朗”，即“无限”——尽管他也可以称之为“不问”。因为在他的想象中，阿派朗是无形的、无限的、永恒的、不可改变的。土、气、火、水这样的元素通过“永恒的运动”从阿派朗中产生，这导致了相反的性质的分离：热与冷分离，干与湿分离。从这里，我们有些异想天开，但又不可抗拒地获得了一种预感：现代物理学家认为，我们周围丰富的粒子和力，产生于分离的过程，他们把这种过程称为早期宇宙的“对称性破缺”，即一致的事物自发地转变成两种不同的形式。

无论如何，阿那克西曼德之后的许多思想家很喜欢“古典元素由其性质来统一和区分”的观点。这正是因为水和土等元素（不同于阿派朗）具有我们能体验到的性质，例如，我们能感觉到水的湿和冷。亚里士多德认为，一种元素可以通过性质转换变成另一种元素：如果湿冷的水失去了它的湿，就会变成干冷的土；反过来，当干冷的土失去了它的冷，它就会变成火。这样的元素体系在今天听起来可能很粗糙，而且在某种意义上是“错的”——但它是理解物质世界运作方式的开端。

如果你认为阿那克西曼德的原始物质听起来非常模糊，那就看看数学家、哲学家毕达哥拉斯的观点。毕达哥拉斯生活在公元前5世纪爱琴海的萨摩斯岛，他和他的追随者认为，这个世界的真正本原并不是一种物质，既不是有形的物质，也不是无形的物质，而是“数”。他们认为数字是具体而真实的，仿佛它们是元素的“形状”——一是点，二是线，三是面——所有物体都是由点、线、面构成。我们此时也察觉到了现代观点的踪影：物理学家用纯数学语言描述所有的物质和力，在这里，化学家处理和转化的东西似乎已经隐匿于抽象之中。

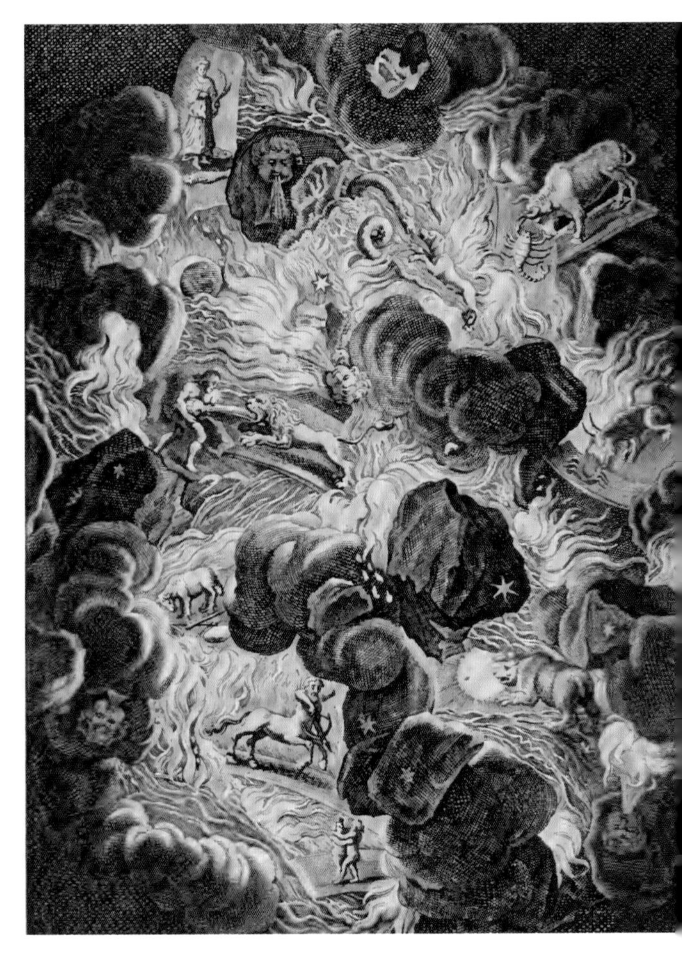

上图：物质的起源：“在一个物体中，冷对抗热、湿、干。”图片出自米歇尔·德·马洛雷斯的《缪斯神庙的桌子》（1676年出版于阿姆斯特丹，出版商为A. Wolfgank），第1卷，藏于美国伊利诺伊大学厄巴纳—香槟分校。

水

米利都的泰勒斯认为水是构成其他所有物质的原始物质 —— 也就是说它是独一无二的创生元素。这听起来似乎不太可能，但你可以理解他这么说的理由。在古代世界，能够以所有物态出现的物质，人们只知道水这一种。大多数水是我们熟悉的液体，填满了海洋，奔流在溪谷与河道；它也可以凝结成固体冰，或者蒸发成“气”[air，今天我们会称之为“蒸汽”（vapour）或“气体”（gas）]。水似乎也是所有生命的必要来源：泰勒斯见证了尼罗河的季节性洪水对于滋养三角洲的肥沃冲积物有多么重要。亚里士多德认为，泰勒斯也受到了一种观点的影响，即所有食物都是湿润的，种子会在潮湿中萌芽。

在泰勒斯看来，其他三种古典元素 —— 气、火、土 —— 都是从水中衍生而来。前两者是水的气状“散发物”，土则像是脱了水的沉淀物 —— 这种现象总是发生在河水里，而且海水蒸发时也会留下固体的盐层。古罗马时期的医生克劳迪亚斯·盖伦声称，泰勒斯的某个原始文本（前提是盖伦没有说谎，因为这些原始文本大多已经失传）这样写道，四元素“通过化合、凝固和嵌入世间万物，相互混合成彼此”。

突然得出如此深远的结论，是不是显得有点…… 证据不足呢？当然。按照今天的标准，科学家应该在细致观察的基础上提出想法，然后用实验验证它们是否成立。但古代世界没有这样的科学概念，这种概念直到17世纪才真正开始流行。泰勒斯提出水是基本元素，是万物的基本组分，这实际上是一种对思维发展很重要的观念。首先，这种观念没有把所有东西归结于诸神的一时兴起，也没有诉诸我们现在认为是迷信的原因，它是完全理性的想法。（据说，泰勒斯认为，某些神力提供了用水造物的智性，但我们很难反驳他；今天有许多人也以同样的方式看待上帝。）而且，这也是一种简化的思想，是用一个基本事实解释许多观察事实的尝试。它还不是科学，但科学需要这种思考方式。

在阿那克西曼德的例子中我们已经看到，泰勒斯认为水是原始元素，但他的一些追随者并不认同。然而，其他人接受了这个想法。萨摩斯的希波（即希波纳克斯）不仅是毕达哥拉斯的同时代人，实际上也是他的邻居。希波认为水和火都是最基本的元素。甚至在17世纪晚期，仍然有人主张水的首要地位。当时弗拉芒的医生扬·巴普蒂斯塔·范·海尔蒙特声称，他已经证明一切都是由水构成的。

左图：希腊水钟，由黏土制成，公元前5世纪末。它能容纳6升水，排空需要6分钟。藏于希腊雅典古市集博物馆。

范·海尔蒙特做了个实验。这个实验早在200年前就由德国红衣主教、自然哲学家库萨的尼古拉提出。尼古拉说过，假设你有一个装满土的罐子，里面种着一些草本植物的种子，然后你每天浇水，很快就会长出一些漂亮的植物。种子从哪里得到这些物质呢?不是来自土，因为土只有最开始那么多。你所做的就是浇水，那么草本植物一定是水做的。

这个实验并不难。在某种程度上，许多人长期以来就是这样种植蔬菜的。但范·海尔蒙特以科学家的身份做了研究：他把一株植物（柳树）种了五年，在开始和结束时分别称重土壤和植物的总重。他甚至给罐子盖上了金属盖，盖子上有孔，既不会影响空气进入，又能隔绝灰尘。最后，他说："只源自水的木头、树皮和树根重164磅。"事实并非如此，但范·海尔蒙特显然不知道。在太阳能的驱动下，植物捕获空气中的二氧化碳，形成自己的结构。水是必要但非唯一的成分。直到20世纪，人们才掌握光合作用（Photosynthesis，字面意思是"利用光来制造"）巧妙的化学原理，因此，我们应该好好欣赏古代哲学家为了理解万物元素所做的努力。

左图： 古代人用"拇指罐"浇水。图片出自夏尔·艾蒂尔的《论农业和乡村住宅》(1616年出版于伦敦，由亚当·伊斯利普为约翰·比尔印刷）的扉页，藏于英国伦敦惠康收藏馆。

气

阿那克西曼德成为泰勒斯之后的米利都学派的领军人物。同样，阿那克西曼德也有一个门徒，叫阿那克西美尼，他对原始物质也有其他的想法。他认为水不是原始物质（原始元素），而且也不满足于阿那克西曼德模糊的阿派朗的概念。他认为气才是原始物质。这看起来是一个相当武断的替代表述，但阿那克西美尼有自己的逻辑。当时人们认为，创世就是从原始混沌中创造出结构和物质的过程，有什么比旋转的、不稳定的气更无序、更混沌的呢？[gas（气体）这个词是从chaos（混沌）演化而来，air（气）是我们熟悉的原型气体，正如水是我们熟悉的原型液体。据说，是17世纪的范·海尔蒙特创造了“chaos”这个词。] 阿那克西美尼想象了诞生过程是怎样的：通过我们今天所说的凝结（condensation），气体（这里指气）坍缩成一种致密的物质。气首先变成水，然后随着密度增加，变成土和石。这个过程要失去热量——或者像当时的哲学家说的那样，需要冷的操作。反过来，气可以通过提高温度而变得稀薄，从而变成火。阿那克西美尼的宇宙论是“以气为首”，它以一种合理的甚至是决定论的方式，来描述所有事物的产生。

下图： 恩培多克勒的铜制半身像，公元前3世纪下半叶，赫库兰尼姆的帕皮里别墅，藏于意大利那不勒斯国立考古博物馆。

并不是说这种信仰没有神秘的一面。据说，阿那克西美尼认为气是至高无上的存在，而当时的人们认为气没有质量或形体，因此，阿那克西美尼的看法与阿那克西曼德的阿派朗的概念没有什么不同。

公元前5世纪，人们开始意识到，气的确是由某种“东西”构成。通常认为恩培多克勒对此有贡献，这一认识甚至可以称之为现代意义上的气的发现。据说他在一次实验中用水钟（希腊人称之为clepsydra）证明了这一点。水钟有几种不同的类型，但工作原理都是测量水流入或流出一个有孔的或开口的容器所需的时间。一种水钟是倒置的圆锥体，通过顶点上的一个小孔排水；还有另一种水钟，工作原理是测量该圆锥体在水里充满和下沉的时间。恩培多克勒的实验似乎是用一根手指堵住水钟的出口，这样，当它被浸入水中时，由于里面有气泡，水不能完全充满它。当手指被移开时，空气就会冒出来，容器就会完全沉下去。所以，气不可能只是“无”，在水进入容器之前，气必须离开。

有人可能会认为这是最早的科学实验，但这个说法没什么意义。首先，真正的实验是检验一个想法是对还是错（或者只是针对一个无法解释的现象收集信息）。但值得怀疑的是，如果实验结果不符合他的期望，恩培多克勒是否会改变自己的观点。古代的大多数“实验”都是这样，它更像是一种“演示”。而且，这个实验很可能没有发生过，恩培多克勒只是描述了一个女孩在执行这项操作，所以他可能只是在解释将会发生什么 —— 他的听众也许很熟悉这个结果，即容器中出现气泡。然而，从他那个时代开始，人们普遍认为气是一种物质实体，尽管它无形、无色、无味。

除非气在移动。亚里士多德写道：“地球周围的气都在运动。”这就是风的起源。他说，当气的颗粒变重时，它们就会失去热量而下沉 —— 而火可能与气混合，使它上升。气和火的这种相互作用，它们的冷却和升温，使大气层翻腾。这是一个令人印象深刻的现代观点 —— 对流以及空气的温度、压力、湿度的差异，可能是所有风的成因 —— 从温和的、摇曳旗帜的微风，到肆虐的飓风。

右图：恩培多克勒的四元素，套色木刻。图片出自卢克莱修创作于公元前1世纪的《物性论》（1473—1474年由托马斯·费兰多斯在布雷西亚印刷），藏于英国曼彻斯特大学约翰·赖兰兹图书馆。

火

恩培多克勒的三种古典元素代表了三种物态：土是固态，水是液态，气是气态。那么，火呢？确实，它很与众不同。今天我们知道，火不是一种物质，而是一个过程：可燃物燃烧产生了火。气体或木柴燃烧产生了明亮闪烁的火焰，它们由细小烟尘颗粒组成，这些颗粒的温度非常高，可以像电灯泡的灯丝一样发光。它们是由许多种化学物质的气态混合物凝结而成，其中大部分碳基分子被分解成小分子，甚至变成单独的原子。火焰边缘的烟尘颗粒温度较低，无法发光。因此事实上，火（也就是火焰）极其复杂，即使是现在，我们也没能完全理解其中的化学成分。

不难理解为什么古代哲学家认为火是独特的，因为它的确如此。火不仅具有热量，而且能持续产生热量——并且火也是一种光源。早在有历史记载前，热和光就对人类至关重要。一些人类学家认为，人类史前时代的转折点并不是火的发现（至少在40万年前），而是烹饪能力的发展：容易消化的熟肉所提供的热量大大增加，促使人类的大脑变得更大，并节省了原本用于咀嚼和消化的时间。有了火，我们的祖先还可以抵御冰河期的寒流，使猛兽不敢靠近，人类在夜幕降临后也能保持活跃度和社交。

有一种观点是，通过将火与其他三种元素并列，恩培多克勒的体系不仅包括了物态，也包括了物质世界的另外两个重要方面：光和热。这两样东西直到19世纪晚期才接近被理解，但元素火至少保证了我们的智力和世界观可以容纳它们。

考虑到火的重要性，它被提名为原始物质一点也不奇怪。大约公元前500年，以弗所（位于今天的土耳其）的赫拉克利特提出了这一观点。泰勒斯和阿那克西美尼注意到，元素可以在凝结和稀薄的过程中相互转化；在某种意义上，赫拉克利特只是选择了关注这一过程的不同阶段：火可以凝结成水，然后进一步凝结成土。但对赫拉克利特来说，这些过程反映了他的观点，即宇宙（cosmos，这个词首次出现在他的著作中）是不断变化的，永远在变动。正是他表述了这样的观点：人不可能两次踏入同一条河流。没有变化，一切都不会存在。他将这视为对立力量作用的结果，“一切事物都依赖于冲突和需要”，只有冲突和分歧才能孕育和谐。燃烧无时不在，无处不在。

这对火来说是合适的地位，因为在当时以及之后很长一段时间里，火是古代化学家的主要和几乎唯一的转化剂。它是促使一种事物转变成另一种事物的唯一手段：冶炼金属、烘烤面包、将沙子和碳酸钠熔炼为玻璃。化学的实用技艺诞生于火。

对页图：克劳迪奥·德·多梅尼科·塞伦塔诺·迪瓦莱九世的《炼金术公式书》（1606年，那不勒斯），藏于美国洛杉矶盖蒂研究所。

Hec est Virgo Pascalis que primam virtutem tenet in capilis suis et est herba multum vigens in puteis

[Q]uatuor sunt spiritus, due [f]acies sed ista sunt qua[t]uor elementa, nam per [d]istillationem habes aquam [e]t aerem per calcinationem habes ignem et terram [e]t terra suam frigiditatem [a]que prestat et aqua suam humiditatem aeri donat, aer suam [c]aliditatem igni commu[n]icat

Sic circulantur [. . .] vicem elementa [. . .] quatuor sunt sp[iritus] due facies, in ista [. . .] et sic ignis nu[tri]mento aere, aer de nu[tri]mento aque, aqua [de nu]trimento terre; Lapis ex omni[bus ele]mentis puris [. . .] [fi]nivit

Æstas

Autumnus

Tota scientia Lapidis manifesta

[. . .]rte oculos ad igne[m] ibi sta[tus]

Aperi oculos ad igne[m] ibi tempu[s]

Lapis

Ego sum exaltata super circulos mundi, ubi quatuor facies habentes unum patre[m] quarum una est in [. . .]lus alia in aere alia in cavernis, alia in saxis nil conti[. . .] debet poni in Lapide [. . .]sum solem

固体：土、木、金

如果你现在在想，古代哲学家中一定有人把古典万神殿中的第四种元素——土——作为原始物质，那么你是对的。生活在公元前6世纪末、前5世纪初的科洛封的色诺芬尼创立了所谓的“爱利亚学派”（Eleatic School）。据说他曾说过：“万物生于大地，万物归于大地。”我们好像可以从这句话中看到后来的基督教仪式用语：“尘归尘，土归土。”毕竟，土和我们周围的大多数物体一样，是固态的、可见的和有形的，它难道不是最有可能的原始物质的候选者吗?我们甚至用这种物质来命名我们的地球（Earth）。

然而，关于色诺芬尼是否真的认为土是所有物

左图：创世的第二天，神把水和土分开。图片出自威廉·德·布莱利斯绘制的《圣经图画》（约1250年，牛津），法国羊皮纸手稿，藏于美国巴尔的摩沃尔特艺术博物馆。

质的基础，古代资料也有分歧。盖伦等人说，色诺芬尼断言有两种基本元素：土和水。他对这两种元素都感兴趣：他讨论了海水吸收太阳热量之后的水循环和云的形成，这比亚里士多德在其关于天气和地球的伟大著作《天象论》中的记录要早得多。此外，色诺芬尼的想法“世界诞生于土和水的相互作用”后来反映在基督教的《创世记》中：“神称旱地为地，称水的聚处为海。”

然而，色诺芬尼和爱利亚学派的世界观不同于赫拉克利特的流动宇宙，前者强调永恒和统一。这样的想法，可能就是属于一个倾向于将稳固性置于元素核心的人。

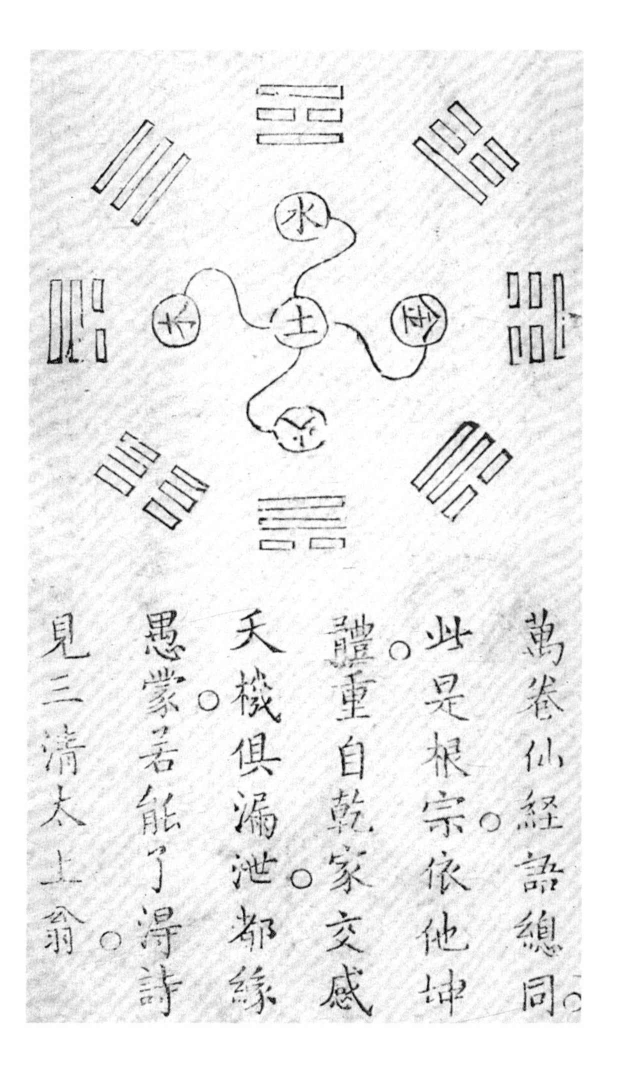

但是，土并不是古代世界中唯一常见的物质。在中国，哲学家认为有五种基本物质：金、木、水、火、土（即“五行”）；它们对应中国思想中的五个基本方向，不只是东、南、西、北，还有中。在这个体系里，土占据了中心位置，代表了所有元素的聚集。公元前135年左右，汉代董仲舒的《春秋繁露·五行之义》有载：“土居中央，为之天润。土者，天之股肱也……故五行而四时者。土兼之也。金木水火虽各职，不因土，方不立……”

中国的五元素体系最早在公元前3世纪由阴阳家邹衍明确提出——尽管孔子和老子在其前，但邹衍被认为是中国古代科学思想的真正奠基者。类似于季节交替，五行也可以在宇宙循环观中转化，这种循环观反映了对死亡和重生的信仰。这种物质的更替是炼金术的一个核心概念，从中衍生出了金属可以相互转化的想法，也就是铅可以变成金。特别是对中国的炼金术士而言，元素转化和生命循环之间的这种联系，让他们联想到通过炼制灵丹妙药延续人类生命的可能性。所有这些转化都取决于“阴”和“阳”的宇宙力量的平衡，这种阴阳对立类似于恩培多克勒等人提到的爱与冲突、混合与分离。同样，不需要过多的类比，我们也一定会被这里的现代观念所打动，即基本物质和基本粒子如何通过相互作用力形成物质世界，亚原子粒子如何在电的排斥和吸引的微妙平衡中结合成所有元素的原子。

左图：以五行为中心的八卦图。出自明代吴惟贞续增《万寿仙书》，藏于英国伦敦惠康收藏馆。

寻找原子

“atom”（原子）这个词来自希腊语中的“atomos”，意为“不可分”。我们现在知道，原子可以分裂（也可以合并），在后面我们将看到，许多新元素就是产生于这个过程。但是，即便原子不是物质的最基本单位，化学元素的概念也只有在这个细分程度上才有意义 —— 把物质拆分到原子级别以上，就不再有元素了。

古希腊人 —— 至少是部分古希腊人 —— 认为所有物质都是由原子构成：所有物质最终都有一个无法再分割的颗粒。这个理论非常奇异。毕竟，我们的日常经验不是这样的。你可以把一块奶酪越切越小，如果这个过程存在限制，那只是因为你的刀或你的视力不够锋锐。如果有剃须刀片和放大镜，你可以切得更小；若有显微镜，或许还能再小些。为什么有人认为会存在一个限制呢？

公元前 5 世纪，米利都的留基伯确实得出了这个结论。至少，别人是这么说的 —— 我们对他本人的了解都是来自他人的描述，甚至对他的出生地也存在分歧。哲学家德谟克利特是留基伯的学生，我们更了解前者。据说是德谟克利特提出用“atomos”这

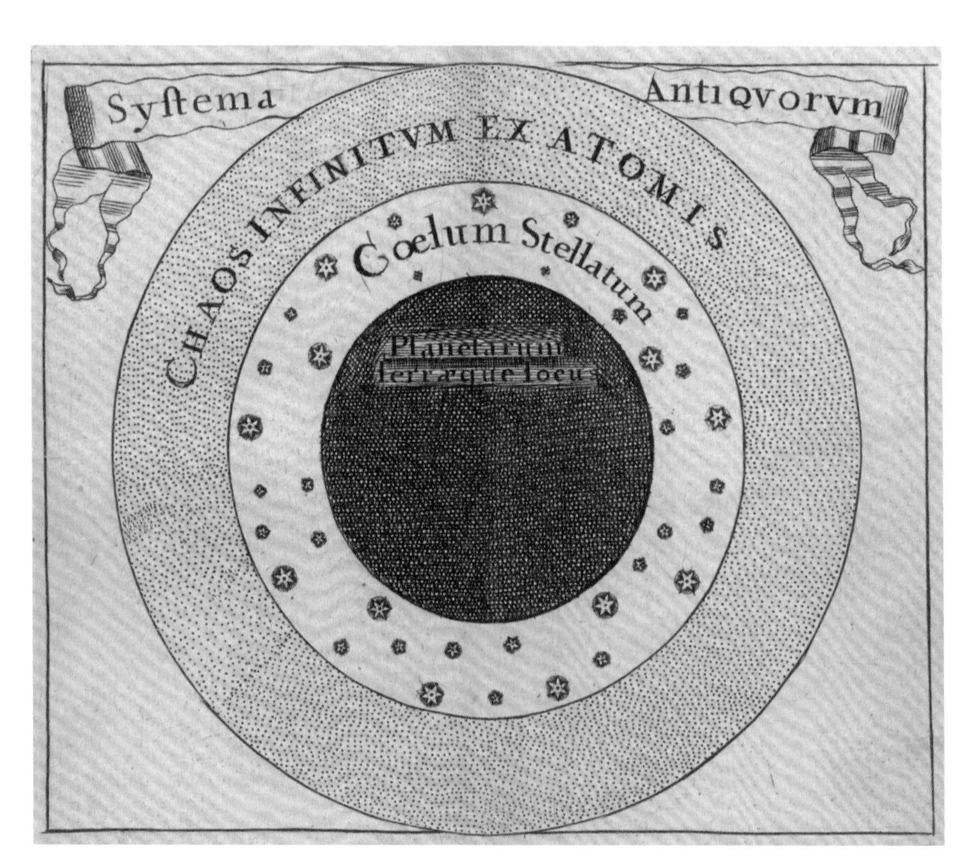

左图：德谟克利特宇宙。图片出自约翰·塞勒的《天体地图集》（约 1675 年），图 23，藏于美国加利福尼亚斯坦福大学图书馆的罗伯特·戈登地图收藏馆。

个词来形容这些不可分割的颗粒。

这种早期的原子论可能是为了调和爱利亚学派的观点，即永恒是物质的核心。但所有人都能看到，变化才是显著的事实。也许原子是不朽的、永恒的，变化只不过是原子的重新排列?世界上只有几种原子，却有无数种物质，这也许可以解释为少数几种原子有很多种不同的排列方式。亚里士多德打了个比方：只需要少量字母就能组成几乎无限数量的单词——这非常类似于今天化学家爱使用的比喻，形容原子如何组合成各种分子和材料。

然而，如果所有东西都是由原子组成，那么原子之间有什么呢?留基伯和德谟克利特认为，中间是真空（empty space）：虚空（void）。虚空可以存在——这种假设让其他哲学家感到荒谬。一些人认为，原子完全填满了整个空间；另一些人认为，物质可以无限分割，所以小颗粒可以无限地填满大颗粒之间的任何角落。亚里士多德认为，如果原子之间存在空间，它们会被气填满——没有问题，除非你接受气也是一种元素，因此也是由原子组成。

原子是什么样的?德谟克利特没有说，但公元前3世纪的柏拉图有自己的想法。柏拉图相信造物主用数学的和谐而完美的法则建造了宇宙，所以他认为这些原子是对称的多面体，由正多边形构成：正多边形就是各边相等，各角也相等的平面形状。正多边形有无数种，但只有三种可以形成正多面体：等边三角形、正方形和正五边形。由此产生的多面体只有五种，它们现在被称为“柏拉图立体”。

柏拉图说，这些物体中的四个代表了四元素的原子形状，而且这些形状可以解释元素的性质。稳固的土是由立方体颗粒堆积而成。面数最少的多面体——四面体——最容易移动，因此是火的单元。而且，四面体有尖锐的顶点，所以火非常“具有穿透力”。气和水的单元分别是八面体和二十面体，也是由等边三角形组成，它们是介于稳固性和流动性的中间态。

“当然，”柏拉图写道，“我们必须认为这四种物体的每个单元都非常小，只有大量聚集在一起的时候才能被看到。”这些早期的元素理念是错误的，但它们同样有令人印象深刻的一面：因为它们试图理解物体的行为，而依据的理论是，构成这些物体的是我们看不到或（这些哲学家认为）我们不可能看到的东西。

似乎柏拉图赞同德谟克利特的原子理论，但他将其变成了几何原子，而事实并非如此。我们很难知道柏拉图认为这些原子有多么“真实”，他甚至从来都不屑于提及德谟克利特。而对于柏拉图而言，我们知道的所有现实都有一种模糊性：他怀疑，这只是永恒、和谐和几何的东西的影子。

左图：柏拉图立体和它们所代表的元素。图片出自约翰尼斯·开普勒的《世界的和谐》(1619年出版于林茨，出版商为 Johann Planck)，第5卷，藏于美国华盛顿史密森尼图书馆。

以太

那么，第五个柏拉图立体呢？它是十二面体，十二个面都是五边形。柏拉图宇宙是否有它的位置？有，但不在地球上。柏拉图写道：“诸神用（它）在整个天堂上绣出了星座。”在所有的柏拉图立体中，它最接近球体，是最完美、最对称的形状，因此它最适合作为永恒的、完美的天堂的材料。亚里士多德采纳了这一想法，并给它起了个名字：“第五元素”（quintessence），他也称之为“以太”（Aether）。

亚里士多德认为，四元素在本质上都倾向于向某些方向移动：火和气向上，土和水向下（想想雨点和下坠的石头）。以太则不然，它是完美的，且在尘世之外，所以它反映了天体（由以太构成）的行为——环形运动。他通过这种方式解释这些天体（太阳，月亮，行星，星星）为什么看起来在围绕地球旋转。它们之所以这样，是因为它们的物质本性。说实话，这根本不是什么解释：这是个循环论证，就像这是个循环运动一样。

在当时，“第五元素”只是一个权宜之计。没有人见过它，没有人能看到它；不可能将尘世中的任何一种元素转化为以太。以太是无形的、不可见的——或者说它是“空灵的”（ethereal）。

尽管如此，这个想法依然很深入人心。它似乎意味着尘世与天堂之间存在着一个根本性的差异——支配以太的规则完全不同于尘世的物质。这种想法多少持续到了17世纪，当时伽利略等人使用新发明的望远镜得到的观察结果表明，月球并非如亚

左图：托勒密的宇宙模型，土在中心，被其他三种元素包围。图片出自安德烈亚斯·塞拉里乌斯的《和谐大宇宙》（1660年出版于阿姆斯特丹，出版商为Johannes Janssonius），藏于美国加利福尼亚斯坦福大学图书馆的巴里·劳伦斯·鲁德尔曼地图收藏馆。

里士多德坚持认为的那样是完全光滑的球体，它和地球一样是有山脉和山谷的崎岖世界。很快，自然哲学家不再把天空看成是遥远的、完美的、不可触及的领域，而只是宇宙的另一部分，与大洋彼岸的遥远大陆没有什么不同。有一天我们可能会航行到那里。尼古拉·哥白尼在16世纪提出，地球不是宇宙的中心，而是像其他行星一样围绕太阳旋转，这一观点得到了伽利略的支持。一旦人们接受了这种观点，上述景象就显得不可避免了。

“以太”作为一种非常脆弱的、类似于气体的物质，也成为了化学中的一个术语，指的是一种具挥发性的（和刺激性的）液体乙醚（ether）。我们现在知道，乙醚由碳基分子构成。由酒精制成的乙醚在19世纪被广泛用作麻醉剂。比起亚里士多德的“第五元素”，这是个相当大的降格。

但与此同时，科学家坚持认为整个宇宙弥漫着另一种以太。艾萨克·牛顿在18世纪初提出，这样的物质可能承载着物体之间的引力。而在19世纪，物理学家认为，这样的一种液体——看不到也无法直接探测到——携带着光波，就像声波在空气中振动。他们称之为“光以太”（luminiferous aether）。这几乎是无可争议的，直到19世纪80年代测量光以太的尝试没有一丁点儿成效。采用的方法是：假定光掠过光以太海，寻找平行于地球运动和垂直于地球运动的光速的预期差异。起初，一些物理学家试图解释光以太如何能够存在且无法探测到，但在1905年，阿尔伯特·爱因斯坦证明，同样的数学运算可以用来描述光如何穿越空间，而根本不需要这种光以太。亚里士多德的第五元素终于走到尽头。

右图：哥白尼的日心宇宙。图片出自安德烈亚斯·塞拉里乌斯的《和谐大宇宙》（1660年出版于阿姆斯特丹，出版商为Johannes Janssonius），藏于美国加利福尼亚斯坦福大学图书馆的格林·麦克劳克林地图收藏馆。

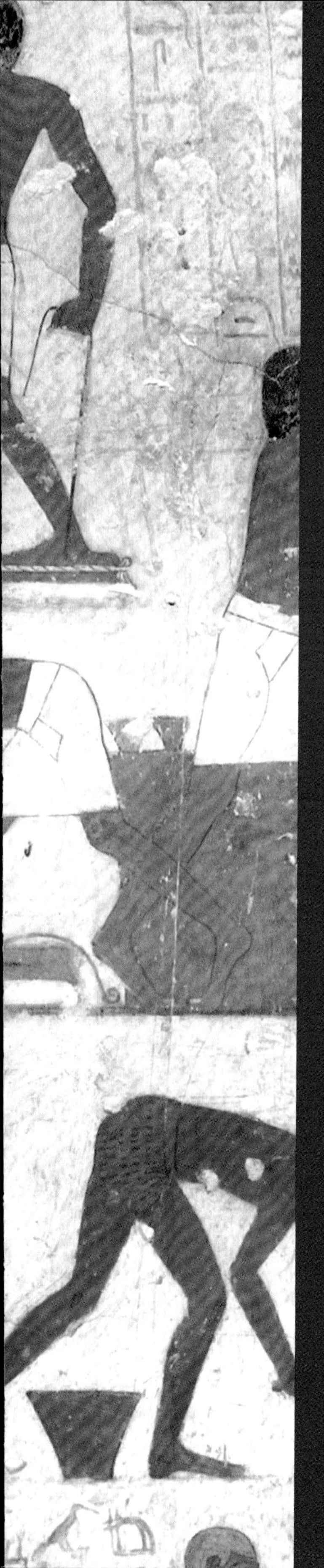

第 2 章

古董金属

古埃及的金属加工。壁画出自埃及第十八王朝（公元前 1549 年 — 前 1292 年）的大臣雷米尔的墓穴，埃及卢克索奢赫阿布得艾尔库尔纳底班大墓地。

古董金属

约公元前 5000 年
已知最早的工具是用熔融的铜铸造而成。它们后来在巴尔干半岛中部地区被发现。

约公元前 3300 年 — 前 1300 年
印度河流域文明存在，这是南亚西北部地区的青铜时代文明。

约公元前 3150 年
在古埃及，青铜时代开启于前王朝时期。

约公元前 1600 年 — 前 1046 年
中国商朝的青铜制造非常有名。

公元前 1400 年
冶铁起源于小亚细亚的赫梯帝国。

约公元前 20 年 — 公元 20 年
最早的指南针在中国汉代用天然磁石制成。天然磁石是一种天然具有磁性的铁石。

306 年 —337 年
在罗马皇帝君士坦丁大帝统治期间，基督教成为罗马帝国的主要宗教。

800 年
查理大帝加冕为神圣罗马帝国的第一位皇帝。

人类早期历史的不同时代 —— 石器时代、青铜时代和铁器时代，它们的传统名称显示了材料的变革潜力。制造工具的新物质，可能会完全改变它们所制造的东西 —— 可能也会影响我们组织社会的方式，以及我们思考人与世界关系的方式。现在，我们的时代被称为“硅时代”，这个说法提到了另一种元素，而且比以往任何时候都更加清楚地说明物质文化如何渗透进我们的生活，并可能创造出一个新的现实。

值得注意的是，青铜时代和铁器时代都是以金属来命名的。具体地说，是足以改变文化的金属，是需要通过化学技术获得的金属。青铜和铁是从矿石中冶炼出来的，它们体现了一种深刻的认识：不必局限于自然界直接提供的材料。在讲述科学故事的时候，人们很容易忽视文明史中的一个最重要的概念：转化（transformation）。拿起世上的一块东西并改变它，不只是改变了形状，也改变了化学性质。当然，早期人类用燧石制造工具也有重大的意义。他们用燧石工具狩猎、打仗、雕刻木头和骨头，并把它们变成有用的甚至是艺术的形式。但是，生产金属是一个不同的变化，促使人类思考从元素的重新组合中还能得到什么。这通常需要利用火。

不用说，青铜时代和铁器时代的工匠不会明白自己在做什么：那就是，把我们现在理解的化学元素重新排列成新的结构。在形成关于物质如何构成的观点时，他们所依据的只是容易观察到的性质：重量、颜色、硬度等。难怪许多早期思想家认为金属属于同一种基本物质 —— 换句话说，有一种原始金属（Ur-metal），其中的金、银、铁等是不同的表现形式，它们可以任意相互转化。鉴于当时的证据就是这样，说这种观点错了是不公平的。即便是今天的科学，理论也很难与我们看到的东西保持一致。

总之，古代炼金术不是一门理论科学；它是一种实用技艺，值得我们高度尊重。金属工匠在试验和错误中发现了如何得到惊人的结果：如何使钢回火以保持其锋利，如何通过改变铸造的混合物来调整其品质；古埃及文物中的黄金加工品的质量仍然令我们钦佩。推动这些技术发展的往往是工匠，而不是思想家。在公元 1 世纪，罗马作家老普林尼反对冶金术：“如果我们的欲望没有深入地表，如果我们的欲望能被力所能及的东西满足，那么生活将是多么天真、多么快乐，甚至多么奢侈啊!”他希望金银能够“从我们的生活中被彻底赶走”。希腊迈达斯国王的传说是一

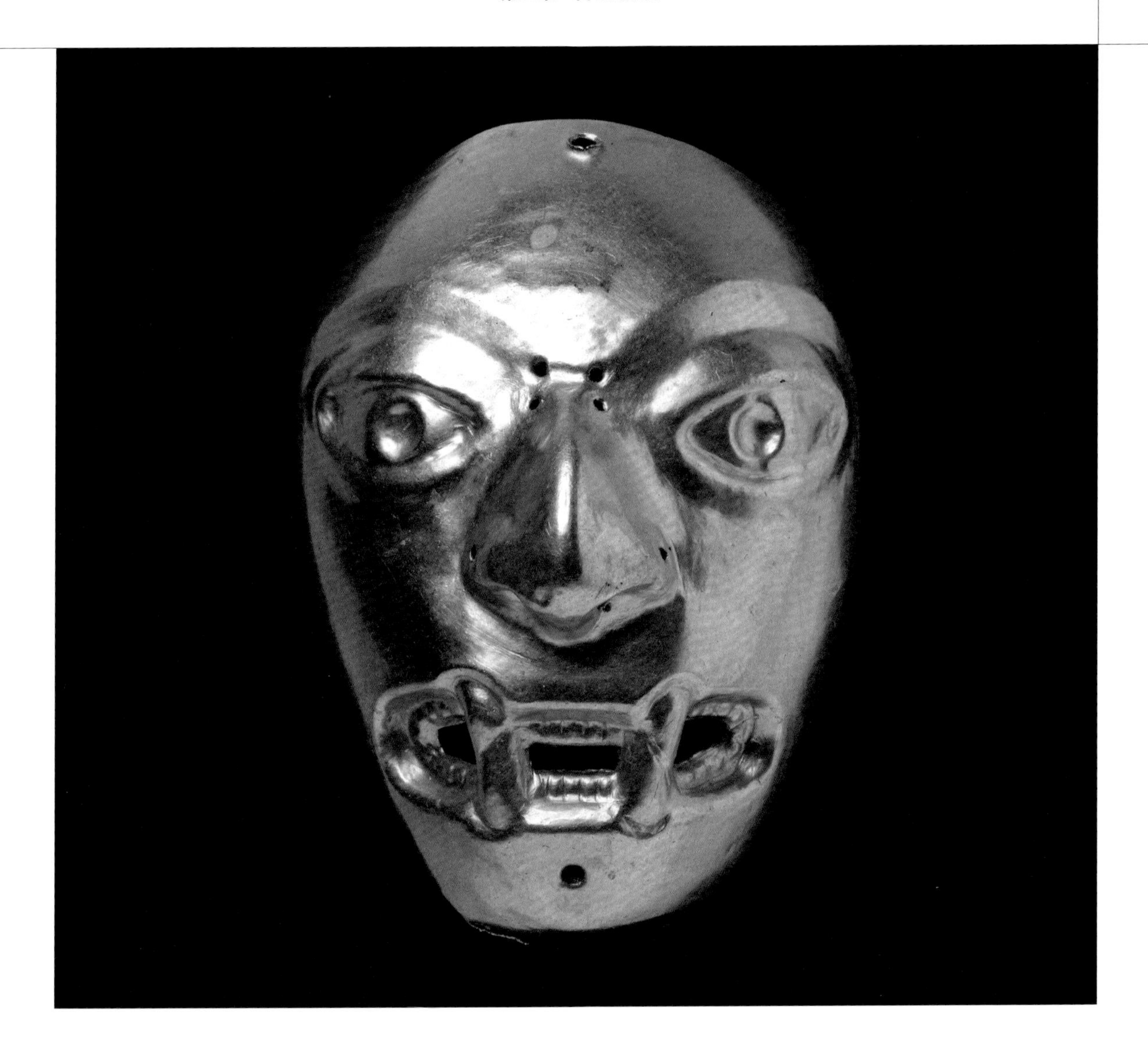

上图：前哥伦布时期的金铂合金面具。来自厄瓜多尔埃斯梅拉达斯河，约公元前800年—前200年，藏于德国柏林民族博物馆。

种警示，对黄金的过度渴望可能会导致那般境况。

现在我们看到，采矿业和制造业在掠夺环境，对金银的欲望导致了整体文化的剥削和奴役，也许我们不能不对老普林尼的观点产生共鸣。然而，人类的天性似乎就是不满足于“力所能及的东西”。而且，从古董金属的时代开始，人们对元素组合的转化也越来越精通，并从中获得了很多东西，不仅仅使生活更奢华，而且更重要的是，使人类在疾病和自然灾害面前更安全。可以肯定的是，控制元素的能力祸福相依，其优点和缺点反映了我们天性中的矛盾——渴望和欲望对抗智慧和克制。可悲的是，人类在这方面就没有什么进步。

铜、银和金

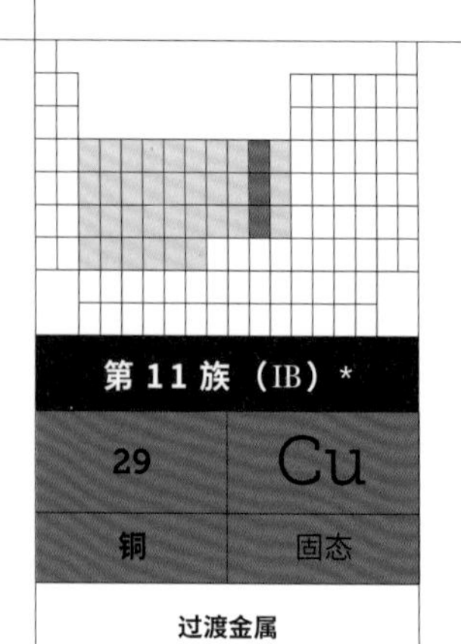

第 11 族（IB）*	
29	Cu
铜	固态

过渡金属

原子量:63.546

第 11 族（IB）	
47	Ag
银	固态

过渡金属

原子量:107.87

第 11 族（IB）	
79	Au
金	固态

过渡金属

原子量:196.97

* 括号中是中国读者常见的主族副族编号，由中文版编者所加。

也许你已经听说过石器时代和青铜时代，那么铜石并用时代（Chalcolithic）呢?这一时期被认为是石器时代和青铜时代的桥梁期，它上承石器时代的最末——新石器时代，下启青铜的出现。青铜是一种铜锡合金。铜石并用时代跨越公元前4500年到公元前2000年左右，在此期间，中东、近东地区和欧洲都存在广泛的冶铜证据。

铜的使用甚至可以追溯至更早。用这种红色金属制成的工艺品，已知最早的是来自伊拉克北部的珠子，其年代约为公元前8700年；另一个来自现代土耳其地区的铜珠，可以追溯到那之后500年。这个时代的人们还不知道如何从矿物中提取铜，不知道如何熔化和加工金属。铜能以自然的形式（金属）存在，而且足够柔软，因此可以在不加热的情况下敲打和加工。在含有大量铜矿矿床的地方，金属铜可以从水热流体（hydrothermal fluid）中结晶出来——水热流体是富含溶解的铜盐的地下热流体。一些最丰富的自然铜矿位于基威诺半岛，它们流入苏必利尔湖（在今美国密歇根州），美洲原住民在那里开采了数千年。

通常认为青铜时代始于公元前3000年至公元前2500年，但这个时间有点误导性，因为已有很好的证据表明，青铜制造的时间要早得多。考古学家在巴尔干半岛中部发现了来自公元前5000年的熔融铜铸造的工具，而且其中一些工具似乎并不依赖于自然金属铜，而是用孔雀石（Malachite，碳酸铜）和黄铜矿（Chalcopyrite，硫化铜铁）等铜矿石冶炼而成。这个地区的文明，特别是位于今天塞尔维亚的温查文明（Vinča），发现铜与锡混

右图：铜像，乌尔国王舒尔吉拿着一个篮子。来自美索不达米亚尼普尔，约公元前2094年—前2047年，罗杰斯基金，1959年，藏于美国纽约大都会艺术博物馆。

上图：丘比特像金匠一样工作，意大利庞贝维提之家的餐桌壁画，公元1世纪。

合会变得更硬——有些最早的青铜器就来自这个时空。古代巴尔干的冶金学家甚至可能控制了这两种金属的比例，以及天然的砷杂质的比例，使他们的工艺品具有理想的金色色调。在同一时期，美索不达米亚人以及印度河流域的文明也在冶炼铜和制造青铜器——尽管不知道是谁先发明了这种技术，也不清楚这种知识是如何传播的。铜开采于塞浦路斯岛（Cyprus），这里是希腊和罗马文明的主要来源。事实上，罗马人以这座岛的名字命名这种金属，称其为“cuprum”，这个词后来演变成古英语中的“coper”。

铜是第一个有用的金属，因为可以用它来制造青铜。青铜相对坚硬和牢固，可被用来制造日常用品，如刀、工具、剃刀和餐具。后世的一些常用工具，如凿子、锉刀和大锤，均以青铜器形式首次出现。青铜还能用来制作装饰品和艺术品，从珠宝到纪念性的雕像，其中最著名的是32米高的罗德岛太阳神铜像，描绘的是太阳神赫利俄斯。它建于公元前292年至公元前280年，目的是纪念罗德岛战胜了塞浦路斯（非常讽刺）。当然，青铜也被用于制造武器和盔甲。通常认为，荷马在《伊利亚特》中描述的特洛伊（位于今土耳其）的毁灭标志着青铜时代的结束——尽管荷马的史实性描述中有多少真实的历史，直至今日仍有争议。

下图：银币、金币和琥珀金币（从左到右）：四德拉克马银币，来自布斯拉，靠近雅典，公元前475年—前465年；波斯大流克金币，来自波斯帝国，公元前500年—前400年；希腊琥珀金金币，来自基齐库斯、密细亚和小亚细亚，公元前550年—前500年。藏于美国洛杉矶的J. 保罗·盖蒂博物馆。

上图：伊阿宋和阿耳戈英雄到达科尔基斯。木刻画，出自格奥尔格乌斯·阿格里科拉的《论矿冶》（1556年出版于巴塞尔），第8卷，藏于美国加州大学图书馆。

古代开采和冶炼的铜，许多被用于货币——通常是最小的面值。当然，在经典的铸币金属中，铜一直排在第三位，仅次于金和银。我们理所当然地认为，这三种金属很适合作为货币价值的媒介，是因为它们——尤其是金和银——保持着非常令人愉悦的光泽，而且不容易变色，但这种抗腐蚀的能力在金属中不常见。这就是为什么铸币金属是这一类金属的最开始的成员，这类金属在中世纪被称为“贵族金属”（noble metal）。今天“noble”这个词已经与皇室无关，对化学家来说，它意味着在化学上不活跃。对于铜、银、金，这种性质有相同的来源：它们位于元素周期表的同一族，它们的原子有相同的电子排列，所以它们都特别稳定，很难与（空气或潮湿环境中的）其他化合物反应。长期以来人们用金银来衡量价值，现在，这种做法有了一个化学上的解释。

这种不活跃的性质也解释了为什么金和银在大自然中以金属的形式被发现。特别是金，这是它的主要来源：金不需要从矿石中冶炼出来，它可以从地面上拾取，可以从明亮的矿脉中挖掘，也可以从溪流中淘出闪闪发光的颗粒。同样，我们不知道这是从什么时候开始的，只知道这种做法非常古老。有证据显示，公元前5000年以前，亚美尼亚和安纳托利亚就有开采黄金的活动。天然黄金不是纯的，通常含有少量的银。当银的含量超过20%，它的外观就会更像银。希腊人称之为“白金”或“琥珀金”（electron），这个词后来演变成拉丁语中的“electrum”。它比纯金更硬，因此成为一种更耐用的铸币金属。事实上，从古代吕底亚的帕克托罗斯河淘出的大部分砂金都是琥珀金。迈达斯国王愚蠢而贪婪地向酒神狄俄倪索斯要求“点金术”作为奖赏，传说中，他就是在这条河里洗澡，从而摆脱了负担。吕底亚也是传说中富有的克罗索斯王的王国。这位国王统治的时间是公元前661年至公元前547年。他用纯金和纯银铸成的货币取代了吕底亚铸造了大约一个世纪的琥珀金硬币。

上图：在喀尔巴阡山的纽索尔开采铜矿。木刻画，出自格奥尔格乌斯·阿格里科拉的《论矿冶》（1556年出版于巴塞尔），第8卷，藏于美国加州大学图书馆。

金银的诱惑

砂金在小亚细亚的自然水域中很常见。根据罗马作家斯特拉波的说法，科尔基斯（高加索、亚美尼亚和黑海之间的王国）人会把兽皮和羊皮放在穿水池边收集黄金。他说这就是金羊毛传说的起源。当溪流与河流冲刷周围的岩石时，它们把金子从矿脉或“矿床”中释放出来。矿脉可以开采出大量的黄金，而在古埃及，开采黄金是一项重要的活动。努比亚

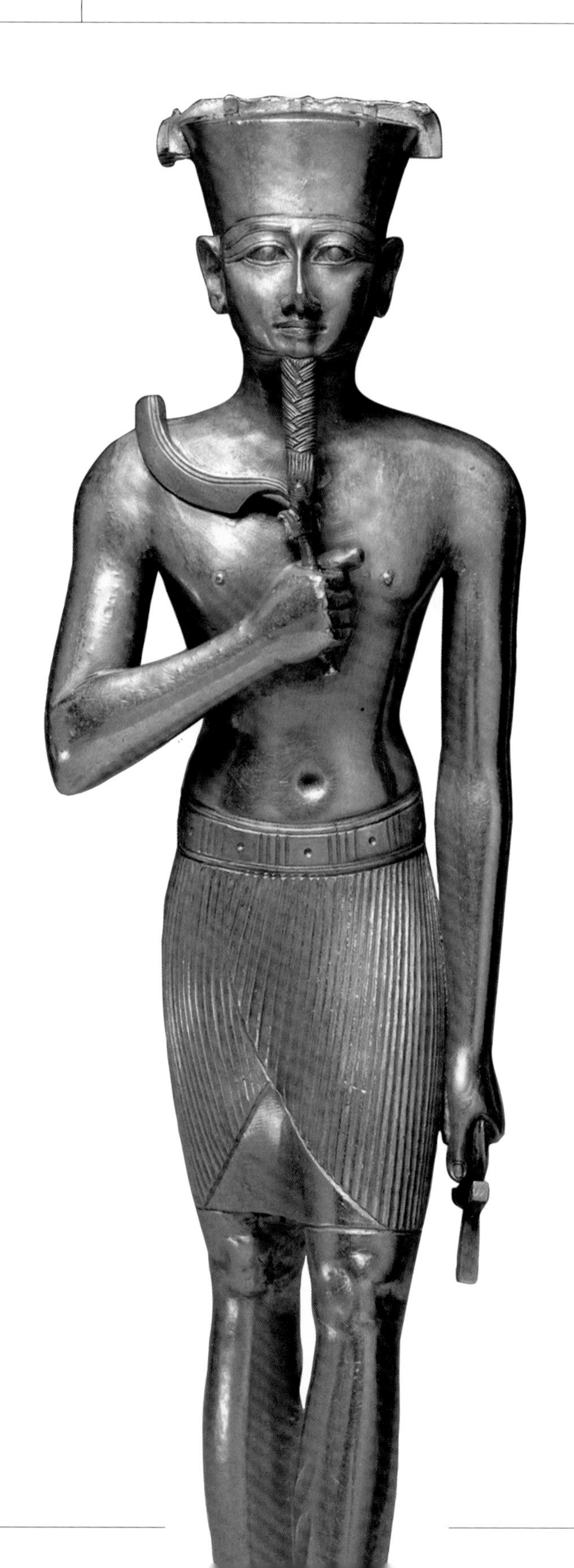

左图：埃及的神阿蒙 – 拉的纯金雕像。可能来自底比斯的卡纳克神庙，中王国时期，约公元前 945 年 — 前 712 年，藏于美国纽约大都会艺术博物馆。

沙漠（Nubian Desert，nubia 的意思是“黄金之地”）周围有一百多个金矿，从公元前 2000 年左右开始运营，奴隶们在这里辛劳工作。贵金属装饰着法老，当文物从法老的坟墓中出土时，它们看起来还是那么明亮。而罗马帝国的大部分黄金来自西班牙力拓河的矿场，该矿场自公元前 1000 年左右由腓尼基定居者开采，也是铜和银的来源。

虽然银的魅力比不上金，但它也推动了大量的工业采矿活动；获取它纯粹是为了作为地位的象征。银经常作为杂质出现在方铅矿（Galena，硫化铅）中，它就是从这里提取的。有时，天然银的矿脉也会穿过方铅矿层。从方铅矿中可以熔炼出一种银铅合金，并通过公元前 3000 年至公元前 2500 年左右引入的灰吹法（Cupellation）分离出来。灰吹法包括在黏土坩埚上熔化合金，并在上面吹气，通过与氧气的反应去除铅，留下一个闪亮的银扣。后来，金匠用灰吹法去除黄金中的杂质，也包括杂质银。

对黄金的渴望推动了科学进步，也推动了世界发展进程。它是炼金术的关键动力，虽然用不太贵重的金属制造黄金的尝试徒劳无功，但各种有用的化学发现随之诞生。是黄金吸引了西班牙的征服者，也吸引开拓者来到新大陆，并推动了北美的欧洲开拓者在 19 世纪向西海岸扩张。然而，除了一些现代的利基应用（以及文艺复兴时期作为红宝石玻璃的着色剂），黄金在历史上从来都不是很有用的。只有很少的元素会因材料本身的美学吸引力而受到重视和喜爱，金和银是罕见的例子。

对页图：鲜艳的、红宝石玻璃的莱克格斯杯，一种用双色玻璃、镀金、银工艺品制成的笼杯。罗马帝国后期，公元 4 世纪，藏于英国伦敦大英博物馆。

锡和铅

第 14 族（IVA）	
50	Sn
锡	固体

后过渡金属

原子量：118.71

第 14 族（IVA）	
82	Pb
铅	固体

后过渡金属

原子量：207.2

青铜时代往往与铜联系在一起，但实际上它也与锡密切相关，青铜是这两种金属的合金，所以它们的早期历史已不可分割地纠缠在一起。铜矿石经常与锡矿石一起出现，炼制青铜有时是冶炼这两种矿石的混合物，让两种熔融的金属在炉中结合。也许是一个偶然的过程导致了青铜的发现，但最终，矿石按特定的比例混合在一起，制成所需的青铜合金。

锡的主要矿石是一种叫锡石（Cassiterite）的矿物。这是一种红褐色的氧化锡，很容易从中提炼锡。锡石的名称源自希腊语中的“kassiteros”，意思是“金属”（罗马人称之为“stannum”），锡的化学符号“Sn”就是从这里来的。它后来演变成法语的“etain”和德语的“zinn”，从这两个词到现代英语单词（tin）只有一步之遥。

至少在公元前 1500 年，欧洲就开始冶炼锡。整个欧洲都有锡矿；英格兰西南部（德文郡和康沃尔郡）的锡矿从青铜时代早期（大约公元前 2150 年）就开始活跃。一些历史学家认为，不列颠群岛可能就是希腊作家希罗多德在公元前 5 世纪首次提到的“锡岛”（Cassiterides），腓尼基人可能曾经航行到这里。

右图：康沃尔郡的锡锭。发现于以色列海岸，公元前 1300 年—前 1200 年，由埃胡德·加利利提供。

左图：用铅白、埃及蓝、铜矿绿、赤铁矿，以及红色、黄色、棕色的氧化铁绘制在黎巴嫩雪松木板上的罗马—埃及木乃伊形象。埃及，220年—235年，藏于美国洛杉矶J.保罗·盖蒂博物馆。

锡是一种相对柔软的银色金属，可以锤打成片状。其中最薄的是锡叶或“锡箔”，可以用来覆盖在物体上，使之具有银的明亮外观；或者，用半透明的黄色颜料上釉，作为黄金的廉价仿制品。（今天的“锡箔”是用铝制成的。）锡具有抗变色的能力，因此是制作厨具餐具的流行金属——锅碗瓢盆、水壶茶壶，更不必说保存罐头食品的容器了。

我们在前面看到过，铅的历史与银联系在一起，就像锡的历史与铜联系在一起：铅的主要矿石方铅矿（硫化铅）被开采了数千年之久。事实上，只需要

上图：科林斯式的陶瓷匾额，描绘矿工在采石场上工作。公元前 630 年 — 前 610 年，藏于德国柏林国家博物馆古典文物收藏。

放在木柴或煤火上加热，就可以把铅从该矿石中冶炼出来，因此，这种做法可能早在公元前 7000 年至公元前 6500 年就已出现。例如，安纳托利亚中部出土了那个时代的铅珠；公元前 4000 年至公元前 3500 年左右古埃及的模塑铅雕；公元前 3000 年至公元前 2000 年中国和亚述的铅币。

可以说，在所有的“古典”金属中，铅拥有最不公正的恶名。它似乎代表了所有的沉重、迟缓和肮脏：它太软了，无法制作工具，而且它有毒。它是炼金术神殿中最劣等的金属：仅仅是寻求将其他金属提升为黄金的起始材料。

然而，在古代艺术家的调色板中，铅属于最闪亮的物质。通过用醋烟腐蚀铅，埃及人制造了一种白色颜料醋酸铅（常叫做“铅白”），它一直是绘画时最好的白色 —— 直至 19 世纪被锌白取代。通过在空气中加热铅，古代工匠可以制造出亮橙红色，罗马人称之为“铅红”（minium），“miniature”（微型画）就是源自这个词 —— 这是一种大量使用铅红的绘画（通常很精细）。另一种形式的氧化铅是明黄色，在中世纪被用作铅黄色颜料。铅很柔软，而且相对丰富，是制造水管和管道的有用材料："plumbing"（管道系统）来自拉丁语中的"plumbum"（铅），铅的化学符号"Pb"也是这么来的。罗马人制造铅板的方式是将一层浅浅的熔融金属倒在沙子或泥土的槽中，然后将其弯曲并敲打成型。铅板是一种方便的防水密封剂，被广泛用于保护教堂的屋顶免受风吹雨淋。

一种致命的声誉

然而，铅是有毒的，开采铅矿非常危险。雅典附近的劳里昂银矿在大约公元前3200年投入使用，是希腊城邦重要的铅来源。这里与雅典作为民主之源的名声不符。矿工大多数是奴隶，其中一些是儿童，许多人拴着链子、赤身裸体地工作。到公元1世纪末，一些矿井的深度超过了100米。有证据显示，罗马时代的采矿活动造成了铅污染。

罗马人了解铅的毒性影响：公元前1世纪的工程师马尔库斯·维特鲁威指出，铅冶炼者大多脸色苍白。尽管如此，罗马人通过在铅锅中煮葡萄汁或陈年葡萄酒来生产一种叫"萨帕"（sapa，即醋酸铅，后来被称为"铅糖"）的食品甜味剂。一些生活在伦蒂尼恩的人，其骨头的铅含量比生活在罗马铁器时代之前的英国人高出七十多倍；罗马帝国的欧洲公民牙釉质中也有很高的铅含量。目前还不清楚为什么他们会暴露在更多的铅中——也许萨帕和管道系统起到了一定的作用——有历史学家提出（必须说明，这是推测性的），铅中毒造成的问题可能导致了罗马帝国的衰落。

下图：罗马铅缸上的铭文。来自萨福克郡，公元4世纪，藏于英国伦敦大英博物馆。

铁

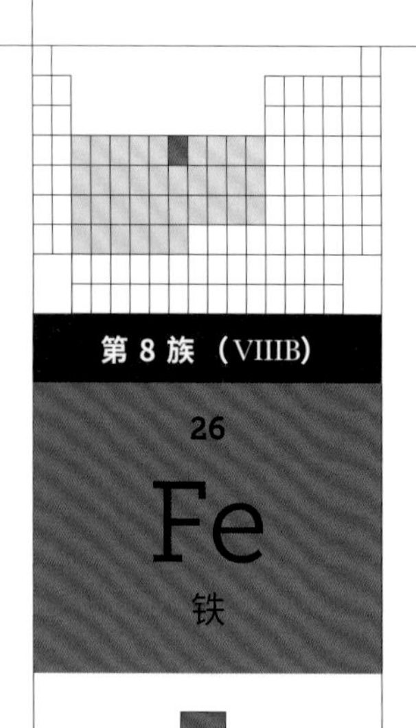

第 8 族（VIIIB）

26

Fe

铁

过渡金属

原子序数:26

原子量:55.845

标准温度压力下的相:固态

在所有的元素发现中，对世界历史进程影响最大的也许就是从铁矿石中冶炼铁。我们不确定这发生在什么时候，也不确定是如何发生的，但它似乎始于公元前13世纪小亚细亚的赫梯帝国。赫梯军队强大而坚韧的铁制武器是青铜武器几乎无法抵抗的。

使铁器拥有锋利的刀刃，这意味着将混合在金属中的碳含量调整到0.1%左右——赫梯人在公元前1400年左右便改进了这种工艺。但一直到赫梯帝国解体（大约公元前1200年），他们的冶金技术才得以传播至远方，铁器时代才真正开始。

然而，不能说这是铁的"发现"。自然界中存在非常少量的天然铁：它存在于一些陨石中（熔化铁需要非常高的温度，大约1538℃，因此，铁对于石器时代或青铜时代偶然发现它的人而言，没有什么实际用途）。还有一些铁制品——装饰品和仪式武器——可以追溯到公元前2000年以前，但这些粗糙的"锻"铁无法与钢相比。赫梯人通过渗碳法（cementation）炼钢：将热铁和木炭一起锤打，使之含碳。钢通过淬火（将锻造的金属投入冷水中）进一步硬化。这些技术直到公元前1000年才得到完善，铁器时代也是从这时腾飞。大约从公元前9世纪开始，赫梯人的冶金技术被亚述人采用，后者在公元前701

右图：亚述人用铁头攻城锤和铁制武器围攻一座城市。该浮雕出自沙尔马那塞尔三世时期的青铜门，位于巴拉瓦，约公元前865年，藏于英国伦敦大英博物馆。

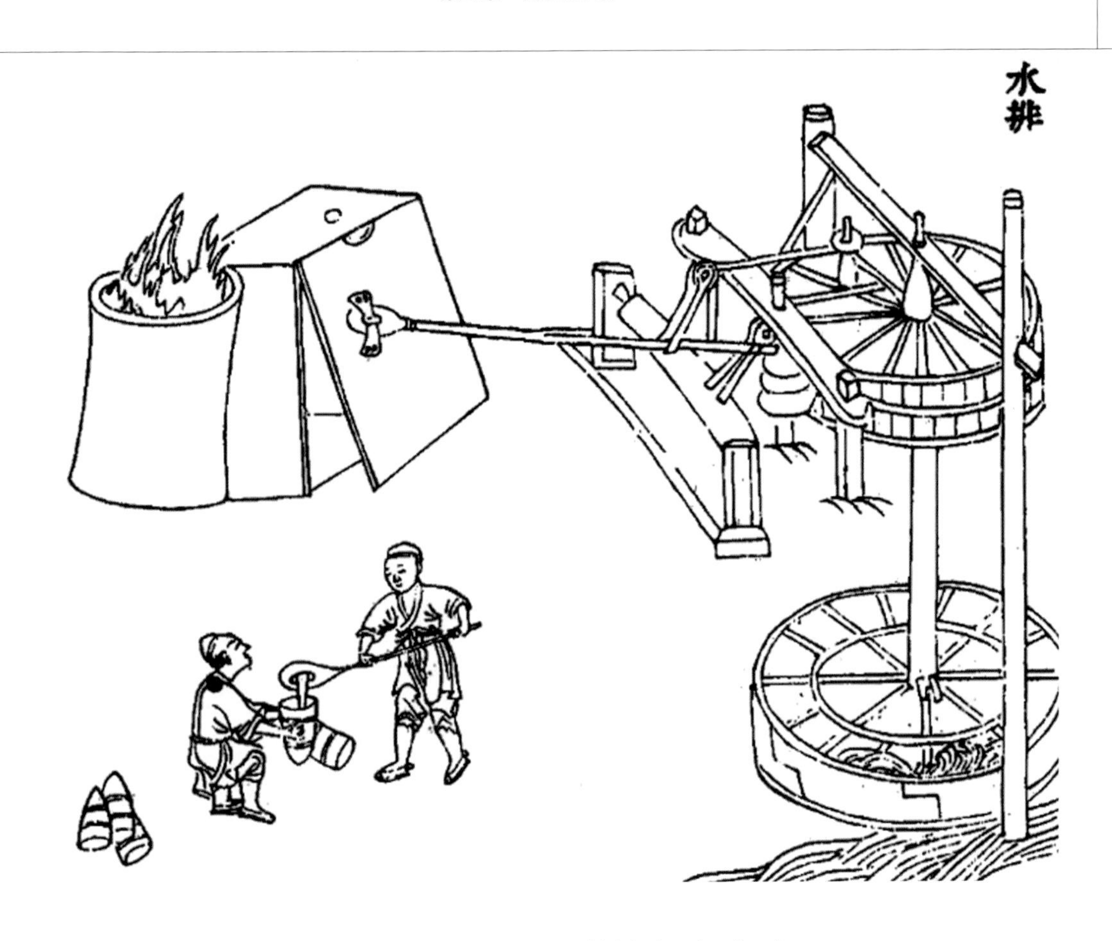

上图：已知最早的水轮驱动高炉的示意图，基于杜诗的发明。出自元代王祯《农书》（1313），第6卷。

年围攻耶路撒冷，如拜伦勋爵的描述，“像狼一样扑过来”，“他们的长矛就像海上的星星”。

技术史学家托马斯·德里和特雷弗·威廉斯在1960年的著作中写道：“公元前6世纪的希腊文明是建立在铁的基础上，而罗马力量的传播，最终将该文明带到了西方世界的最远端，其漫长的历史都与铁有关。”罗马人渴望征服欧洲的部分地区（如西班牙），一定程度上是为了获得铁矿：韦尔瓦省的力拓河矿场位于富含铜的黄铁矿（Pyrite，硫化铁）层上，黄铁矿也被称为“愚人金”，这个名称源自该地区富含铁的红色土壤。

钢的到来

冶炼铁矿石首先是焙烧矿物（如黄铁矿），得到铁的氧化物，然后和碳（木炭）一起加热去除氧元素——碳与氧结合形成二氧化碳气体。在化学中，这个过程叫“氧化还原反应”，它把化合物中的铁变成元素的形式（金属）。铁汇集在一起，以熔融的状态从窑或炉中排出。然而，早期的冶炼方法实际上并没有熔融铁，而是产生了一种被称为“绵铁块”（bloom）的海绵状物质，可以锤打成锻铁。

为了将熔融的铁用于铸造，需要往高炉中鼓入空气，提高冶炼过程的温度。这种工艺至少从公元

1世纪开始就在中国使用，发明者是汉朝的工程师和官员杜诗。一些中国冶金学家似乎已经在熔炼铁矿石的时候使用手摇风箱，但杜诗展示了如何用水车自动操作。以水为动力的高炉直到16世纪初才在欧洲变得普遍，当时西方钢铁制造的质量终于开始追赶东方。水力还被用来驱动用于加工和塑型的锤子和轧钢机，到了1700年，钢铁工业已经基本上经历了自己的“工业革命”。

然而，直到1722年，法国的博学家勒内 – 安托万·费尔绍·德·列奥米尔才发现，铁的性质主要取决于它的含碳量。铸铁的含碳量最高，锻铁的含碳量最低，而钢在两者之间找到了一个理想值 —— 但列奥米尔并没有这样表述，他的思维方式仍然受到了炼金术的影响：他说重要的是铁中“盐和硫”的量；但他指出，在用于处理锻铁的添加剂中，只有含碳的添加剂才能生产出好钢。半个世纪后，瑞典化学家托尔贝恩·贝格曼也仔细研究了这种“额外成分”在钢中的作用。然而，他也受到了那个时代的化学限制，在结论中提出了两个量：铁中的“燃素”（phlogiston）和“热量”（caloric matter）—— 这是两种虚构的元素，我们在后面还会遇到。直到1786年，三位法国科学家才首次清楚地表达了这个发现：“渗碳钢只不过是铁 …… 与一定比例的天然木炭结合。”

一旦正确地理解了这一点，人们就能更可靠地生产优质钢，特别是在19世纪50年代引入亨利·贝塞麦的方法之后，即通过向熔融的铁鼓入空气，去除多

上图： 雅典双耳陶瓶，画在赤陶上，描述的是器械对打。雅典，约公元前500年 — 前480年，藏于美国洛杉矶J. 保罗·盖蒂博物馆。

下图： 铁剑，重约680克。来自古典希腊时期，公元前5世纪 — 前4世纪，藏于美国纽约大都会艺术博物馆。

上图：在铁炉中使用模具。图片出自勒内 – 安托万·费尔绍·德·列奥米尔的《将锻铁转化为钢的艺术》（1722 年出版于巴黎，出版商为 Michel Brunet），插图 23，藏于西班牙塞维利亚大学图书馆。

右图：正在运转的贝塞麦转炉，将铁吹成钢，1895 年。照片来自安德伍德图片公司，藏于美国宾夕法尼亚州科学史研究所。

对页图：“轨道尽头，洪堡平原。”阿尔弗雷德·哈特拍摄的照片，展示了中国工人在中央太平洋铁路公司建设铁路的情景，内华达州，1865 年—1869 年，藏于美国华盛顿国会图书馆打印与复印部。

下图：威廉·凯利的炼钢专利，1857 年，美国专利及商标局提供。

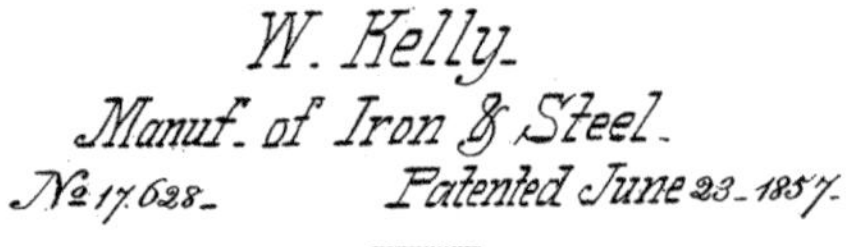

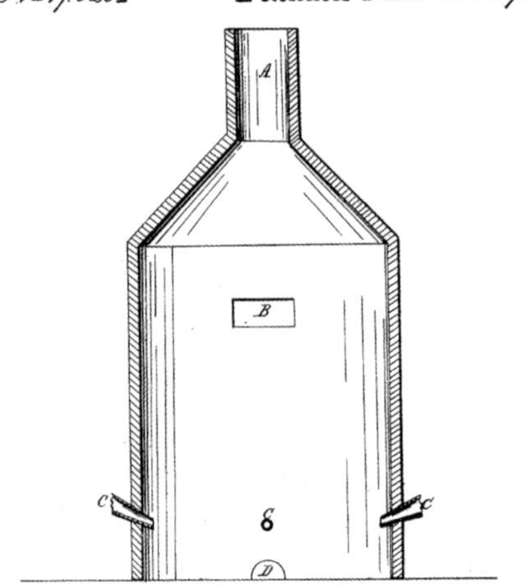

余的碳（和其他杂质）。贝塞麦在 1856 年描述了他的方法，并在同年晚些时候申请了专利。但一个名叫威廉·凯利的美国人质疑他的优先权，前者在 50 年代初发明了基本相同的方法。凯利确信，自己的炼钢法在英国被提及，然后被贝塞麦剽窃。凯利在 1857 年获得了美国专利，但他没有得到什么好处：那年晚些时候他破产了，被迫卖掉了专利，现在这项发明普遍与贝塞麦的名字联系起来。

钢制铁轨的寿命比锻铁铁轨长得多，从 19 世纪 60 年代末开始，贝塞麦钢铺成的铁路网开始迅速发展。到 19 世纪末，钢在整个建筑业和运输业中取代了锻铁：现代铁器时代——更恰当地说，钢铁时代——已经来临。

第 3 章

炼金元素

一位炼金术士正在进行化学转化（象征性地描绘）。图片出自爱德华·凯利的《地球天文剧场》（1750），拉丁语、希腊语、德语手稿，藏于德国德累斯顿萨克森州立和大学图书馆。

炼金元素

公元前 221 年
秦始皇统一中国。晚年，他痴迷于寻找长生不老药。

约 124 年
魏伯阳撰写的《参同契》被认为是中国最早的炼金术书。

约 700 年—800 年
贾比尔·伊本·哈扬书写炼金术著作，确认了许多物质，包括硫酸和硝酸。他是 8 世纪至 14 世纪伊斯兰黄金时代的关键人物。

约 1150 年—约 1500 年
欧洲哥特时期，新发明涌现，技术进步、经济增长的速度加快。

约 1200 年
鼓风炉首次在欧洲出现——尽管可能早在公元 1 世纪就已经在中国出现。

1415 年—1420 年
意大利文艺复兴时期的建筑师菲利波·布鲁内莱斯基是最早正确掌握透视法的人。

约 1440 年
金匠约翰内斯·古登堡发明了印刷术，使民众的识字率提高。

在中世纪之后、文艺复兴之前，化学就等同于炼金术。而在 18 世纪，这一科学分支出现了一种可识别的现代形式，它通常被称为“化学炼金术”（chymistry）。这个词表明，它是一门处于过渡期的科学，非此非彼，在某些方面还是两者的混合。当然，这种结论是事后得出的。当时，炼金术（alchemy）、化学炼金术和化学（chemistry）这几个词可以相互替换。16 世纪和 17 世纪的化学炼金术士正在做一件事，这也是自然哲学家和科学家一直在做的事：试图弄清楚世界运转的方式，以及我们如何利用这些知识一点点地改进以前的想法——而且他们也断言，现在有了前人和同行无法找到的答案（这种看法是不明智的）。化学炼金术是一门正在发展的学问，科学永远如此。

那个时期的化学主要是针对一个重要的任务：制药。人们之所以认为化学有此种用途，是源自一个古老的想法：至少从汉代开始，中国炼金术士的工作主要是围绕着制造保健药物的目的。在中世纪，典型的药店都会出售一种叫“万灵药”（theriac）的化学药水，这些药水源自古希腊和古罗马的配方，含有烤蛇等成分。14 世纪，加泰罗尼亚医生维拉诺瓦的阿纳尔德和法国人鲁庇西萨的约翰提倡用蒸馏等化学工艺生产复杂的化学药品。他们的药物可能没有效果，但他们的研究有助于发展和推动新的化学工艺和化学物质的出现：例如，阿纳尔德通过蒸馏制备了几乎纯的酒精。

这两个人都影响了 16 世纪的瑞士医生帕拉塞尔苏斯。和文艺复兴时期的许多人一样，他的名字是用拉丁文自称的；他的真名是菲利普斯·奥里欧勒斯·德奥弗拉斯特·博姆巴斯茨·冯·霍恩海姆（来自施瓦本的一个落魄贵族家庭）。据说，使炼金术从对制造黄金（尽管他本人也尝试过）的追求中解放出来、转向医学，帕拉塞尔苏斯做出的贡献比文艺复兴时期的任何人都要多。他的一个最著名的药品是鸦片酊（laudanum），据说有神奇的性质：他的助手后来声称，帕拉塞尔苏斯可以用鸦片酊药丸“复苏死者”。没有人知道这种所谓的神奇药物中含有什么成分，但 17 世纪的英国医生托马斯·西登纳姆曾经推广过一种同名的药水：它基本上是将鸦片溶解在酒精中，然后用香料调味。它不会治愈任何疾病，但可以缓解病人的疼痛。

帕拉塞尔苏斯在 1541 年去世，之后的一个半世纪里，医学仍然是强盛不衰的主题。帕拉塞尔苏斯的视野比他的实践更为广阔。他是建立“化学哲学”的核心人物，这个词几乎等同于炼金术的万有理论。他认为，宇宙中发生的一切都可以用化

左图：烧瓶，显示了国王与王后的结合，以及代表元素的四个脑袋。图片来自维拉诺瓦的阿纳尔德的《上帝的礼物》（1450—1500），炼金术论文，斯隆手稿编号 2560，藏于英国伦敦大英图书馆。

学术语来解释。例如，水从海洋中蒸发并以雨的形式下落，这相当于炼金术实验室中的蒸馏。人体也受化学法则支配：帕拉塞尔苏斯说，我们体内都有一个化学家，他把食物变成肉、血和骨头（这在某种程度上是对的）。甚至《圣经》中的创世，即土和水从原始混沌中分离，也可以视为一个化学过程。

当然，这个图景既属于神秘主义，也属于我们现在认为的自然科学观。但是，从这里不难看出，自然界可以被理解为一个理性的过程，我们可以在实验室里研究这个过程——其实，这与现代宇宙学的大爆炸观点差不多，即物理学可以在粒子加速器中进行解释和研究。不可否认，这是一个相当美妙的想法，它短暂地将化学和化学元素置于事物的核心。

硫

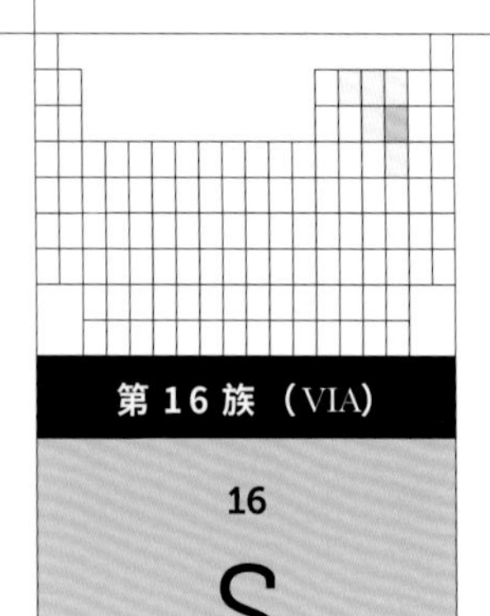

第 16 族（VIA）

16

S

硫

非金属

原子序数:16

原子量:32.06

标准温度压力下的相:固态

硫，曾经也叫硫黄，一直以来都带有一丝邪恶的气息。这并不奇怪，因为硫的天然矿床经常出现在一个很可怕的地方：火山周围。1989 年，两名英国科学家在调查哥斯达黎加的一个火山口湖时发现，水已经烧干了，露出了热气腾腾的熔融硫坑，上面长满了亮黄色的硫晶体，散发着刺鼻的气体 —— 二氧化硫，硫与空气结合形成这种气体。

右上图：炼金术士肖像，帕拉塞尔苏斯手持宝剑，据说剑柄中藏着他的阿佐特（或“万灵药”）。图片是他的《大哲理》（1567）的卷首插图，藏于美国宾夕法尼亚州科学史研究所。

硫在自然界中以矿物的形式存在，所以它是不需要被发现的元素之一。但它一直都很有用，所以自古以来人们就在火山地区开采硫矿。硫具有刺激性，是一种有用的熏剂：燃烧硫产生二氧化硫气体，可以驱赶老鼠，以及蟑螂和跳蚤等害虫；食品店有时会通过撒硫粉来防范它们。硫也被用作药物：医生认为它可以帮助恢复体液的平衡 —— 古代和中世纪的人们认为四种体液（即血液、黏液、黄胆汁和黑胆汁）决定了健康；阿拉伯炼金术士提到了含硫的软膏，有影响力的瑞士医生帕拉塞尔苏斯及其追随者建议用这种软膏来治疗瘙痒。

硫是易燃物，硫黄与火的关联就由此而来：《圣经·创世记》记录了“耶和华将硫黄与火，从天上降与所多玛和蛾摩拉”，以惩罚这些地方的人民的恶行。在《失乐园》第 2 卷中，约翰·弥尔顿将撒旦的领地描述为一个充满恶臭的地方，他的宝座由“地狱硫火和奇异的火焰”制成。毫无疑问，这是地狱般的存在。硫可能是“希腊火”的成分之一。希腊火是一种燃烧武器，拜占庭帝国从公元 7 世纪左右起用它发动海战。没有人知道这种致命的混合物包含什么成分 —— 而且可能有不同的配方 —— 但似乎大多数都包括硫，以及从原油或树脂中提取的易燃物。据说，这种火几乎不可能被扑灭，甚至可以漂浮在水上燃烧。

后来，硫成为火药的一种成分。火药是大约 9 世纪在中国发明的，非常有名。有时人们会说，中国人只是把火药用于娱乐，用于制造中国人至今仍然喜爱的爆竹，直到大约 250 年后西方才得知了火药的秘密，并迅速用于更致命的

上图：约翰·马丁在《所多玛和蛾摩拉的毁灭》（1852）中描绘的酸雨。画作藏于英国泰恩河畔纽卡斯尔莱恩美术馆。

右图：伊斯兰炼金术士贾比尔·伊本·哈扬，绘者可能是乔凡尼·贝利尼，图片出自《炼金术札记》（1460—1475），艾仕本罕手稿编号1166，藏于意大利佛罗伦萨老楞佐图书馆。

用途。但事实并非如此：至少从公元前11世纪开始，中国人就将火药应用于战争，例如在围攻和海战中向敌人投掷“火箭”和炸弹。火药是把硫、木炭以及被称为“硝石”（硝酸钾）的化合物混合在一起：硝石提供氧元素，氧元素使硫和木炭剧烈地燃烧。强烈的爆炸主要来自木炭，硫的作用是使木炭在较低的温度下被点燃。

炼金术士一直对硫很感兴趣，他们怀疑把其他金属炼制成黄金可能要用到硫。阿拉伯炼金术士贾比尔·伊本·哈扬认为，所有的金属都是由硫和汞这

两种“本原”组成，而炼制黄金就是以正确的比例组合这些本原。帕拉塞尔苏斯扩大了这种“金属的统一理论”。他加入了第三种本原——盐，使这个理论囊括了所有物质。他认为，汞是流动的本原，盐是“形体”的本原（形成固体），而硫是燃烧的本原——它使物体燃烧。

硫黄的臭味

早期炼金术最有影响力的文本来自公元3世纪末左右的帕诺波利斯的佐西莫斯。帕诺波利斯是罗马埃及的一座城市。（至少，后来的炼金术士使用的文本都附有他的名字，但我们对他知之甚少，也不知道他是否写了这些文本。炼金术的许多作品都被附会为名家所著，以使它们听起来更可靠。）佐西莫斯提到了一种叫“硫水”的物质，可用它来处理贱金属，使它们看起来像黄金。这涉及一个多步骤的复杂过程，每一步都伴随着金属颜色的变化，而且很可能每一步都涉及某种化学反应，尽管有时候很难弄清楚。硫水被应用于一种铅、锡、铜和铁的合金中，使其具有金的黄色色调。硫水的制作方法是：加热硫和石灰（碳酸钙），把产物溶解在水中。硫水似乎是硫化氢气体的溶液，闻起来像臭鸡蛋。

这就是硫的命运：它可能是使化学背上恶臭名声的罪魁祸首。除了刺鼻的二氧化硫和有腐臭气味的硫化氢，还有一种被称为“硫醇”的含硫化合物，其气味各不相同，有些是大蒜味，还有些完全腐臭，类似于煮熟的卷心菜。硫也与胀气有关，例如，含硫的

下图：图画绘制的是入侵的蒙古战士使用火药火球。详见竹崎季长的《蒙古袭来绘词》（1275—1293），用墨水和颜料画的纸卷轴，日本东京皇家收藏。

上图：炼金术士三位一体，硫、汞、盐，一个寓言形象。图片出自琐罗亚斯德的《艺术家之钥》(1858)，手稿编号 Ms-2-27，第 3 卷，藏于意大利的里雅斯特阿提利奥·荷尔提斯市民图书馆。

抱子甘蓝有独特的（有些人不喜欢的）气味和苦味，它们来自一种叫“硫代葡萄糖苷”的分子。顾名思义，这种分子有点像糖，只是硫在其中起了作用，以完全相反的方式取代了甜味。正是因为硫的这种化学特性——或更准确地说，正是由于人体对它的反应方式——它也许永远无法摆脱恶名。

右图：陶蒺藜（装了火药的导弹），可能来自元代，藏于中国北京中国国家博物馆。

磷

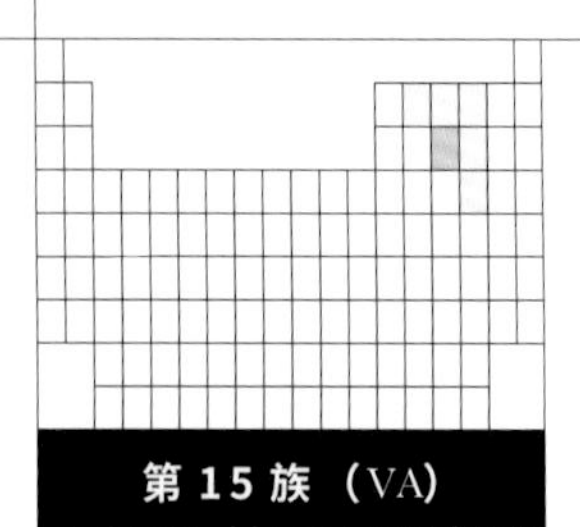

第 15 族（VA）

15

P

磷

非金属

原子序数：15

原子量：30.974

标准温度压力下的相：固态

在所有的元素发现的故事中，磷的故事可能是最精彩的。它拥有一切：戏剧、阴谋、神秘、艰辛、刺激、危险 —— 还有难闻的气味。和其他故事相比，磷的故事也更能说明“跟着鼻子走”在科学发现中的价值。在这里就是字面上的意思。

亨尼格·布兰德是一位炼金术士，他生活在炼金术正在衰退的时代，或者说炼金术正在转变为我们现在称之为“化学”学科的时代。布兰德在 17 世纪中期的汉堡工作，我们对他知之甚少，只知道他是玻璃制造商，以及他相信魔法石的存在 —— 据说魔法石可以把贱金属转化成黄金。几个世纪以来，这种转化剂所承诺的财富一直在诱惑着炼金术士，我们完全有理由相信布兰德也被吸引了。他的实验室是由第一任妻子的嫁妆资助的，妻子去世后，又由他后来娶的富有的寡妇资助。然而，这些经济手段还不够，布兰德一直在设法从自己的炼金术研究中获利。他有一个在现在看来很奇怪的想法，即魔法石的关键成分可能需要从尿液中提炼。1669 年左右，他开始收集大量的尿液，并通过蒸馏提取固体残留物。

布兰德发现烧瓶中确实有一种物质，该物质加热后会熔化，产生一种大蒜

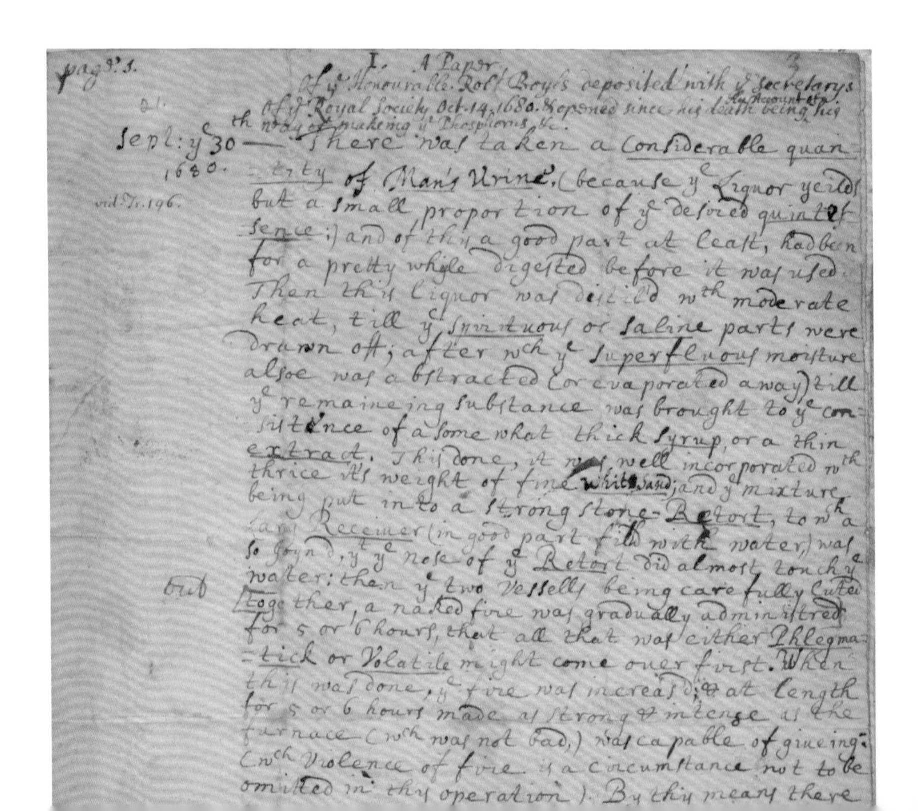

pag. 9.3. I. A Paper
Of ye Honourable Robt Boyle's deposited with ye Secretarys
of ye Royal Society, Oct. 14, 1680. & opened since his death being his Account of
the way of making ye Phosphorus, &c.
Sept: ye 30 — There was taken a Considerable quan-
1680. -tity of Man's Urine, (because ye Liquor yeilds
vid. p. 196. but a small proportion of ye desired quintes-
-sence;) and of this a good part at least, had been
for a pretty while digested before it was used.
Then this Liquor was distill'd wth moderate
heat, till ye Spirituous or Saline parts were
drawn off; after wch ye Superfluous moisture
alsoe was abstracted (or evaporated away) till
ye remaineing substance was brought to ye con-
-sistence of a somewhat thick Syrup, or a thin
extract. This done, it was well incorporated wth
thrice its weight of fine white sand; and ye mixture
being put into a strong stone-Retort, to wch a
large Receiver (in good part fill'd with water) was
so joyn'd, yt ye nose of ye Retort did almost touch ye
water: then ye two Vessells being carefully luted
together, a naked fire was gradually administred
for 5 or 6 hours, that all that was either Phlegma-
-tick or Volatile might come over first. When
this was done, ye fire was increas'd, & at length
for 5 or 6 hours made as strong & intense as the
furnace (wch was not bad,) was capable of giveing:
(wch Violence of fire is a circumstance not to be
omitted in this operation). By this means there

对页图：从尿液中提取磷元素。图片详见罗伯特·波义耳的《制造磷的方法》（1680），藏于英国伦敦皇家学会。

右图：德比的约瑟夫·赖特的《炼金术士，寻找魔法石》（1771），藏于英格兰德比博物馆与艺术画廊。

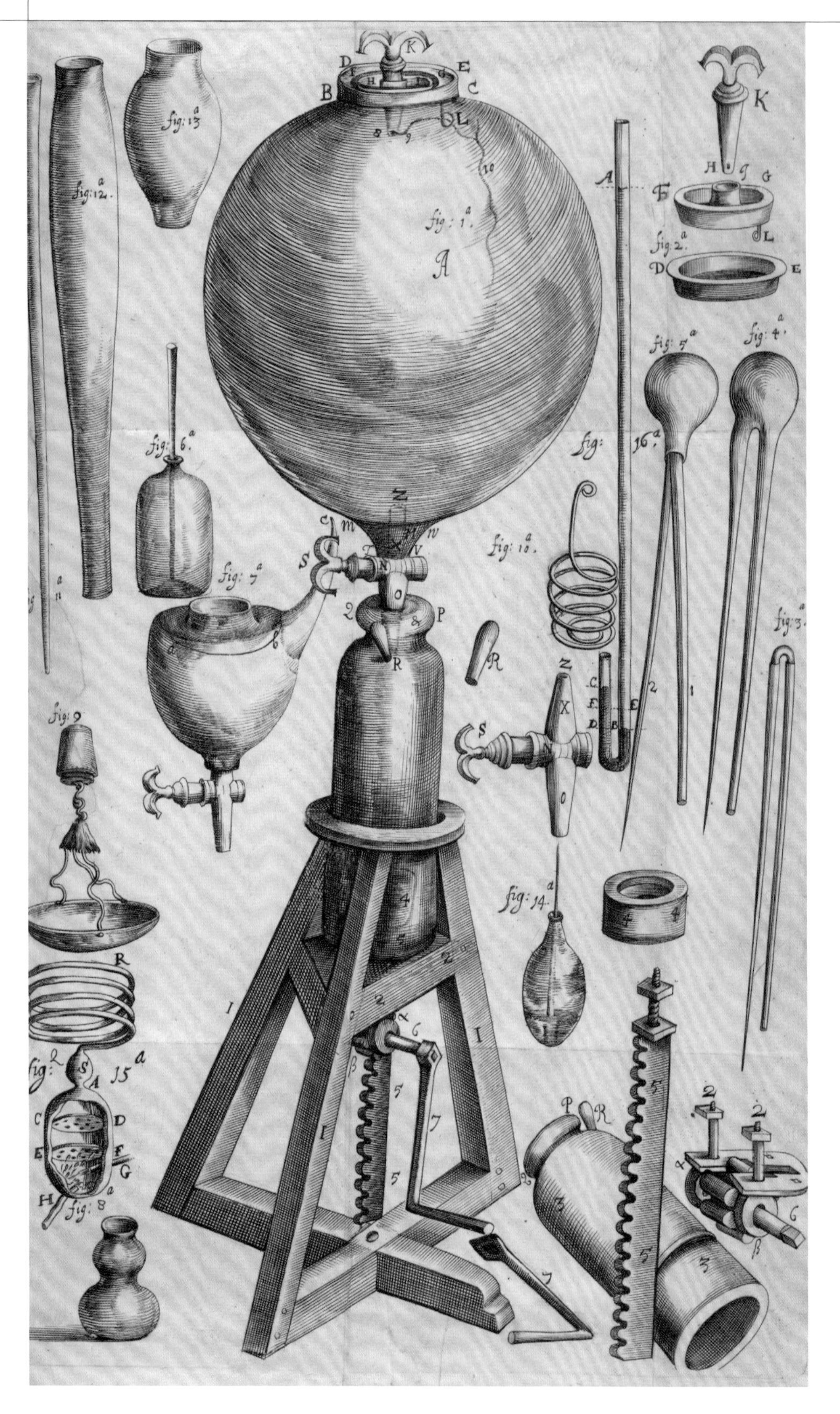

左图：罗伯特·波义耳的气泵和部件的雕刻铜版。出自《关于空气弹性及其效应的物理—力学新实验》（1660 年出版于牛津，由 H. 霍尔为 T. 罗宾逊印刷），藏于美国宾夕法尼亚州科学史研究所。

味的液体，这种液体会自己发光，与空气接触会剧烈地燃烧。他收集了这种柔软的固体，并保密了6年，因为他试图将其变成魔法石。一个世纪以后，英国画家，德比的约瑟夫·赖特把布兰德的发现永载史册：画中的实验室看起来像中世纪的哥特式地窖，炼金术士跪在一间实验室里——他可能是正在聆听神启的修道士。他面前的烧瓶发出的光芒淹没了整个场景，并产生了戏剧性的阴影。德比的赖特想把宗教启示的体验和科学发现的契机相提并论：这是一个关于“启蒙”过程的寓言。当时的人们认为，启蒙预示着科学时代的来临。

尽管很保密，布兰德的发现还是泄露了出去。16世纪70年代中期，维滕贝格大学的化学教授约翰·昆克尔听说这件事后，决定跟踪布兰德。但并不是只有他一个人这么做，昆克尔曾写信给德累斯顿的一位名叫丹尼尔·克拉夫特的同事，后者认为这个故事值得调查。据说，克拉夫特先到了那里，正在与布兰德商量购买发光物质的价格时，昆克尔出现了，并恳求他告知如何制造这种物质。布兰德似乎只透露了它来自尿液——这足以让昆克尔开始自己蒸馏尿液，并且在1676年成功地制备了这种物质。

克拉夫特已经开始成罐地兜售这样新物质了。它被称为“磷”（Phosphorus）——字面意思是光的载体。没有人知道这是一种新的元素。在17世纪，所有能自发光的物质都叫phosphorus，这种特性被称为磷光（phosphorescence）。克拉夫特带着布兰德的磷在欧洲的宫廷里游走，靠展示它的性质大赚了一笔。英裔爱尔兰科学家罗伯特·波义耳（见第72页）为新成立的伦敦皇家学会（一个好奇所有新奇事物的自然哲学家团体）撰写的报告中描述了这一事件。

1677年9月，克拉夫特带着各种装有固体和液体的小瓶、试管和烧瓶访问了波义耳在伦敦的家。波义耳说，有一种红色的液体，“就像从火中取出的炮弹一样闪闪发亮”。克拉夫特用手指蘸了一些磷，写下了发光的词“DOMINI”（主）。他把这些物质的碎片撒在波义耳姐姐（实际上此处是她的房子）的精美地毯上，它们像星星一样发光。

波义耳是个好奇的人，也是一位有成就的化学家，他急切地想知道如何制造这种东西。但克拉夫特只告诉他，它来自“人的身体”。波义耳正确地猜到来源是尿液，并雇了一位名叫安布罗斯·戈弗雷·汉克维茨的助手帮他制造。汉克维茨前往汉堡，从布兰德本人那里了解了更多的信息——在德国哲学家戈特弗里德·莱布尼茨再次找到布兰德，并在写给皇家学会的信中提及这一点之后，布兰德在磷的发现中的作用才变得清晰。汉克维茨在伦敦的住所中成功地蒸馏出磷，为波义耳提供了他想要的这种迷人的元素。

磷是一种奇怪的东西，它以几种纯物质的形式存在：红磷、白磷和黑磷。白磷最常见，它柔软如蜡，在44℃时就会熔化。磷暴露在氧气中会发光，这是因为这两种元素之间的化学反应导致了化学发光现象（chemiluminescence）：它们生成会发光的化合物。磷也很容易在空气中自发地燃烧，因此被用于燃烧武器和“曳光弹”，后者的作用是显示其他炮弹的路径。

磷真的是一种很可怕的东西：如果它接触皮肤，会造成严重的灼伤，而且也有剧毒。然而，磷是生命系统中的一个基本元素——我们再一次看到了化学的悖论。磷以磷酸盐的形式与氧结合，形成了构成DNA分子骨架的链条，而DNA是所有生物的基因的载体。正是因为我们体内有如此多的磷，所以尿液中也有大量的磷；多余的磷通过尿液排出体外。磷是自然界中最奇妙和最令人困惑的元素之一。

锑

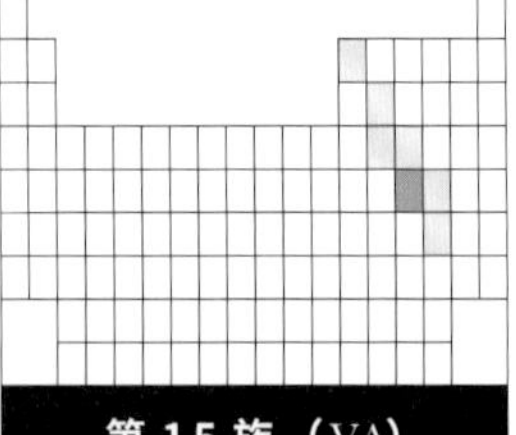

第 15 族（VA）

51

Sb

锑

类金属

原子序数:51

原子量:121.76

标准温度压力下的相:固态

许多元素最开始被认识和命名，是以化合物的形式，即与其他元素结合在一起。锑（Antimony）就是其中之一。锑在自然界中以硫化物的形式出现，罗马人称之为“stibium”，而今天我们称之为“stibnite”（辉锑矿），这就是现代化学符号“Sb”的由来。

辉锑矿质软，呈黑色，希腊人将其制成粉末状，与蜡或油混合，作为化妆品使用。亚述语中的“guhlu”（眼彩），是阿拉伯语中的“kuhl”的词根，即使到了今天，睫毛膏等黑色的眼部化妆品有时也叫做“kohl”（眼影粉）。

上图：涂着眼影（锑制成的化妆品）的女人拿着一个叉铃（乐器），底比斯德尔麦迪那，新王国时期，约公元前 1250 年—前 1200 年，藏于美国巴尔的摩沃尔特艺术博物馆。

长期以来，人们认为这种物质具有治疗作用。在 13 世纪和 14 世纪，两位加泰罗尼亚的炼金术士维拉诺瓦的阿纳尔德和鲁庇西萨的约翰利用蒸馏法生产出各种各样的新物质，他们称之为“灵魂”或“第五元素”——这个词是亚里士多德的天上第五元素或以太的遗留说法。其中一种物质是把辉锑矿溶于醋并进行蒸馏，鲁庇西萨的约翰声称它形成了“血红色的液滴”，“比蜂蜜还甜”。

“kohl”是“alcohol”（酒精）的词根，也就是阿拉伯语中的“al-kohl”。这不是很奇怪吗?一种黑色的矿物竟然可以用来指代一种透明的、易挥发的液体?但在炼金术中，这种跳跃很常见。最开始，“al-kohl”是指辉锑矿粉末，然后是指任何一种粉末，然后是指任何一种物质的“精华”，就像炼金术士通过蒸馏制造的“第五元素”。这个词最终只与一个东西联系在一起：“酒的灵魂”。

锑的化合物（比如辉锑矿）是帕拉塞尔苏斯医生青睐的药品之一，帕拉塞尔苏斯的追随者在 17 世纪热切地鼓吹它。这些“帕拉塞尔苏斯派”医生有时被称为“iatrochemists”（这个词的意思是“医疗化学家”）。他们反对四体

上图：巴西尔·瓦伦丁著《锑的凯旋战车》(1624) 的西奥多·克尔克林评注版（1671年出版于阿姆斯特丹，出版商为 Andrea Frisii）的卷首插图，藏于美国洛杉矶盖蒂研究所。

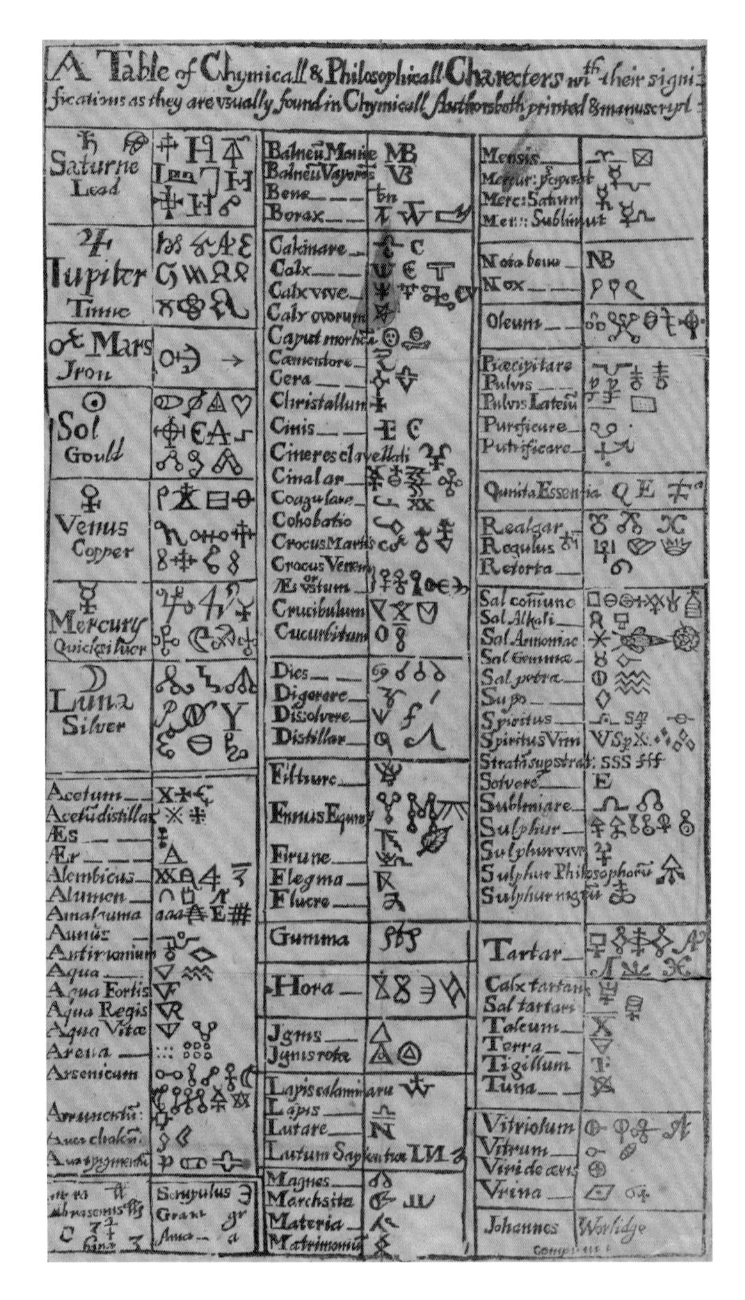

上图：一对曲颈瓶（用于蒸馏）。图片出自巴西尔·瓦伦丁著《锑的凯旋战车》（1624）的西奥多·克尔克林评注版（1671年出版于阿姆斯特丹，出版商为 Andrea Frisii），藏于美国洛杉矶盖蒂研究所。

左图：“化学和哲学词汇表”。图片出自巴西尔·瓦伦丁的《最后的遗嘱和遗愿》（1671年出版于伦敦，由 S. G. 和 B. G. 为爱德华·布鲁斯特印刷），藏于美国宾夕法尼亚州科学史研究所。

液说；相反地，他们坚持认为，治疗特定的疾病需要特定的药物，而医生的任务就是备药和开药。这些想法催生出了许多有用的化学研究，而这些研究有时并没有很好的疗效。锑本身有很大的毒性：莫扎特之死可能是因为服用了他的医生开出的过量的锑盐，而锑也是维多利亚时代投毒者的最爱。17世纪，《锑的凯旋战车》一书声称，锑的名字源自“anti-monachos”（意思是“反修道士”或“修道士杀手”），因为据说服用这些药物的本笃会修道士会中毒。但这个名字也可能（没人能确定）来自“anti-

左图：用聚焦的太阳光燃烧锑。图片出自尼凯斯·勒费弗尔的《化学条约》（1669年出版于巴黎，出版商为Thomas Jollie），第2卷，藏于美国宾夕法尼亚州科学史研究所。

monos”，意思是“不是单独的”，也许是因为辉锑矿——主要的锑矿石——通常与其他矿物一起被发现。这个词最早可以追溯到11世纪一位阿拉伯炼金术士的书中。

锑战

在帕拉塞尔苏斯派医生和传统医生（特别是法国医生）之间，《锑的凯旋战车》是引起关于锑药价值激烈争论的炮弹，这有时甚至被称为“锑战”。帕拉塞尔苏斯派医生认为，尽管知道锑可能有毒，但他们的化学过程将好的影响与坏的影响分开。然而，这些争论实际上都是关于权威的：帕拉塞尔苏斯派和传统主义者是在法国宫廷中争夺影响力的敌对阵营，谁对锑的看法是正确的，实际上就代表了谁在所有医学领域中取得了卓越地位。这也是一场争夺化学灵魂的斗争：是把化学交给使用神秘术语的帕拉塞尔苏斯派，让它回到不光彩的炼金术时代，还是让化学成为一门透明的和理性的科学？

暂未知晓人类是何时从矿石中分离出纯的锑元素的，但这并不难做到——只需要在空气中加热锑的硫化物就可以去除硫——而且在古代甚至就有这种方法。有人声称，来自公元前3000年的中东和埃及的物品中含有金属锑，但考古学家对此持有争议。纯锑看起来像一种灰色金属，与铅类似，但它不是真正的金属——它是所谓的“类金属”，不像金属那样会导电。然而，锑可以与其他金属（如铅、锡）混合，制成合金。其中一种合金被用来制造印刷模具，因为它在冷却和凝固时略微膨胀，因此可以铸成边缘锋利的物体。

锑的毒性会造成肠道不适，所以它可以作为一种泻药。在中世纪，人们使用纯锑的小药丸治疗便秘。这些药丸并不便宜，因此，在完成任务被排出之后，需要小心翼翼地回收这些小药丸，以便反复使用。在这个问题上，最好不要细想。

燃素

帕拉塞尔苏斯宣称硫是“燃烧的本原”—— 他实际上是确立了这样一种观点：燃烧的东西之所以会燃烧，是因为它所包含的某种成分。帕拉塞尔苏斯的“本原”完全不同于现代的元素概念 —— 它们并不是可以分离或提纯的物质，尽管化学史学家仍然在争论一个问题：炼金术士认为的所有金属的成分“硫”和“汞”，是否就是他们制造的黄色矿物和银色液态金属?不过，这些“本原”确实逐渐演变成更像传统元素的东西。在18世纪，“燃烧性本原”成了最著名的“从未存在过的元素”，早期的化学家将其称为“燃素”，这个词源自希腊语中的“点火”。

这是一个渐进的过程。首先，德国炼金术士约翰·约阿希姆·贝歇尔修改了帕拉塞尔苏斯的方案，声称存在三种类型的“土”：一种是液体（如汞）；一种是固体（如盐）；一种是油性或易燃物（如硫）。贝歇尔是个复古的人，是一位声誉可疑的炼金术士，他在17世纪末巡游欧洲，让人们捐钱给他炼制黄金。他的炼金术或者说他的想法成功说服了哈勒大学的化学家格奥尔格·恩斯特·斯塔尔。斯塔尔在1703年编辑出版了贝歇尔关于矿物的伟大论文的新版本，其中他的“油性土”被重新命名为“燃素”。斯塔尔说，当一种物质燃烧时，它包含的燃素被释放到空气中。所以，当木头燃烧时，它变得越来越轻：留下来的灰烬的重量只是原始材料的一小部分。斯塔尔说，硫是硫酸（vitriol，我们今天称之为 sulphuric acid）和燃素的混合物。

右图：约翰·约阿希姆·贝歇尔的《物质的原理》（1738年出版于莱比锡，出版商为 Ex Officina Weidmanniana）的卷首插图，藏于匈牙利米什科尔茨大学。这本书提出了“油性土”的概念。

燃烧的问题

斯塔尔的想法似乎很有道理，整个18世纪的化学家都相信燃素理论。他们不仅用燃素解释燃烧现象，也用它解释呼吸作用、酸和碱等。他们认为，燃烧时释放的燃素会使空气变得“饱和”，因此空气无法吸收更多的燃素，这时就会停止燃烧。正是这个原因，放在钟罩里的点燃的蜡烛最终会熄灭；相反，如果空气中的一些燃素被夺走，它就能更好地维持燃烧。18世纪的英国科学家约瑟夫·普里斯特利通过加

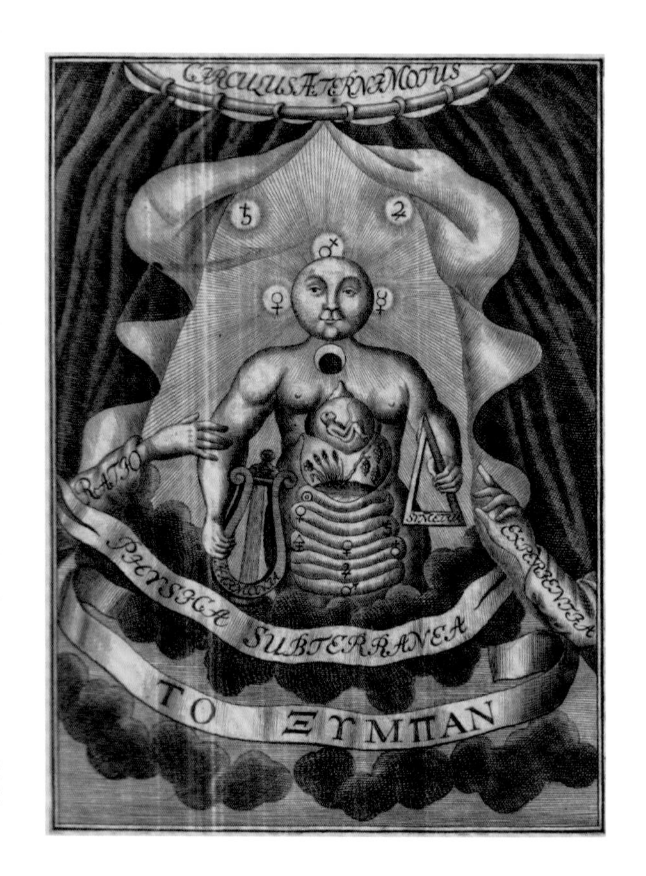

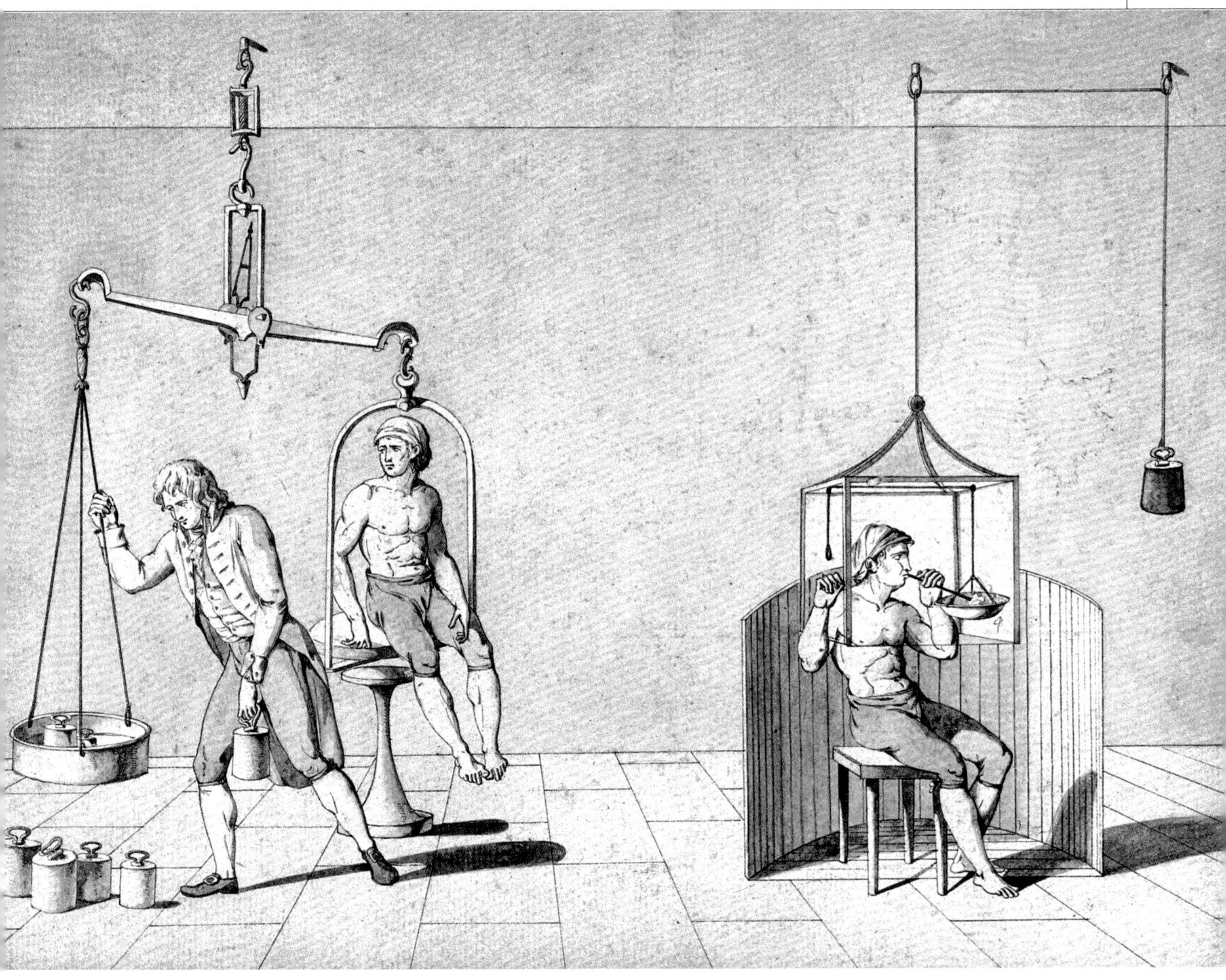

上图：玛丽－安妮·保尔兹·拉瓦锡的钢笔淡彩画，描述她的丈夫安托万·拉瓦锡的呼吸实验，约1789年，藏于英国伦敦惠康收藏馆。

右图：呼吸“脱燃素气”的装置。图片出自简·英格豪斯的《对各种物体的新经验与观察》（1789年出版于巴黎，出版商为Chez P. T. Barrois le Jeune），第2卷，插图4，藏于英国伦敦惠康收藏馆。

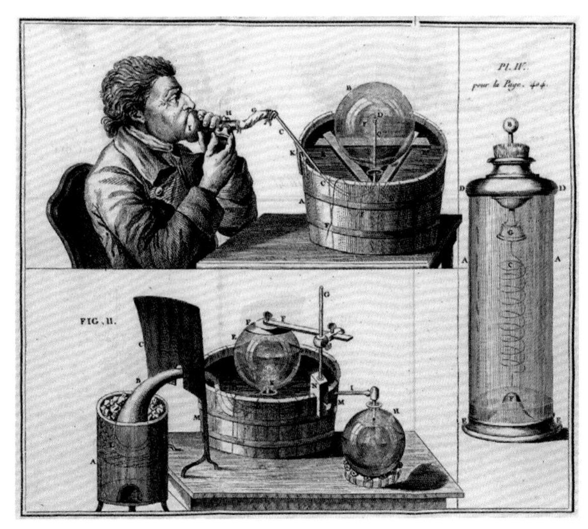

热氧化汞制造出了氧气，发现氧气能使燃烧的煤渣发出更亮的光，所以他认为这种气体是“脱燃素气”（dephlogisticated air）。还有一些人通过让金属和酸发生反应来制造氢气，他们发现氢气会剧烈地燃烧，于是怀疑氢气就是燃素。

上图：沃尔夫冈·菲利普·基利安雕刻的化学家约翰·约阿希姆·贝歇尔，1675年，藏于英国伦敦惠康收藏馆。

燃素的反面

但还有一些问题。首先，当金属在空气中烘烤时，它们并没有（通过释放燃素）减重，而是增重。这怎么可能呢?一些化学家相当绝望地提出，也许燃素有“负重”。直到18世纪80年代，燃素理论才被推翻，这主要是通过法国化学家安托万·拉瓦锡的细致实验。拉瓦锡证明，物质燃烧并不是通过释放某种元素（燃素），而是通过吸收空气中的一种元素或与这种元素结合——他称之为“氧”。金属在“燃烧”时增重，是因为它们结合成了氧化物。拉瓦锡的理论在18世纪末开始逐渐被大众接受——但有些人很不情愿，尤其是英国民众，他们对“法国思想”有着一种沙文主义式的抵制。普里斯特利于1804年去世，直到这时他还固执地坚持燃素理论。

因此，燃素是化学元素发现史中最臭名昭著的错误观点之一，但我们不应该嘲笑它。燃素这个想法帮助化学家清晰地梳理物质的各种行为，非常有助于化学的进步。问题不在于它是错的，而在于它几乎接近正确：燃素理论几乎与拉瓦锡的氧化学说正好相反。这使得拉瓦锡的观点相当容易地取代了它，而不需要对化学进行本质的改造。这是一个很好的例子，说明了在科学中，一个想法是否有用与它是否正确同样重要。

对页图：曲颈瓶等装置。图片出自德尼·狄德罗和让·勒朗·达朗贝尔的《百科全书，或科学、艺术和工艺详解词典》（1763年由国王批准和特许出版于巴黎，出版商为André François le Breton等），第2部分，插图11，藏于美国芝加哥大学。

第70—71页图：一个化学实验室，下面有一张元素表。图片出自德尼·狄德罗和让·勒朗·达朗贝尔的《百科全书，或科学、艺术和工艺详解词典》（1763年由国王批准和特许出版于巴黎，出版商为André François le Breton等），第2部分，插图1，藏于英国伦敦惠康收藏馆。

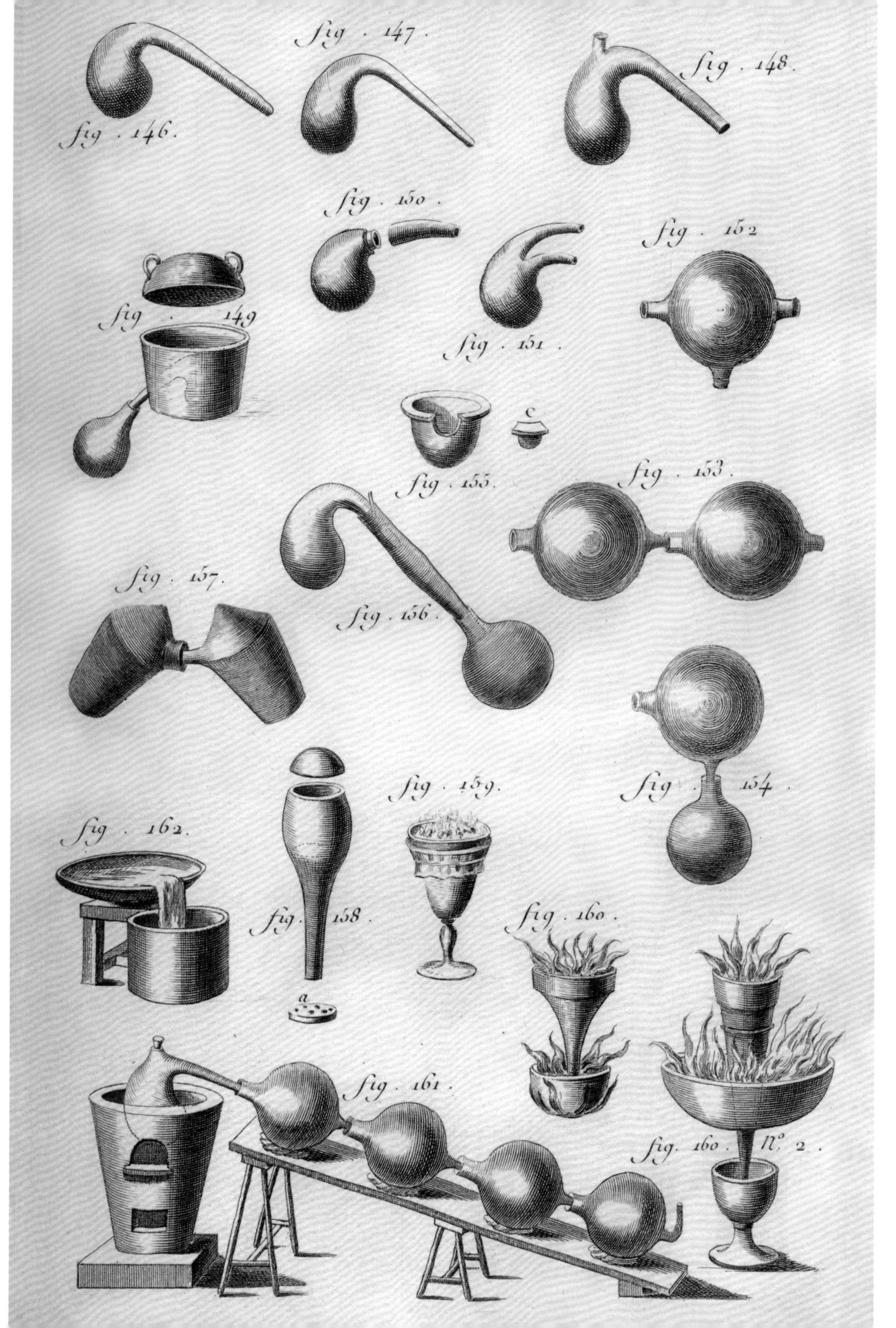
fig . 146 .
fig . 147 .
fig . 148 .
fig . 149
fig . 150 .
fig . 151 .
fig . 152
c
fig . 155 .
fig . 153 .
fig . 157 .
fig . 156 .
fig . 154 .
fig . 159 .
fig . 162 .
fig . 158 .
a
fig . 160 .
fig . 161 .
fig . 160 . N.o 2 .

专题：元素究竟是什么？

科学史家做了很多细致的工作，才开始修复炼金术被认为是伪科学、神秘主义的毫无根据的印象。直到最近，炼金术还会让人联想到庸医、江湖术士，以及试图或声称能够制造黄金的傻子——又或者，它被描述成一种对精神启蒙的寓言式的探索。事实上，许多炼金术只是利用化学制造有用物质的工艺，如颜料和染料、肥皂和药品（尽管其中许多物质并不有效）。你可以说炼金术士并没有真正理解自己做的事情——或至少没有用现代化学家认可的术语来表达——但在17世纪以前，大多数科学和技术都是这样的。炼金术在17世纪开始演变成“化学炼金术”，也就是现代化学的前身。

左图：约翰·克索布姆的《波义耳阁下的肖像画》（1869），藏于美国宾夕法尼亚州科学史研究所。

长期以来，这种对炼金术的误解使我们曲解了17世纪的一些先驱“科学家”（当时这个词也还没被创造出来）。艾萨克·牛顿是非常深刻的思想家，而他的炼金术研究被认为是反常和羞耻，其价值从而被掩盖。罗伯特·波义耳也是如此，他是在英国长大的爱尔兰贵族后代，与牛顿并列为17世纪末最伟大的自然哲学家之一。

波义耳最著名的作品是《怀疑派化学家》（1661），这本书曾被认为是猛烈地抨击了炼金术士的无知和欺骗性，但事实根本不是这样的。波义耳相信炼金术的大部分内容，包括贱金属转化为黄金的可能性，他花了很多精力寻找“魔法石”（据说可以实现这一目标）。但在这本书中，波义耳试图区分学术性的“化学科学”与神秘主义：前者是基于细致的观察实验；后者是受骗者、骗子和低劣配方的追随者假装自己能做到不可能的事情，或者用夸张的语言掩盖自己的无知。“相信我，”他写道，“当我宣布我区分了这些化学家，他们要么是骗子，要么是实验员或专家。”后者是指像他一样的知识渊博的学者。他的话很有道理——炼金术中存在大量的可疑做法和主张——但这在本质上与炼金术士争论不休的观点没什么不同：你们这些人是无知的“吹牛者”或骗子，只有我才具有真正的知识。

《怀疑派化学家》并不是波义耳最优雅或最易理解的作品。他的主要攻击目标是瑞士炼金术士、帕拉塞尔苏斯的追随者所倡导的观点，即所有物质都由三种“本原”构成，分别是硫、盐和汞。波义耳认为事情没有这么简单——没有证据表明这三种物质是真正的元素，或者说是物质的基本成分。他说，我们也不能退回到希腊人的四元素：“在一些物体中无法提取四元素。”他以黄金为例，“到目前为止，还没有人从黄金中提取出这么多元素”。波义耳认为元素可能超过四种 —— 但“至今还没有人做过任何合理的实验来确定元素的数量”。

这里提出了一个问题：元素究竟是什么?当你看到一种元素的时候，你怎么知道它就是一种元素?通常认为，《怀疑派化学家》是最早提出类似于现代化学元素定义的书。波义耳认为元素是：

> “某些原始的、简单的或完全纯净的物质；不是由任何其他物质构成的；那些完全混合的物质都是由这些成分立即化合而成，并最终分解成这些成分。”

换句话说，你不能把元素分解或分离成更简单的东西。

然而，对于思考元素是什么，这仍然是一种很抽象、很哲学的方式，而且波义耳对元素可能有哪些也保持沉默。事实上，他甚至怀疑这样基本的和不可简化的物质根本不存在。他的定义听起来很像法国化学家安托万·拉瓦锡在18世纪末提出的定义：一种不能通过化学反应分解的物质。但拉瓦锡的定义更牢靠地扎根于实用化学中：他是化学分析的大师，化学分析的意思就是把物质拆分成基本成分。对波义耳来说，元素仍然只是一个方便的概念工具。他当然不可能认为黄金是“基本”成分，因为他一生都相信可以通过“化学炼金术”制造出黄金。这个目标对波义耳的吸引力，不亚于几个世纪以来对炼金术士的吸引力。

那么，在17世纪编写的几本全面的“现代”化学教科书中，波义耳的《怀疑派化学家》被视为典范，被视为彻底改革了元素的概念 —— 这是一件稍显奇怪的事情。科学史曾经趋向于寻找基本时刻、基本人物和基本文本，也许这就是趋势的一部分。直到最近，波义耳对炼金术的兴趣仍然被忽视和压制（和牛顿一样），人们急于将这两个人主持的皇家学会作为现代科学的模板。尽管如此，《怀疑派化学家》即便不是新科学的起源，至少也是新科学的一部分：在元素和化学的概念中，决心以仔细的观察和实验为指导，而不是先入为主地认为事物应该如何发展。

上图：由化学仪器、化学符号和化学物组成的彩色版画，19世纪初，藏于英国伦敦惠康收藏馆。

第 4 章

新金属

开采矿石。图片出自汉斯·黑塞的《安娜贝格山祭坛》（1522）的一块画板，藏于德国安娜贝格 - 布赫霍尔茨圣安妮教堂。

新金属

1451 年 —1506 年
克里斯托弗 · 哥伦布在世。这位意大利探险家四次横渡大西洋，为欧洲人在美洲殖民开辟了道路。

1517 年
马丁 · 路德的《九十五条论纲》出版，宗教改革开始。

1543 年
尼古拉 · 哥白尼（1473—1543）在他的《天体运行论》中提出地球绕太阳公转。

1564 年 —1642 年
伽利略 · 伽利雷在世。他是意大利天文学家、物理学家，日心说和哥白尼主义的捍卫者。

1600 年
威廉 · 吉尔伯特的《论磁石》出版。他研究电与磁，在这本书中，他认为整个地球是一块磁石。

1602 年
荷兰东印度公司成立，为欧洲殖民亚洲做出了贡献。

1618 年 —1648 年
三十年战争使中欧地区苦难不断。

1687 年
《自然哲学的数学原理》出版，介绍了牛顿运动定律。

采矿业自古有之。古代的采矿业是为了帝国和国家的强大，是为了皇帝和国王的荣耀；而在中世纪晚期，采矿业有了新的受益者：商人阶层。其中一些人获得了惊人的财富，因此他们的政治影响力可以与领主和统治者比肩：权力和权威不再由神圣法令赋予，而是可以从地上的矿物资源中“发掘”出来。就这样，西方世界的金属贸易改变了整个社会结构。

以奥格斯堡的福格家族为例。14 世纪 60 年代，约翰 · 福格在这座城市创办了一家棉纺织企业。当生意兴隆时，福格先生首先将业务扩展到丝绸等高级纺织品，然后是进口香料。他的一个儿子在奥地利的蒂罗尔州获得了从事银器生意的许可。到了 15 世纪中叶，福格家族已经非常富有，他们还常借钱给蒂罗尔州的大公们。正是为了偿还 1491 年的一笔借款，马克西米利安一世（当时的奥地利大公）将蒂罗尔州所有铜矿和银矿的控制权交给了约翰的孙子雅各布。马克西米利安一世

上图： 阿尔布雷希特 · 丢勒 1518 年为约翰 · 福格（他建立了一个横跨欧洲大部分地区的矿业帝国）绘制的肖像画，藏于德国奥格斯堡斯图加特国立美术馆。

下图： 用于冶炼矿石的圆形反射炉。图片出自万诺乔 · 比林古乔的《火法技艺》（1540 年出版于威尼斯，出版商为 C. Navò），藏于美国华盛顿史密森尼图书馆。

在成为神圣罗马帝国的皇帝后，他的账单越来越长，欠福格家族的钱也越来越多，所以福格家族把采矿帝国扩展到整个欧洲，从西班牙到匈牙利。到16世纪初，他们成为基督教世界最有影响力的银行家家族之一。

开采金属是德国土地上最有利可图的行业之一。从10世纪开始，德国的哈茨山就已经在开采铅和银；1136年，萨克森州和波希米亚之间的山丘上出现了银矿。德国矿工的技术在整个欧洲都很有名，德语成为欧洲采矿业的通用语言。

采矿与科学进步

德国人格奥尔格乌斯·阿格里科拉在1556年写了一篇关于采矿的论文《论矿冶》，从中可以很清楚地看到这一行业的规模。论文中的木刻画显示，巨大的水车将矿物从矿井中拉出，并将其磨碎；溪流被改道，用于驱动机械和清洗矿石；砍伐树木以提供木材和燃料；设有筛分和熔炼矿石的车间。矿井的深度超过150米，需要强大的机械从隧道中抽水。阿格里科拉在文中清楚地写道，采矿活动的利润让大自然付出了沉重的代价。然而，他了解自己的读者，也为矿主提供了自我辩护的论据，反对贪婪和剥削的指控——他说，金属的巨大效益远远超过了开采金属所带来的困扰和破坏。

从采矿中获得的财富驱使人们了解矿物和金属。这样一来，采矿就在投机科学和实用技术之间建立了联系：它们都是同一种炼金术。福格家族建立了矿业学校，老师指导学徒学习金属制造的技艺。银、铜、锡和铅（可以从德国土地上获得的主要金属）的商业价值非常明显，但金属工匠也开始意识到，矿石中可能含有其他的金属物质，古代的矿物学著作没有提到过它们，其中的一些物质在市场上找到了自己的位置，所以商业需求推动了新元素的发现。

上图：爬进坑里。图片出自格奥尔格乌斯·阿格里科拉的《论矿冶》（1556年出版于巴塞尔），第6卷，藏于英国伦敦惠康收藏馆。

铋

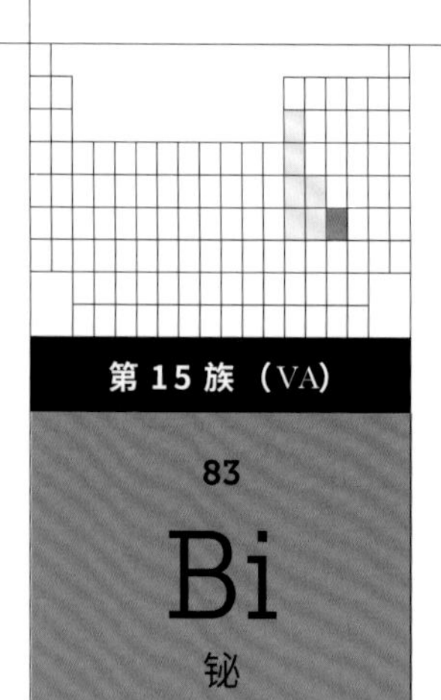

第 15 族（VA）

83

Bi

铋

后过渡金属

原子序数：83

原子量：208.98

标准温度压力下的相：固态

在古代，哲学家和工匠只认识7种不同的金属：金、银、汞、铜、铁、锡和铅。这是个巧妙的体系，因为每一种金属都正好对应一个天体：太阳、月亮和5种已知的行星（水星、金星、火星、木星和土星）。为什么要这样呢?因为许多自然哲学家认为，不同类别事物之间的“对应关系”决定了自然界的一切。

然而，如果谈到合金，也就是金属的混合物，比如青铜和琥珀金，这个巧妙的想法就会变得十分尴尬。它们也是不同的金属吗?我们已经看到，古代至少还有另一种类似于金属的物质：锑，它具有铅的黯淡光泽。而且它并不孤独，还有一种物质，也像铅一样致密，呈银灰色，但有浅粉色的色调，而且更脆。它后来被称为铋（Bismuth）。

这个名字的起源是一个谜。有人说它源自阿拉伯语中的“bi ismid”，意思是“像锑”（的确如此）；还有人说这是德语中的“白色的物质”（Wismuth）。古代的青铜器含有铋，但它可能是作为锡的天然杂质而意外出现的。然而，在印加城市马丘比丘（兴盛于15世纪末）发现的一把仪式用的青铜刀中，铋的含量占18%，因此似乎是有意添加的，这也许是为了让金属更易加工。

铋大约于15世纪初在欧洲出现，但有时候人们未能认出它是一种金属，而经常与铅、锡、锑以及后来的锌混淆。然而，到了15世纪后半叶，出现了专门加工铋的金属工匠——他们甚至有自己的行会。在16世纪中叶，格奥尔格乌斯·阿格里科拉描述了如何从矿石中开采和冶炼铋。他写了一本对话体的书，是一个叫贝尔曼努斯的冶金专家和一个叫纳维乌斯的学徒之间的对话。老师教给学生一种“古代人不知道的”金属，叫bismetum。学徒惊讶地问，难道您的意思是不止有7种金属?贝尔曼努斯表示肯定：确实有更多。

西班牙矿工阿尔瓦罗·阿隆索·巴尔巴在1640年出版的《金属的艺术》一书中同意这一观点。他写道，在波希米亚的山区“发现了一种叫bissamuto的金属，这种金属介于锡和铅之间，但又与它们非常不同”。然而1671年，英国人约翰·韦伯斯特在他的《金相学，或一部金属史》中写道，他在整个英国的土地上都寻不到任何铋的踪迹。（说实话，韦伯斯特一定没有认真找，因为那

对页图：铋、钴、砷和镍矿石。图片出自路易斯·西莫宁的《地下生活》（1869年出版于巴黎，出版商为L. Hachette），插图5，藏于加拿大多伦多大学科学信息中心。

K
I
G
G
G
G
H
H
H
A
C
B
D
E
B

上图：温泉井，哈罗盖特，约克郡，1829 年。由 Day & Haye 根据 J. 斯塔布斯的作品制作的平版印刷画，藏于英国伦敦惠康收藏馆。

对页图：收集熔融的铋。木刻画，出自格奥尔格乌斯·阿格里科拉的《论矿冶》（1556 年出版于巴塞尔），第 9 卷，藏于美国洛杉矶盖蒂研究所。

时铋已经在英格兰湖区的铜矿和铅矿中被制造了 100 年。）铋经常与锡结合，得到一种更坚硬的合金，有些人称之为“化学家的巴西利斯克”。这是一则炼金术典故：巴西利斯克是神话中的猛蛇，据说可以通过目光将人变成石头。

铋也用于制造化妆品：它与硝酸反应，生成一种白色的硝酸盐粉末碱式硝酸氧化铋，可以作为脸部增白剂来遮盖皮肤上的瑕疵。如果暴露在硫化氢的烟雾中，这种化合物就会转化成黑色的硫化铋——据说，19 世纪的一位女性使用铋粉美白，然后在哈罗盖特的硫黄温泉中洗澡，发现自己被熏黑了，尖叫后便昏了过去。

尽管如此，铋直到 1753 年才“正式”被发现，当时法国化学家克劳德·弗朗索瓦·若弗鲁瓦宣布它是一种真正的元素。如果这令人困惑，那不过是反映出当时人们对元素的茫然。

锌

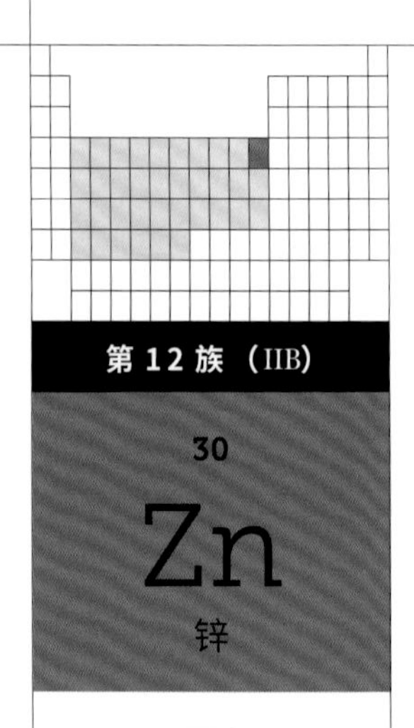

过渡金属

原子序数:30

原子量:65.38

标准温度压力下的相:固态

1558年，阿格里科拉书中的叙述者贝尔曼努斯提到了另一种矿物，他说可以在西里西亚地区（主要在今天的波兰）找到这种矿物，并称之为zincum。但他似乎认为这是一种矿石，而不是金属。

锌矿石通常以锌的氧化物的形式出现，它在古代被称为“cadmia”（锌渣），这个词源自希腊英雄卡德摩斯，传说是他建立了底比斯城。公元1世纪的罗马医生迪奥斯科里德斯说，炼铜的过程中也会出现一种锌渣——铜矿中往往也有相当数量的锌。他还说，“燃烧一种叫黄铁矿的石头”也可以得到锌渣——黄铁矿（可能也是一种铜矿石）发现于塞浦路斯。他还提到了铜炉烟囱中形成的其他物质，如pompholyx、tutia和spodos，可能都是锌的化合物。这一切变得相当混乱——而且更糟糕的是，还有另一种常见的锌矿，即锌的硫化物，它是黑色的，后来被称为“闪锌矿”。

很难弄清楚金属元素的原因正在于此：它们经常一起出现在矿物中，由于它们在化学上非常相似，所以古代冶金工匠和冶金学家很难确定自己看到的究竟是已知金属的不同形式，还是新的金属。例如，黄铜是铜锌合金，相比于铜，它有更少的红色和更多的金色——它可能是偶然形成的（从富含锌的矿石中冶炼铜的时候）。因此，在人们知道锌是一种金属之前，黄铜早已为人所知。中东和欧洲中部的部分地区的黄铜制品制造可以追溯到公元前3000年，而在中国甚至更早。迪奥斯科里德斯解释了如何利用炼铜时产生的锌渣制造黄铜，因此黄铜制造在罗马有很好的发展。罗马人用黄铜铸币，比如dupondii和sestertii。

我们不知道是谁最先制造了纯锌金属——但公元前500年的希腊遗迹和一些罗马遗址中都发现了锌制品。公元前1世纪，作家斯特拉波提到过一种

右图：来自印度西北部的喜马偕尔邦坎格拉的中世纪锌币。藏品编号为Series B, C & M Reg, 1892年，藏于英国伦敦大英博物馆。

“赛银”，可能就是锌。最早大规模生产锌是在大约13世纪的印度；这种技术后来传到中国，中国在16世纪开始生产锌。

大约在同一时期，锌最早在西方被明确提到。帕拉塞尔苏斯在1518年左右写了一本关于矿物的书（直到1570年才出版），他说：“还有一种大多数人不知道的金属，叫zinken。它具有特殊的性质和来源……颜色和其他金属不同，形成过程也不像其他金属。”他称其为“铜的私生子”。

印度的金属

有时候人们认为是帕拉塞尔苏斯发明了“zinc”这个词，但事实并非如此。14世纪的一些西班牙文献提到了“cinc”（现代西班牙语中的锌仍然是这个词），但在那时似乎是指黄铜。有人认为，这个奇怪的名字源自拉丁语中的“sini”和波斯语中的“cini”，意思是“来自中国的金属”。无论如何，欧洲人在16世纪末就已经从印度和远东进口这种金属，它有时被称为“印度锡”。莎士比亚在《第十二夜》中提到的“印度的金属”可能就是指锌。金属锌受到重视，是因为它比锌渣（氧化锌）更容易制造黄铜：外观更亮、更像黄金。前文提到过的燃素的发明者、德国化学家格奥尔格·斯塔尔也写道：“相比于Calamy（锌渣），Zink（锌）使铜的颜色更漂亮。”——所以，锌成了著名的“王子的金属”。

1617年，一位德国矿业官员相当清晰地描述了锌，其中明确指出了锌与其他金属的区别：锌“非常像锡”，“但它更硬，延展性更差，响声像一个小钟”。他说，虽然锡是冶铜的副产品，但它“不太值钱，必须答应付酒钱，仆人和工人才会收集它”。不过，他还补充道，炼金术士对锡和铜的合金需求量很大。

上图：拉默尔斯贝格矿的银冶炼厂，工人从墙上刮下氧化锌副产品。木刻画，出自拉撒路·埃克尔的《重要矿石论》（1574年出版于布拉格，出版商为G. Schwartz），藏于英国伦敦惠康收藏馆。

一些混淆仍然存在。波义耳谈到了他在1673年做的实验，实验对象是一种从东印度群岛进口的金属，“欧洲的化学炼金术士都不知道”。但他没有意识到这就是他熟悉的Zink——这个奇怪的词源自锌的氧化物“tutia”的拉丁语。元素的命名一直是个混乱的过程，旧词以新的面目被重新使用，同一物质被赋予多个名称。举个例子，如果你觉得“cadmia”这个词很熟悉，那就等着瞧吧。

钴

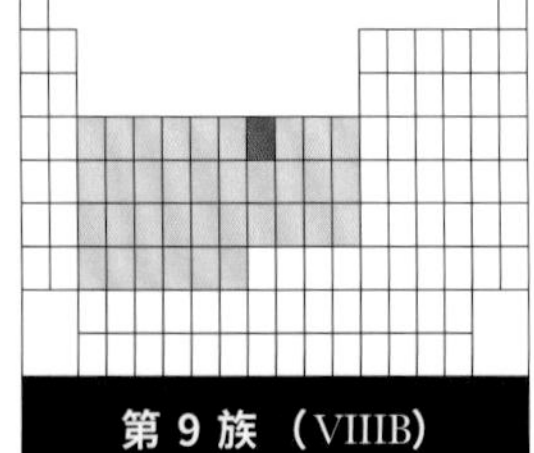

第 9 族（VIIIB）

过渡金属

原子序数：27

原子量：58.933

标准温度压力下的相：固态

采矿业一直是魔幻与世俗的混合体。从最早开始，采矿就很危险，也很辛劳，经常使用奴隶。矿工冒着隧道坍塌和被困的危险，暴露在有毒和阻塞肺部的灰尘中，可能面临受伤和残疾。但是，通过深入地底世界，他们正在探索一个隐藏的领域，没有人知道那里有怎样的规则，也没有人知道那里有怎样的存在。

在《论矿冶》中，阿格里科拉警告说，有一种特殊的矿物——一种“黄铁矿”——“具有极强的腐蚀性，如果没有很好的保护措施，矿工的手脚会被烧毁”。德国矿工认为，这种可怕的东西与地底下的存在有关，即在矿井中出没、折磨工人的地精和妖怪。他们用德语命名这种生物：kobolds 或 kobelt，钴的元素名 Cobalt 就是这么来的。和许多金属一样，钴只在大剂量使用时具有毒性。事实上，人体需要少量的钴来维持健康：它是维生素 B_{12} 的关键元素。目前还不清楚是不是钴伤害了阿格里科拉时代的矿工；但危险更有可能来自砷，砷的矿物往往伴随着钴、镍、锌和铋的矿物。钴矿石最显著的特点是它们

左图：乌尔丽卡·帕什绘制的托尔贝恩·贝格曼肖像画，1779 年，藏于瑞典南曼兰省玛丽弗雷德国家肖像画廊。

对页图：圣母长袍上的以钴为基底的“沙尔特蓝”。彩绘大玻璃窗，《美丽大玻璃窗圣母》，12—13 世纪，沙特尔大教堂。

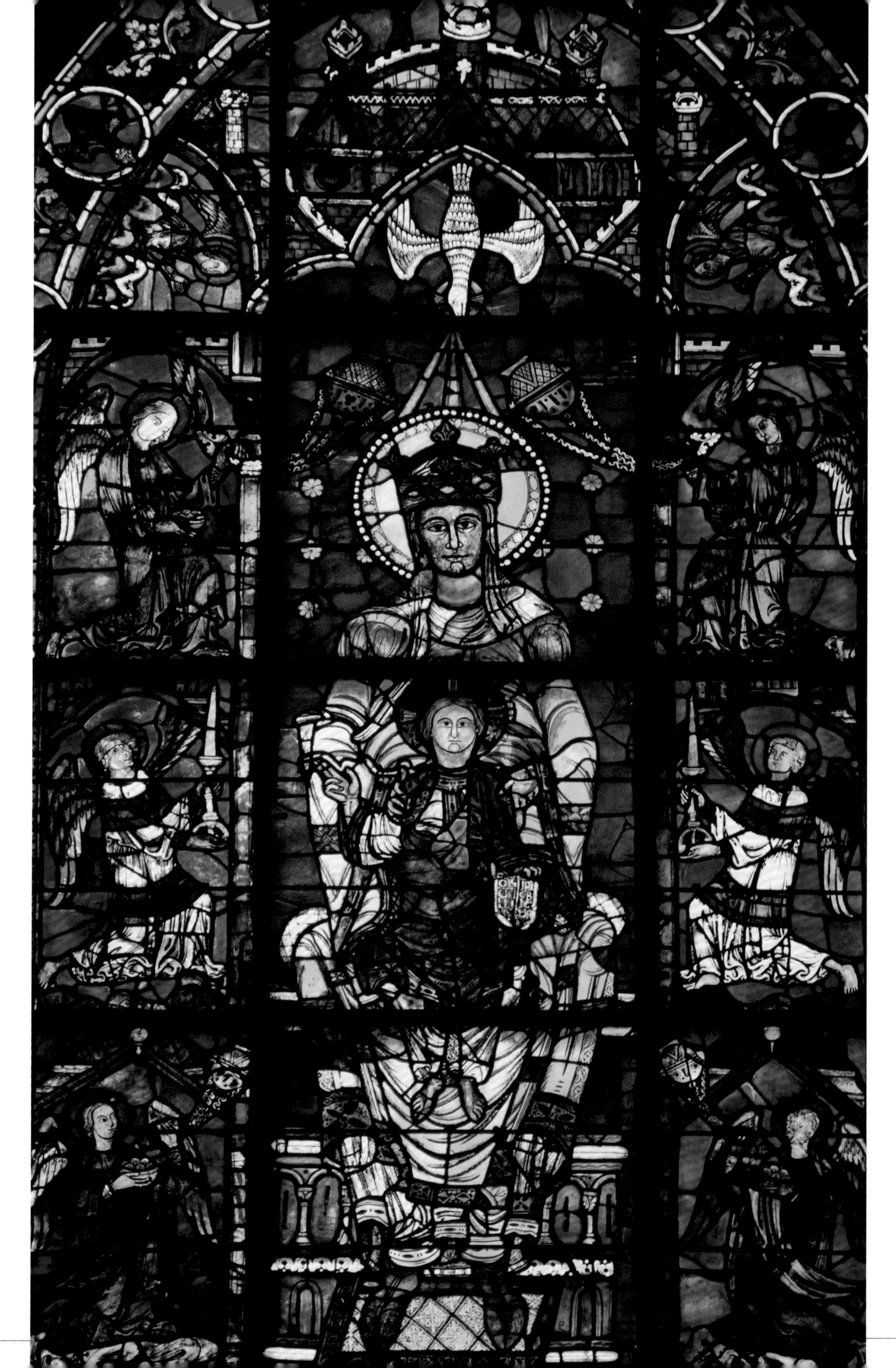

上图：地下生物在打扰矿工。木版画，出自奥劳斯·马格努斯的《北方民族史》（1555），第 12 章，藏于挪威国家图书馆。

左图：钴蓝玻璃锭，公元前 14 世纪（可能是亚述帝国时期）。来自青铜时代的乌鲁布伦沉船，靠近今土耳其卡什，藏于美国得克萨斯州航海考古博物馆。

的亮蓝色，这种颜色在文艺复兴时期被称为“zaffre”（钴蓝釉）—— 这个词与“蓝宝石”有关，尽管蓝宝石的色调完全与钴无关。

只需要在玻璃窑中加入一点钴蓝，就可以制造出最好的蓝色玻璃。罗马人知道怎样做，但他们的方法在中世纪的欧洲北部失传了 —— 所以沙特尔大教堂等哥特式教堂中美妙的蓝色玻璃，通常是回收的罗马时代的钴蓝色玻璃。事实上，从南方、从拜占庭，或者从伊斯兰国家进口玻璃残遗物的贸易非常繁荣：11 世纪，爱琴海的一艘沉船上载有数吨蓝色、绿色和琥珀色的玻璃碎片，这些玻璃可能是准备卖给欧洲的玻璃制造商的。在 12 世纪哥特时代来临前夕，德国修道士西奥菲勒斯在谈到这些亮蓝色时写道：“还发现了各种相同颜色的小器皿。法国人把它们收集起来…… 甚至把这些蓝色的东西放在窑中熔炼…… 他们用它来制作昂贵的蓝色玻璃片，在窗户上很有用。”

有一种磨得很细的钴蓝色玻璃也被画家当成颜料，通常被称作“钴蓝颜料”，使用起来并不理想：它有沙砾感，与油混合后的蓝色永远不会像被阳光照耀的教堂窗户那样光彩夺目。直到19世纪，化学家才发现如何更好地利用钴化合物的亮蓝色：1802年，法国人路易 - 雅克·塞纳德发现了如何制造铝酸钴化合物，它被作为钴蓝颜料出售。

还是老样子，我们不知道钴矿最早是什么时候被“还原”成银色的金属钴的。但最早声称钴是一种元素的人，是瑞典化学家乔治·勃兰特，他研究了蓝色的钴矿石，并在1739年得出结论：它确实含有一种之前未识别的金属。三年后，他成功地分离出了这种元素，他发现这种元素具有磁性——尽管直到1780年，同为瑞典人的托尔贝恩·贝格曼才制备了纯钴样品。勃兰特把钴和汞、铋、锌、锑、砷一起列为“半金属”——这进一步证明了化学元素的花名册远远超出了人们的怀疑，并提出了这样的问题：为什么有这么多元素存在，何时可以穷尽？

下图：制作彩色玻璃器皿的玻璃工匠行会。图片出自讲述帝国割礼节的书籍《帝国节日》（1582—1583），手稿编号H.1344，藏于土耳其伊斯坦布尔托普卡帕皇宫图书馆。

砷

第 15 族（VA）

33

As

砷

类金属

原子序数:33

原子量:74.922

标准温度压力下的相:固态

对页图: 羊皮纸手稿。出自艾尔伯图斯·麦格努斯的《论矿物和金属物质》（1260—1290 年，意大利），手稿编号 20，其中描述了制造砷的方法，藏于奥地利施拉特铁图书馆。

砷不是金属，但它与文艺复兴时期正在开采的钴和锌等新金属密切相关。最常见的含砷的矿物是雌黄（Orpiment）和雄黄（Realgar），它们都是砷的硫化物，且都有明亮的颜色。雌黄是黄色的，在古埃及至少从公元前 2000 年开始被用作颜料；其名称来自拉丁文“aurum pigmentum”（金色的颜料）。由于它与最高贵的金属之间的联系，一些画家称其为“国王黄”。砷的阿拉伯语单词“al zarniqa”意思是“金黄色”，它是砷的现代元素名 Arsenic 的词根；在希腊，雌黄被称为“arsenikon”。

雌黄是一种稀有而昂贵的材料，只有资金最雄厚的艺术家才能使用它。而且从他们痛苦的经验中可以知道，雌黄很危险。大约 1390 年，意大利画家琴尼诺·琴尼尼在他的工匠手册中警告说，这种颜料“真的有毒”，并建议“不要用它弄脏你的嘴”。雄黄也是如此。雄黄是橙色的。在 19 世纪以前，雄黄可

下图: 雌黄和雄黄作为黄色和橙色颜料，用来绘制让 – 安东尼·华托的《意大利喜剧演员》（约 1720）中的长袍。画作来自塞缪尔·克雷斯的收藏，藏于美国华盛顿国家美术馆。

Alberti magni

Incipit .i. liber mineralium qui est de lapidibus. tractatus primus est de lapidibus in communi. capitulum .i. de quo est intentio, et quis ordo dicendorum.

De mixtione et coagulatione similiter autem et congelatione et liquefactione et ceteris huiusmodi passionibus in libro Metheororum iam dictum est. Restat autem ut inquiramus de his quae apparent apud nos, sicut lapides, gemme, et metalla, et ea quae media sunt inter haec, sicut marcasida et alumen et quaedam alia talia. Et quia illa post haec ut composita post mixta et complexionata existentia consequuntur, ideo de his post scientiam Metheororum debet esse tractatus, [illegible] et ultra commixtionem simplicem elementorum.

De his autem libros Aristotelis non vidimus nisi excerptos per partes [illegible]

[illegible]

Hic liber est alberti magni

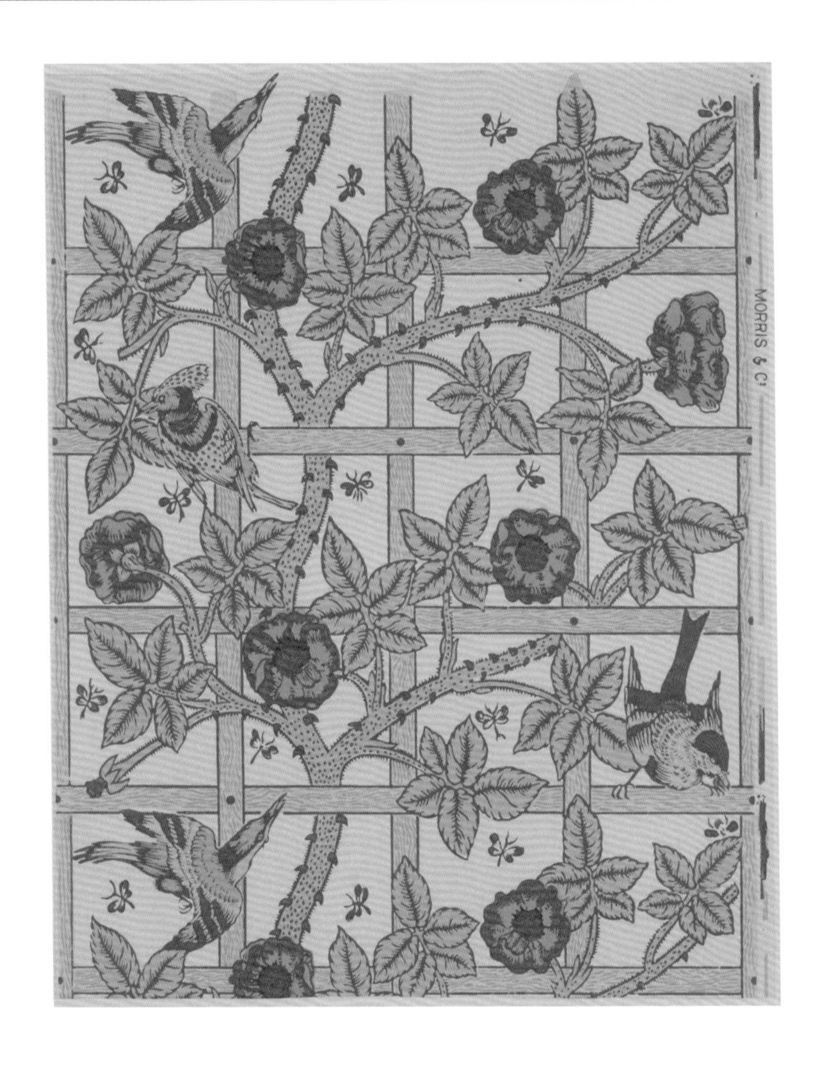

左图：巴黎绿或翡翠绿的颜料含有砷，被用作颜料和制作墙纸。这是威廉·莫里斯最早的棚架墙纸（1862 年设计，1864 年生产），藏于美国纽约大都会艺术博物馆。

能是艺术家唯一拥有的纯橙色颜料 —— 否则他们必须通过混合红色和黄色以得到橙色，因此雄黄的诱惑力十足。但琴尼尼也说，“不能与它做伴”。

阿格里科拉提到，德国矿工在含有钴、锌和银的矿脉中工作时，可能会遇到 cadmia metallica—— 这是一个很模糊的术语，指的是一种未知的矿物，它闻起来有大蒜味，因此我们可以断定它含有砷化合物。

和锑一样，砷实际上是一种类金属：它是银灰色的，但导电性很差。同样，我们不知道纯砷最早什么时候从天然矿石中分离出来。公元前 3 世纪的希腊作家帕诺波利斯的佐西莫斯（前文提到过，他是西方炼金术之父人选之一）描述了如何加热 sandarach（雄黄的旧称）制成（我们现在认识的）三氧化二砷；通过与油一起加热去除其中的氧，从而得到砷。然而，我们很难从这些古老的炼金术记载中知道到底发生了什么 —— 而且这里的实验听起来相当危险。有一份手稿的作者被认为是 13 世纪德国多明我会修士和实验者艾尔伯图斯·麦格努斯，其中的记录似乎是通过这种方法（或类似方法）制备纯砷。

砷被誉为（或者说曾经被誉为）“投毒者的最爱”，直到 19 世纪 30 年代出现了一种叫马氏试砷法

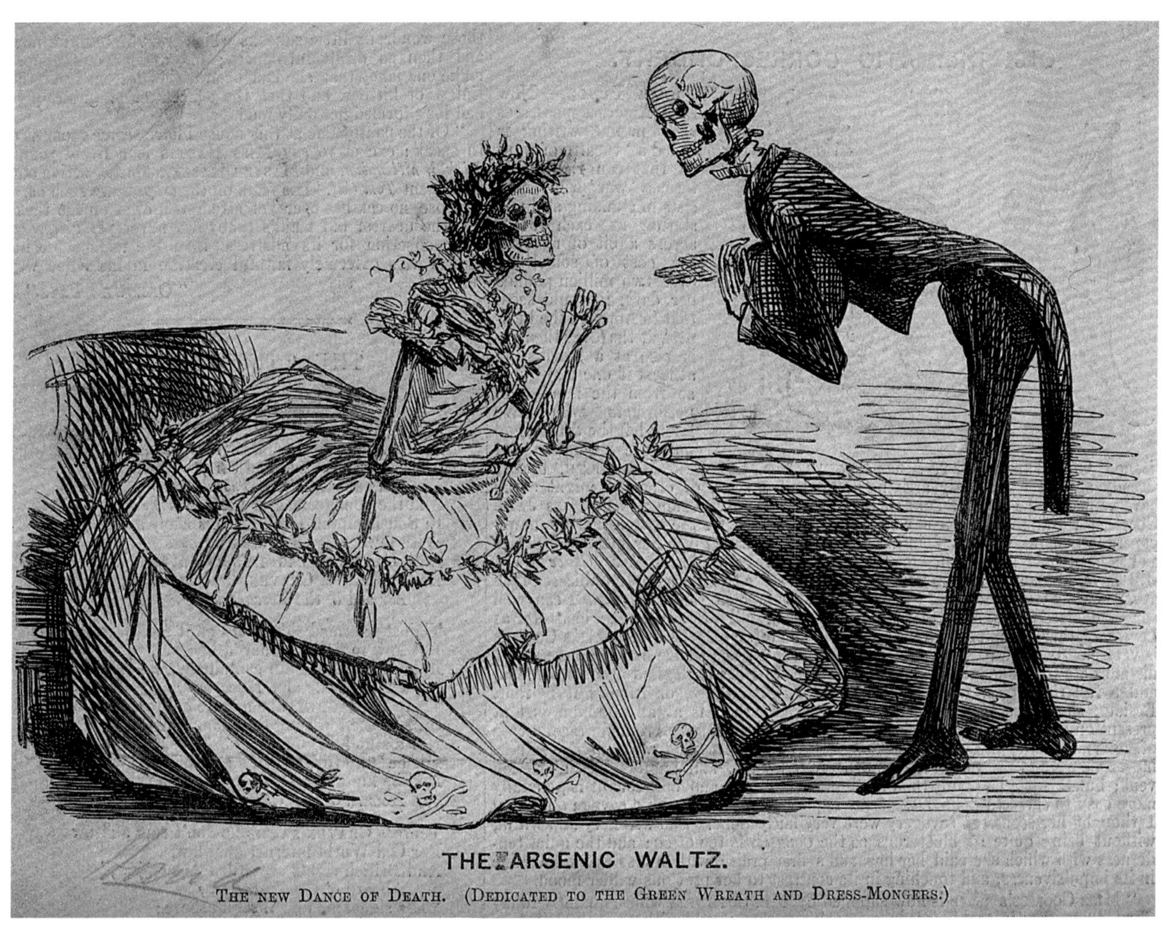

THE ARSENIC WALTZ.
THE NEW DANCE OF DEATH. (DEDICATED TO THE GREEN WREATH AND DRESS-MONGERS.)

上图：约翰·李奇的这幅版画出现于《笨拙》杂志的前一周，化学家奥古斯特·威廉·冯·霍夫曼发表了一篇文章，指出用含砷化合物亚砷酸铜（席勒绿）和乙酰亚砷酸铜（巴黎绿或翡翠绿）制作的绿色礼服、花环和人造花是有毒的。

的化学方法，可以在死后检测出砷的踪迹。这导致了一些引人注目的砷中毒事件的曝光，是法医科学的最早演示。1873年对玛丽·安·科顿的审判引起社会轰动，她用砷毒杀了继子查尔斯·爱德华·科顿；她似乎还用这种方法杀死了四任丈夫中的三任，目的是领取他们的保险金。一位女性连环杀手在丈夫的茶中放入含砷的糖，这个设计激发了公众的想象。马氏试砷法在她继子的尸体中发现了砷的痕迹，从而揭露了她的罪行。

尽管砷的毒性已众所周知，但在整个19世纪，两种含砷的铜化合物被广泛用作绿色颜料。其中一种是巴黎绿或翡翠绿，它不仅是画家的颜料，还被用于印刷有图案的墙纸，在19世纪60年代引起了人们的关注，因为用这种颜料装饰的潮湿房间散发出的砷烟会杀死熟睡中的人们，包括儿童。19世纪末，这些绿色颜料的主要来源之一是威廉·莫里斯在康沃尔的矿场，他的花卉墙纸设计很受欢迎。工艺美术运动主张在工业化面前回归传统的制造方法，尽管莫里斯作为该运动的领导人之一而享有盛名，但他还是通过生产这种致命的化合物获利。此外，传说拿破仑·波拿巴在圣赫勒拿岛流亡期间，其住所的绿色油漆墙加速了他的死亡。

锰

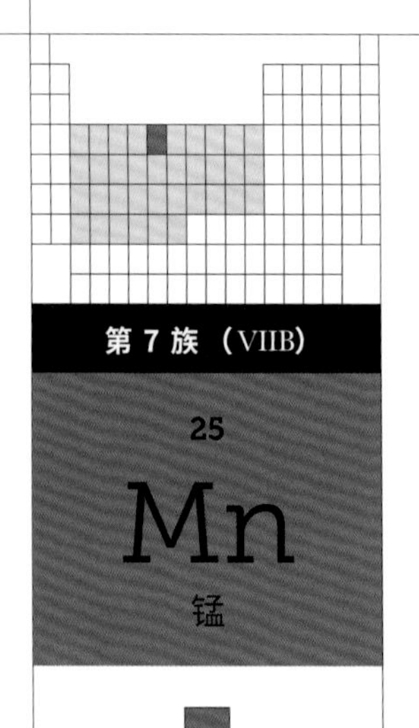

过渡金属

原子序数:25

原子量:54.938

标准温度压力下的相:固态

有些金属在被确认为元素之前很久，人类就已经在利用它的性质，钴是其中之一：它是哥特式教堂辉煌玻璃的蓝色。还有一种元素，对古代和中世纪的玻璃制造商而言非常宝贵，那就是锰（Manganese）。

一个奇怪的事实是，制造彩色玻璃比制造透明玻璃更容易。简单来说，玻璃是二氧化硅的一种形式——玻璃与淡色矿物石英（quartz）有着相同的元素，都是由硅和氧组成；但玻璃的原子以更无序的方式连接在一起。从公元前2500年开始，人们就用灰烬或天然苏打（罗马人把这种矿物称为natron）熔融沙子来制造玻璃。加入少量的金属矿物可以使它具有某种颜色，但即使没有这些添加物，古代的玻璃也往往是浅色的，因为沙子中存在杂质：微量的其他元素，其中一些元素的化合物具有强烈的颜色。铁是其中之一，使玻璃呈淡绿色、黄色或红色。另一种元素是锰，锰的矿石很常见。根据玻璃窑的通气程度，锰的存在可以使玻璃变成紫色或黄色——如果还有一些铁，就会变成绚丽的略带红色的橘黄色。玻璃制造商不知道这些颜色产生的原因，也不容易控制它们，但这种色彩丰富的玻璃非常昂贵。

另一方面，这些工匠还发现，锰矿石可以剥除玻璃的颜色，使它像石英

右图：实验室设备。图片出自卡尔·威尔海姆·舍勒的《论空气和火的化学》（1777年出版于乌普萨拉，出版商为 Magn. Swederus）的扉页，藏于美国华盛顿史密森尼图书馆。

一样透明——在公元1世纪，罗马作家老普林尼说这种产品是最珍贵的。玻璃制造商可能会在窑炉中加入少量的矿物，这种矿物叫“pyrolusite”（软锰矿），来自希腊语，意思是“洗火者”——把它放在火窑中，就可以洗掉玻璃的所有色调。在中世纪，这种物质通常被称为“玻璃肥皂”。这是一个出乎意料的结果，因为软锰矿本身是黑色的，事实上，至少在17000年前，一些洞穴艺术家就把它作为黑色颜料使用。在化学术语中，这种矿物是二氧化锰——金属锰会擦净玻璃的颜色。

弗拉芒的扬·巴普蒂斯塔·范·海尔蒙特在1662年的一本书中提到了这种性质，他说这种物质可以“从彻底煮沸的或用火熔融的玻璃中吸取任何东西；当玻璃煮沸的时候，将很小一块碎片投进玻璃块或大量的玻璃中，绿色或黄色的玻璃就会变成白色”。他把锰矿物称为“lodestone”，表示它是一种磁体——可以说，它确实是。因此，它在中世纪被称为“magnesia”（镁砂），意思是磁石。在16世纪中叶的一篇关于金属加工的论文中，一位名叫万诺乔·比林古乔的意大利人改变了字母的顺序，称这种矿物为“manganese”。软锰矿在接下来的两百年左右变得知名，就是因为这个名字。

问题摆在18世纪末的化学家面前：这种矿物中究竟有什么?他们不再满足于模糊地认为它们是一种“土”，而是想弄清楚其中包含哪些元素。伟大的瑞典化学家和药剂师卡尔·威尔海姆·舍勒试图在软锰矿中找到答案。他怀疑软锰矿中含有一种新元素——但他无法将其分离出来。1774年，这一使命落到了杰出的瑞典化学家托尔贝恩·贝格曼的助手约翰·戈特利布·甘恩身上。（然而很有可能的是，三年前一位年轻的维也纳化学家伊格内修斯·凯姆首次制备了纯锰。）贝格曼写道，玻璃制造商的镁砂实际上是“一种新金属的金属灰”——金属在空气中燃烧形成的物质。他报告了甘恩如何从镁砂中成功获得“regulus”（意思是纯金属的圆球）。然而，接下来贝格曼提出了此后一直困扰着化学学生的谜题——他说这种金属不是锰（实际上是），而是令人困惑的相似的镁——镁完全是另一种元素，而且当时还没被发现。这再一次表明，随着元素的激增，要把它们区分开来有多么困难，特别是其中的许多元素似乎是银色的金属。但是，还有许多这样的元素在不断涌现。

上图：德国化学家弗里德利布·费迪南德·龙格使用色谱法绘制的龙格图案，这些颜色是由多种金属盐产生的，包括锰的氧化物。出自其著作《形成物质的冲动》（1858年出版于德国奥拉宁堡），插图16，藏于美国宾夕法尼亚州科学史研究所。

钨、铂和钯

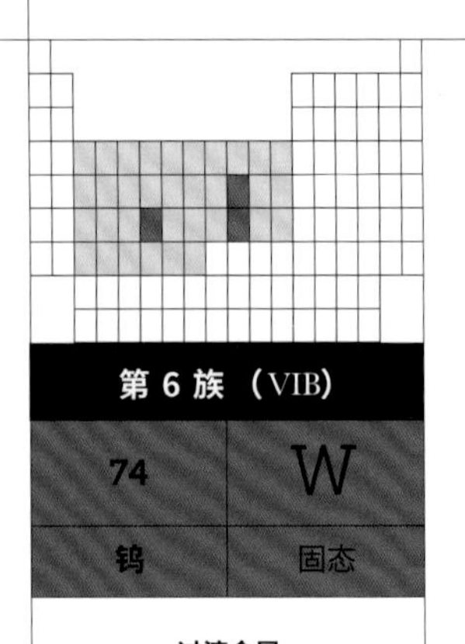

第 6 族（VIB）

74	W
钨	固态

过渡金属

原子量：183.84

第 10 族（VIIIB）

78	Pt
铂	固态

过渡金属

原子量：195.08

第 10 族（VIIIB）

46	Pd
钯	固态

过渡金属

原子量：106.42

采矿和矿物学推动了16世纪到18世纪中叶的大部分元素的发现。发现一种新的矿物并不难，比如看它的颜色、密度和晶体形状。而且人们早就知道，矿物是金属的来源之一。另一方面，混淆空间还是存在的：不同的矿物可能含有相同的金属，同一个矿物可能含有几种金属元素，而且不同的“石头”也会相互混淆。命名法是一场噩梦：同一种矿物在不同的地方有不同的名字，矿物会与金属混淆，而炼金术士的术语和想法，尤其是关于金属嬗变的想法，依然存在。

在德国，有一种物质经常与锡矿石一起被发现。在16世纪中叶，矿工把它叫做Wolfrumb或Wolffram，又或者Wolffschaum（狼泡沫）或Wolffshar（狼毛发），因为它是黑色的纤维状晶体。据说，如果矿石中存在这种物质，锡就会变得很脆。1747年，德国矿物学家约翰·弗里德里希·亨克尔将这种麻烦的东西称为“lupus Jovis”，意思是“木星的狼”——炼金术士经常把木星与锡联系起来。（不清楚亨克尔是否认为Wolfram像狼一样吞噬锡，但这是后来的一些作家幻想出来的。）

大约在18世纪中叶，瑞典矿物学家阿克塞尔·弗雷德里克·克龙斯泰特报告了一种“重石”——也就是瑞典语中的“钨”（Tungsten）。同为瑞典人的卡尔·威尔海姆·舍勒做了研究，甚至可能从中分离出了现在的金属钨。但金属钨的发现通常要归功于西班牙化学家胡安·何塞·德卢亚尔和福斯托·德卢亚尔，他们都研究了后来被称为钨的矿物（也称wolfram）——前者为此还拜访过舍勒。1785年，他们的“对wolfram的化学分析”的报告的英文版，以及它包含的新金属，使这一发现变得广为人知。很明显，这两种矿物有相同的金属，但英语中也将其命名为“wolfram”（黑钨矿，今天被称为wolframite）。而在法国，这种金属被称为tungstène。瑞典化学家永斯·雅各布·贝采利乌斯在19世纪初开始为元素分配一个字母或两个字母的符号，他决定钨的符号来自wolfram，即W。但渐渐地，tungsten这个名字在英国保留了下来——所以，钨在元素周期表中的符号会令人困惑。

钨是一种非常致密的金属——它在瑞典语中的名字就是这么来的。当科学家发现了一种新的金属时，密度是为数不多的可靠线索之一。对于致密的银色金属铂，这一发现很容易——因为铂是一种罕见的金属，在自然界中以

左图： 从矿石中提炼金属。木刻画，出自拉撒路·埃克尔的《重要矿石论》（1580 年出版于法兰克福，出版商为 Joannem Schmidt）的扉页，藏于美国宾夕法尼亚州科学史研究所。

第 96—97 页图： 开采矿石。图像出自汉斯·黑塞的《安娜贝格山祭坛》的一块画板，藏于德国安娜贝格—布赫霍尔茨圣安妮教堂。

“天然”元素的形式出现。铂最早是 18 世纪初在南美洲的银冲积层中被发现，特别是在哥伦比亚的平托河附近，铂的元素名 Platinum 就是这么来的：来自西班牙语中的 platina，意思是“小银”。铂与金、银一样，是非常不活跃的金属，所以不容易变色。这使它成为制作珠宝的理想材料——事实上，在西班牙人到来之前，哥伦比亚和厄瓜多尔周围的南美本地人数百年来一直用它制作装饰品。

然而，天然的铂并不是纯金属，它实际上是一种含有铁和少量其他金属的合金。我们不知道是谁最先意识到铂是一种元素，但当西班牙行政长官、探险家和科学家安东尼奥·德·乌略亚·德·拉·托雷 - 吉劳特在一艘驶回西班牙的法国船只上被英国人俘虏之后，他与伦敦的科学机构皇家学会分享了他所知道的情况，于是铂在欧洲变得广为人知，他也最终成为皇家学会会员。其他欧洲人在 18 世纪 50 年代开始研究铂，它便在元素名册中占有一席之地。

在研究铂的科学家中，伦敦的化学家威廉·海德·沃拉斯顿和史密森·特南特密切合作。铂很难熔化——它的熔点为 1768℃，是所有金属中更高的——但它可以溶解在盐酸和硝酸的混合物（被称为“王水”）中。沃拉斯顿找到了从这种溶液中沉淀铂的方法，并发现液体中还有一些其他物质，可以单独沉淀为一种黄色固体。他把这种固体加热，发现它分解出了一种银色金属。考虑到金属与天体间的古老联系，他以 1802 年天文学家刚发现的小行星智神星（Pallas）来命名这种金属：钯（Palladium）。

沃拉斯顿没有立即宣布自己的发现，而是通过一位伦敦的矿产商出售这种“新银”，价格是黄金的 6 倍。他最终在 1805 年提交给皇家学会的一篇论文中透露了这种新金属的存在，并在论文中为自己的保密行为开脱，声称自己有权“利用”这种金属（尽管很少有人购买）。与此同时，沃拉斯顿的合作者特南特研究了铂溶解在王水中留下的黑色残留物，发现它包含两种新金属：密度超过钨的锇（Osmium），还有铑（Rhodium）。它们和铱（Iridium）、钯都属于“铂族金属”。

铀

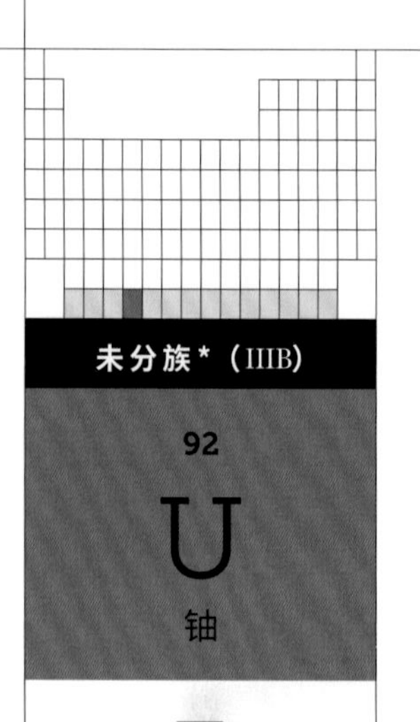

锕系元素

原子序数：92

原子量：238.03

标准温度压力下的相：固态

*在中国化学会译制的国际纯粹与应用化学联合会（IUPAC）版的元素周期表中，镧系和锕系元素被列入第3族。

对页图：波希米亚（现在的捷克共和国）库特纳霍拉的银矿。图片出自一本带插图的合唱集，年，藏于伦敦苏富比拍卖行。

天体与金属之间的“对应关系”是一种炼金术的、略带神秘主义的信仰，沃拉斯顿对钯的命名表明，在放弃了这种信仰很久以后，化学家仍然很喜欢这个想法。当德国矿物学家马丁·克拉普罗特在1789年命名另一种致密的金属元素时，他也想到了这一点。

克拉普罗特当时正在研究黑色矿物“沥青铀矿”（pitchblende），它通常出现在波希米亚的银矿中。它的名字是因为颜色像焦油或沥青（pitch），而德语中的“blende”一词，字面意思是“欺骗”——它是重到似乎能装下金属，但无法提炼出来的石头。

克拉普罗特并没有从沥青铀矿中提取出纯金属。他将矿物溶解在硝酸中，然后发现，在溶液中加入碱会沉淀出一种黄色物质。加热后，他得到了一种黑色粉末，他认为这是某种新的金属，并对其命名。他写道：“新行星的发现没有跟上新金属的发现，所以新发现的金属无法像古代矿石那样从行星上获得名称。”然而，一个授予这一荣誉的新机会即将出现。1781年，英国的威廉·赫歇尔用望远镜发现了一颗新的行星，并以希腊天空之神乌拉诺斯命名（天王星）。因此，对于这个新元素，克拉普罗特宣布：“我选择uranite（Uranium）这个名字，作为一种纪念，这种新金属的化学发现与新行星天王星的天文发现发生在同一时期。”

通往放射性之路

然而，克拉普罗特的黑色粉末并不是真正的铀，而是氧化铀。直到1841年，法国化学家欧仁·佩利戈特才在巴黎分离出这种纯金属。这种金属的最早用途之一是作为玻璃和陶瓷的着色剂。含有氧化铀的玻璃被染成带有荧光的黄绿色。后来一种铀化合物被用于亮橙色的陶釉，这种釉面在20世纪30年代和40年代被“嘉年华”系列陶器取代。事实上，1912年在牛津大学工作的一位科学家声称，在那不勒斯附近的一座罗马帝国时期的别墅中，一幅玻璃镶嵌画里的一些浅绿色碎片含有少量的铀，这些铀一定是刻意添加的（以铀矿石的形式）。这一发现是否真实仍有争议，因为没有发现其他含铀的罗马玻璃——尽管一些科学家认为铀可能来自罗马不列颠的康沃尔矿。

上图：铀釉“嘉年华”陶器的广告手册，荷马·劳克林瓷器公司，1937年。1943年初，出于战争需要，红釉停产。

对页图：威廉·伦琴的X射线图像，图中是他妻子安娜·伯莎的手。出自德国维尔茨堡的实验室，1895年12月22日，藏于英国伦敦惠康收藏馆。

在接下来的几十年里，铀一直被认为是一种奇怪的物质。它的矿石沥青铀矿具有不寻常的性质：如果被光照亮，然后放在黑暗中，它就会发光，这种性质被称为“磷光”。这被认为是一种新奇的东西，适合放在客厅里玩耍，但没有其他的用途。法国物理学家亚历山大－埃德蒙·贝克勒尔对此很感兴趣，他在19世纪中叶仔细研究了这种现象。

1895年，德国科学家威廉·伦琴报告了一种新的“射气”，他称之为“X射线”。X射线会像光一样在感光乳胶上留下印记——但它会直接穿透固体，比如肉体。人们很快发现，这些X射线也能在某些物质中诱发磷光。1896年初，贝克勒尔的儿子亨利想知道铀盐这样的磷光材料是否真的能发射X射线。他用黑纸包住一些感光板，使其不被光照到，然后把各种荧光材料放在上面，暴露在阳光下，以激发它们产生磷光。只有铀化合物在感光板上留下了印记。

起初，亨利·贝克勒尔认为这种效果是铀盐的光导磷光造成的。但后来他碰巧把一些感光板放在一个紧闭的抽屉里几天，2月份的天气太阴沉了，没有多少阳光。某种驱动力促使他无论如何都要冲洗感光板——尽管它们没有暴露在铀的磷光下。他惊讶地发现，它们仍然产生了照相印记。他的结论是，铀化合物本身也在发射一种不同的射线，这被称为“铀射线”。

亨利·贝克勒尔发现铀具有放射性——但放射性的含义留给他人去理解。这是关于元素发现的另一个故事。

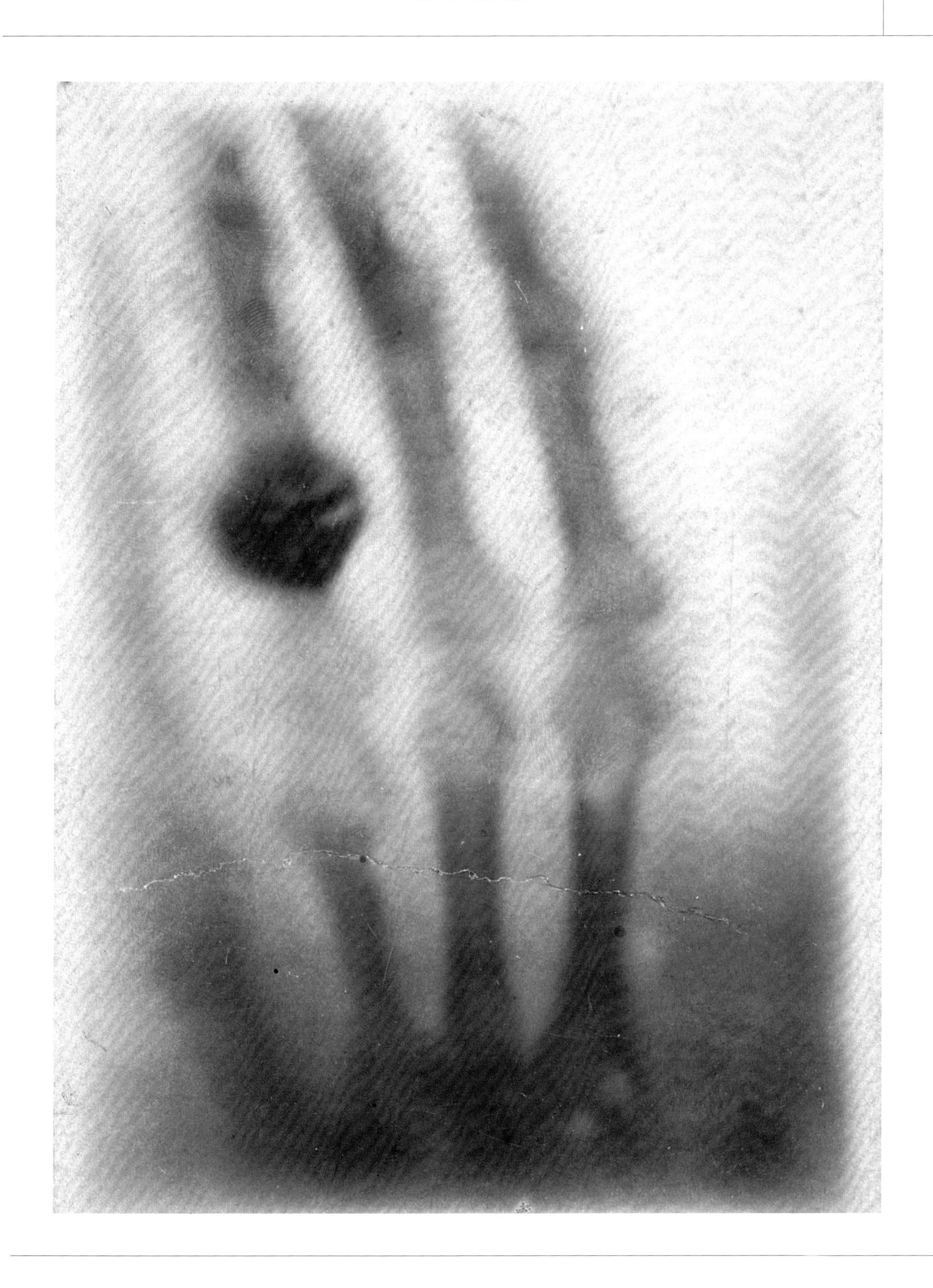

OF THE

CHEMICAL CHARACT

Adapted to the **NEW** *Nomenclature*,

By Mess.rs ***HASSENFRATZ*** *and* ***ADET,***

Systematically arranged by W. Jackson, Practical Ch

The CHEMICAL CHARACTERS of the NEW NOMENCLATURE are divided into two Classes simple & compound, cont six Genera & fifty five Species, each Genus has a Sign proper to itself which with some Modifications expresses the different Species in eac and by the Combinations & Positions of the six Generical Characters the constituent principles & proportions are expressed of all compound

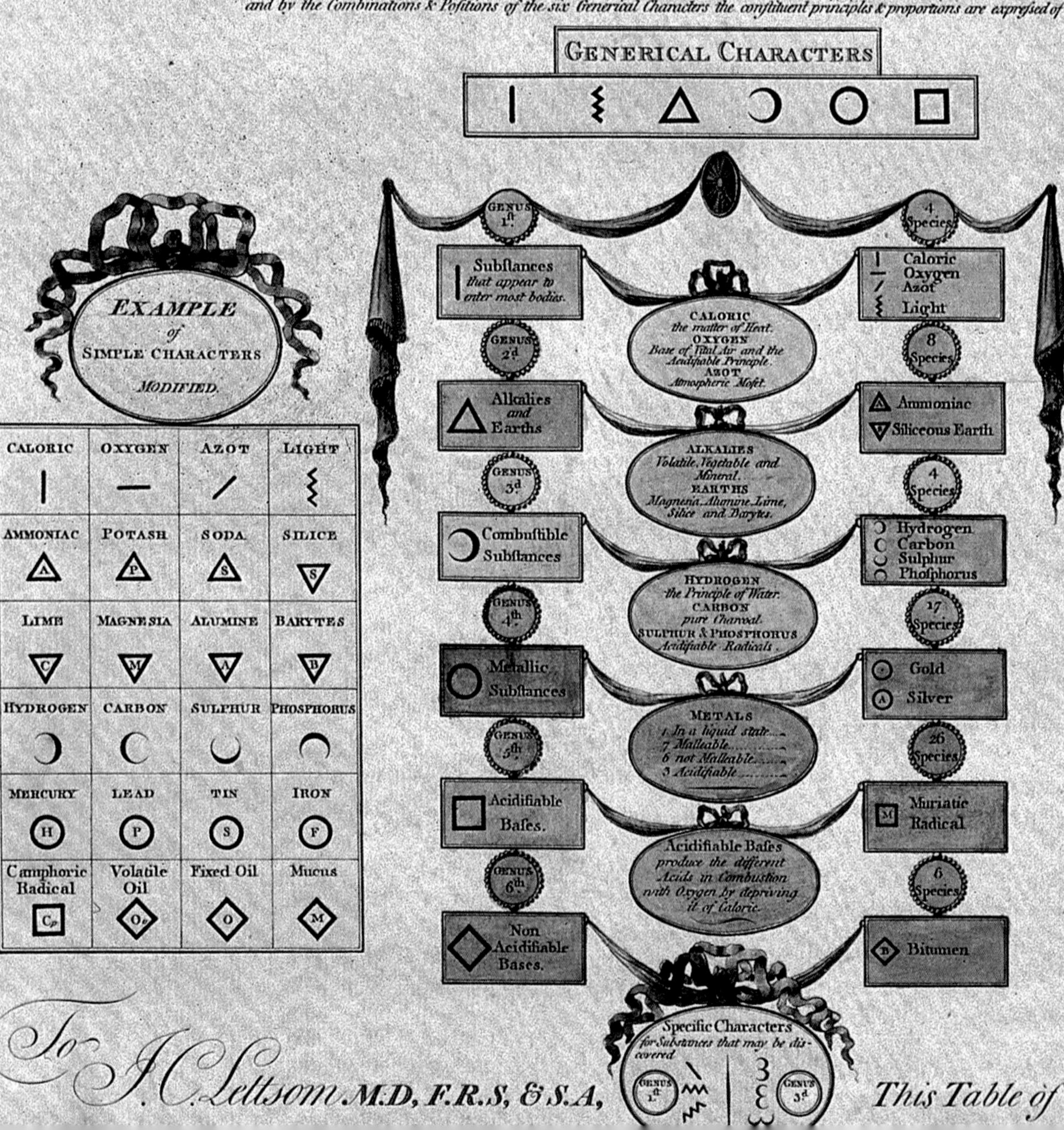

第 5 章

化学的黄金时代

《化学性质概要》，刻版大幅报纸，由 H. 阿什比根据 W. 杰克逊的作品为出版商 Hassenfratz & Adet 制作，1799 年，藏于英国伦敦惠康收藏馆。

化学的黄金时代

约1780年
随着机械纺纱的发展，英国迅速开始了工业化。

1783年
《巴黎条约》结束了美国独立战争。

1789年—1799年
法国大革命。

1803年
英国与法国之间战争爆发：拿破仑战争的开始，终结于1815年拿破仑·波拿巴在滑铁卢战役中战败。

1826年
美国发明家塞缪尔·莫雷获得内燃机专利。

1848年—1856年
加利福尼亚淘金热。

1853年—1856年
克里米亚战争发生在法国、英国、奥斯曼帝国与俄罗斯之间。

1867年
卡尔·马克思的《资本论》出版，反映了资本主义经济的兴起。

在18世纪初，化学仍然与炼金术传统有着明显的联系，尤其是燃素作为“燃烧的本原”被赋予了核心角色。到了19世纪初，化学家似乎很喜欢自己的现代自我：许多熟悉的化学元素在这个时候出现，原子和分子的概念刚刚出现，对化学键的概念也有了模糊的认识——化学键把原子粘在分子之中。

18世纪有时被称为“化学革命”的时代，相比于17世纪的“科学革命”，化学革命略显迟缓。科学革命为我们提供了现代科学的基本轮廓，这是一种知识体系，以非魔法的方式描述世界，由力学控制，用数学表达，并根据细致和系统的实验推导。可以肯定的是，这两个术语所提供的图景都过于简单——“革命”这个词并不是思考科学进步的正确方式，因为在科学进步中，错误的旧思想总是与大胆的新理论擦肩而过，通常是前进两步就后退一步。人类思想的发展不可能没有混乱和争论、错误和冲突。

尽管如此，这一时期的化学无疑具有变革性的发展。但在这一发展过程中，这门学科的实践层面有时会被忽视。工业革命的步伐不断加快，产生了前所未有的对新物质和新方法的需求：从矿石中提炼金属的技术；纺织业中的染料、漂白剂和媒染剂（固定剂）；油漆、纸张、油墨、肥皂、香水——所有使新兴中产阶级生活更惬意的物质。科学和技术的关系不仅仅是把新的想法转化为有利可图的机会，技术带来的挑战也导致了新的思考和发现。

科学和技术通常是在实验室里相遇——而化学一直是典型的实验科学。在18世纪，化学家开始掌握如何把元素结合在一起，如何让元素采用新的构型。化学变成了定量的学科：不仅仅是什么会跟什么反应，而且是以什么比例发生反应。化学仪器不仅包括火炉、曲颈瓶等用于加热和蒸馏的容器，还要包括天平，用于在反应前后仔细称重。要更好地理解化学过程，就必须关注细节，但对工业而言，效率和不浪费珍贵材料也是很重要的。

这种定量的思想转变，反映在化学家开始思考元素如何结合的方式上。旧的概念认为，元素之间有一种“爱”，它们因为“爱”而在化学“婚姻”中结合起来；现在“亲和力”取代了这个概念，法国化学家称之为“rapport”。化学家绘制了越来越精细的亲和力表，显示了不同元素结合在一起的难易程度。如果一种元素在组合中的亲和力更大，它就有可能取代另一种元素。元素的行为是有规律可循的。

在法国，从18世纪60年代开始，化学家安托万·拉瓦锡非常仔细地测量了元

A TABLE OF AFFINITIES BETWEEN SEVERAL SUBSTANCES, BY MR. GEOFFROY.

1. Acid Spirits	2. Marine Acid	3. Nitrous Acid	4. Vitriolic Acid	5. Abſorbent Earth	6. Fixed Alkali	7. Volatile Alkali	8. Metallic Subſtances	9. Sulphur	10. Mercury	11. Lead	12. Copper	13. Silver	14. Iron	Regulus of Antimony	Water
Fixed Alkali	*Tin*	*Iron*	*Phlogiſton*	*Vitriolic Acid*	*Vitriolic Acid*	*Vitriolic Acid*	*Marine Acid*	*Fixed Alkali*	*Gold*	*Silver*	*Mercury*	*Lead*	*Regulus of Antimony*	*Iron*	*Spirit of Wine*
Volatile Alkali	*Regulus of Antimony*	*Copper*	*Fixed Alkali*	*Nitrous Acid*	*Nitrous Acid*	*Nitrous Acid*	*Vitriolic Acid*	*Iron*	*Silver*	*Copper*	*Lapis Calaminaris*	*Copper*	*Silver Copper Lead*	*Silver Copper Lead*	*Neutral Salts*
Abſorbent Earths	*Copper*	*Lead*	*Volatile Alkali*	*Marine Acid*	*Marine Acid*	*Marine Acid*	*Nitrous Acid*	*Copper*	*Lead*						
Metallic Subſtances	*Silver*	*Mercury*	*Abſorbent Earths*		*Acetous Acid*		*Acetous Acid*	*Lead*	*Copper*						
	Mercury	*Silver*	*Iron*		*Sulphur*			*Silver*	*Zinc*						
			Copper					*Regulus of Antimony*	*Regulus of Antimony*						
			Silver					*Mercury*							
	Gold							*Gold*							

上图：“几种物质之间的亲和力表”。出自皮埃尔·麦克奎尔的《化学词典》（1777年出版于伦敦，出版商为Peter Elmsley），第1卷，藏于美国宾夕法尼亚州科学史研究所。

素组合和分离的比例。拉瓦锡是化学分析（字面意思是“拆分”）原则的主要支持者：他通过分解化合物来推断其含有哪些元素。通过这种方式，拉瓦锡为化学界提供了一种定义元素的明确方法：元素是不能通过化学反应拆分的物质。

1787年，拉瓦锡和他的同事路易斯－伯纳德·盖顿·德莫沃、克劳德－路易·贝托莱、安托万·弗朗索瓦一起出版了《化学命名法》。这本教科书宣布了他们对化学的新看法，并建议用新的物质名称取代旧的、炼金术的名称。“oil of vitriol”变成“硫酸”，“flowers of zinc”变成“氧化锌”。最重要的是，化学名称来自组成该物质的元素。拉瓦锡和他的追随者们真的改写了化学。

两年后，拉瓦锡以其伟大的著作《化学基本论述》奠定了新系统的优先地位。在本书中，他编制了一份新的元素清单，其中包含不少于33种元素，并带有拉瓦锡坚持使用的元素名。这本书还描述了化学的实用技艺，使其成为此后几十年化学教学的标准教科书——新生从开始学习化学的那一刻起，就被植入了拉瓦锡的化学观。

无论他的成就给他带来了怎样的荣誉，拉瓦锡都没有享受太久。拉瓦锡不仅是科学家，也是一名征税人和路易十六的皇家火药局局长。因此，当1789年法国大革命爆发时，在罗伯斯庇尔的恐怖统治时期，拉瓦锡成了革命者猎巫的主要目标。1793年，他被指控为第一共和国的叛徒，在1794年5月被送上了断头台。他发起了一场革命，却在另一场革命中陨落。

氢

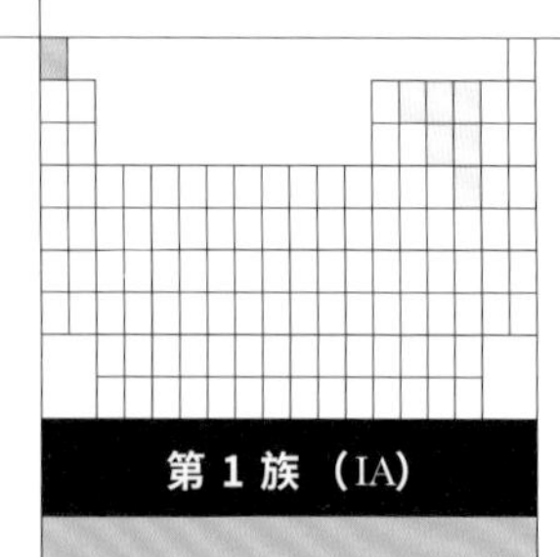

第 1 族（IA）

1

H

氢

非金属

原子序数:1

原子量:1.008

标准温度压力下的相:气态

很难确定一种元素是谁最先发现的。是最早看到某些迹象的人?还是最早分离和提纯元素的人?还是最早知道自己制造的东西确实是元素（而不是另一种新物质）的人?

谈到氢的时候，我们就会遇到这个问题。氢的发现通常归功于英国科学家亨利·卡文迪许，他在1766年最早制备并描述了它。但卡文迪许认为，他所发现的是一种特殊类型的“气”—— 所以根本不是一种元素。

实际上，卡文迪许不是第一个制造氢的人。广义上来说，氢无处不在。氢是宇宙中最丰富的元素：宇宙中每10个原子中就有9个氢原子，而且大多数恒星主要是由这种元素构成。氢是形成恒星和行星的气体云的主要成分，所以它也是土星、木星等气态巨行星的大气层的主要成分，占80%—96%。相比之下，地球的大气层中几乎没有纯氢，因为它是所有元素中最轻的，地球的引力无法抓住它。它在地壳和地表的原子中约占13%，但几乎所有这些氢都束缚在化合物中，特别是在水中。

制造纯氢的最常见的方法是从水分子中提取氢原子。把一种相当活跃的金属溶解在一种酸里，或多或少会发生这种情况。罗伯特·波义耳在1671年用盐酸和铁屑进行了这一反应 —— 但几乎可以肯定在他之前也有人这样做过。氢气会以泡泡的形式冒出来 —— 它密度比空气小 —— 并且可以收集起来。波义耳发现，这种气体非常易燃，“啪”的一声点燃，产生亮光。波义耳及其同时代人认为，这就是“易燃的气”。那么，为什么要把这一发现归功于一个世纪后的卡文迪许呢?卡文迪许是一个极其谨慎的实验者，他精确地测量了他所研究的气体，并密切关注它们的化学行为：他认真对待这种“气”，把它当成一种物质。

即使考虑到科学界向来包容怪人，卡文迪许也是个非常奇怪的人。他是公爵的孙子，是一个百万富翁；他和那个时代的许多富有的“绅士哲学家”一样，在伦敦南部克拉珀姆的家庭实验室里做研究。他无心社交，不顾风俗，衣着简陋，终身未婚，人们可以发现他在皇家学会（伦敦最重要的科学机构）的各个房间来回穿梭，回避讨论，据说不时发出“尖锐的叫声”。卡文迪许的一位同时代人称他“害羞和腼腆得近乎病态”。

卡文迪许制造氢气的方法与波义耳基本相同，即通过铁屑与酸（硫酸）反

	Noms nouveaux.	Noms anciens correſpondans.
Subſtances ſimples qui appartiennent aux trois règnes & qu'on peut regarder comme les élémens des corps.	Lumière........	Lumière.
	Calorique........	Chaleur. Principe de la chaleur. Fluide igné. Feu. Matière du feu & de la chaleur.
	Oxygène..........	Air déphlogiſtiqué. Air empiréal. Air vital. Baſe de l'air vital.
	Azote............	Gaz phlogiſtiqué. Mofete. Baſe de la mofete.
	Hydrogène........	Gaz inflammable. Baſe du gaz inflammable.
Subſtances ſimples non métalliques oxidables & acidifiables.	Soufre...........	Soufre.
	Phoſphore........	Phoſphore.
	Carbone..........	Charbon pur.
	Radical muriatique.	Inconnu.
	Radical fluorique..	Inconnu.
	Radical boracique..	Inconnu.
Subſtances ſimples métalliques oxidables & acidifiables.	Antimoine........	Antimoine.
	Argent...........	Argent.
	Arſenic..........	Arſenic.
	Biſmuth..........	Biſmuth.
	Cobolt...........	Cobolt.
	Cuivre...........	Cuivre.
	Etain............	Etain.
	Fer..............	Fer.
	Manganèſe........	Manganèſe.
	Mercure..........	Mercure.
	Molybdène........	Molybdène.
	Nickel...........	Nickel.
	Or...............	Or.
	Platine..........	Platine.
	Plomb............	Plomb.
	Tungſtène........	Tungſtène.
	Zinc.............	Zinc.
Subſtances ſimples ſalifiables terreuſes.	Chaux............	Terre calcaire, chaux.
	Magnéſie.........	Magnéſie, baſe du ſel d'Epſom.
	Baryte...........	Barote, terre peſante.
	Alumine..........	Argile, terre de l'alun, baſe de l'alun.
	Silice...........	Terre ſiliceuſe, terre vitrifiable.

右图：安托万·拉瓦锡的简单物质化学元素表。出自他的《化学基本论述》(1789年出版于巴黎，出版商为Chez Cuchet)，藏于美国华盛顿国会图书馆稀有图书与特色馆藏。

应。他根据当时流行的燃烧理论来解释氢的可燃性，该理论假定可燃性是因为燃素。化学家认为，燃烧过程会向空气中释放出燃素；一种物质所含的燃素越多，它就越容易燃烧。卡文迪许和其他一些化学家怀疑，氢可能就是纯的燃素。

卡文迪许很好奇“易燃的气”燃烧时的情况——这一过程被认为是普通的气“充满燃素”。1781年，他发现这个过程会产生水，水会在容器壁上凝结成水滴。他不是第一个注意到这一点的人，但他得出了一个惊人的结论：水是由普通的气和易燃的气构成。他是对的，但对燃素理论的坚持使他无法用我们今天的方式来表达：氢气和空气中的氧气结合，形成水。是安托万·拉瓦锡创造了这两个元素的名称，他在18世纪80年代提出了这个新观点。拉瓦锡把易燃的气称为“hudrogen”，意思是“生成水的”。这意味着，水不是一种元素，而是一种化合物。

拉瓦锡试图用新元素氢和氧取代旧的燃素理论，这激怒了许多化学家，特别是英国的化学家。拉瓦锡是对的，但他的胜利并不简单。

无论如何争论，氢气（或无论你如何称呼它）是有用的东西。它比空气轻，充满氢气的气球会有浮力，能够升起来。1783年，法国化学家雅克·查尔斯用氢气充满了一个大气球，带着他的助手路易斯－尼古拉斯·罗伯特在巴黎上空飞翔。这并不是最早的气球飞行，因为法国的孟戈菲兄弟几天前刚刚乘坐热气球升空（产生浮力是因为热空气的密度比冷空气小）。

气球飞行在18世纪末轰动一时，人们第一次从天空中看到陆地。从19世纪中叶开始，氢气球上安装了蒸汽动力，然后是驱动螺旋桨的电动机，使气球成为一种可操纵的运输方式——用于休闲、运输和战争。但氢气的易燃性是一种持续的风险。1937年，美国新泽西州发生了兴登堡号空难，此后飞艇的黄金时代便宣告结束，不再有20世纪初期那种定期的跨大西洋甚至全球飞行。

下图：英国科学家亨利·卡文迪许。凹版腐蚀制版，由C.罗森博格根据W.亚历山大的作品制作，藏于英国伦敦惠康收藏馆。

对页图：给热气球填充热空气。图片出自巴泰勒米·福哈斯·德·圣丰的《孟戈菲兄弟航天器的经验描述》（1783年出版于巴黎，出版商为Chez Cuchet），藏于美国宾夕法尼亚州科学史研究所。

氧

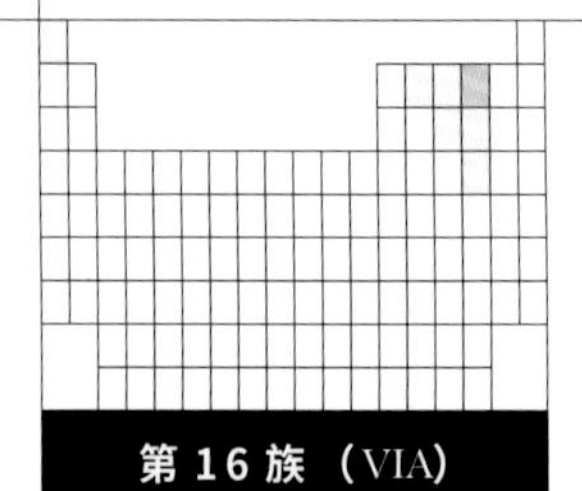

第 16 族（VIA）

8

氧

非金属

原子序数:8

原子量:15.999

标准温度压力下的相:气态

随着安托万·拉瓦锡的新化学术语传播开来，他的思想也在传播——因为如果不接受这些术语所代表的思想，就很难使用它们。拉瓦锡对化学的核心修订是他命名的元素“oxygène”（氧），意思是“制造酸的”（拉瓦锡错误地认为所有的酸都含氧）。这种物质在标准温度和压力下是一种气体，占空气的五分之一。拉瓦锡当然不是第一个在化学过程中制造和识别氧的人，但他最早认识到氧是一种元素。

通常认为，18 世纪下半叶是“气动化学”的时代，这门学科研究的是气体——也就是当时化学家所说的“气”。人们早就知道各种化学过程会释放出“气”，经常可以看到反应中冒出的气泡。但直到这个时候，化学家才开始明确地分类气体。这部分要归功于收集这些气体的仪器的发明。卡文迪许研究氢气（后来的说法），就是属于这一新兴的传统。

英国人约瑟夫·普里斯特利是一位杰出的气动化学家，他是宗教上的不从国教者和政治上的激进主义者。他发现了大约 20 种不同类型的“气”——其中包括我们称之为“氨”（ammonia）、一氧化氮和氯化氢的化合物。和同时代的许多人一样，他认为这些是具有不同纯度和污染的“普通的气”。普里斯特利是燃素理论的坚定信奉者。

1774 年，普里斯特利通过加热红色的氧化汞收集到一种“气”——法国药剂师皮埃尔·拜恩肯定做过这个实验，早期的炼金术士和化学炼金术士肯定也做过这个实验。普里斯特利发现，在充满该气体的容器中，一支燃烧的蜡烛会变得更明亮，一堆燃烧的木炭发出了炽热的光芒。他认为这种“气”能够促进燃烧，一定是因为它的燃素较少，所以能够吸收燃素——他称之为“脱燃素气”。他还发现，把小鼠放在充满该气体的玻璃容器中，相比于普通空气的容器，小鼠可以保持更长时间的呼吸。这使普里斯特利有勇气尝试呼吸这种气体，“过了一段时间之后，我感觉呼吸特别轻盈和轻松”。

普里斯特利并不是唯一一个研究这种奇妙气体的人。在 1771 年至 1772 年左右，瑞典药剂师卡尔·威尔海姆·舍勒发现，加热化合物硝酸钾（nitre 或 saltpetre）也会释放一种“气”。在 100 年前，波义耳的助手约翰·梅奥就尝试过这个实验，他报告说，暴露在这种气中，血液会变得更加鲜红。舍勒发现这种气也能促进燃烧，他称之为“火气”。然而，普里斯特利完全不知道

对页图：雅克－路易·大卫的油画《拉瓦锡夫妇》（1788）。查尔斯·赖特曼夫妇购买并捐赠，纪念艾佛雷特·法希，1977 年，藏于美国纽约大都会艺术博物馆。

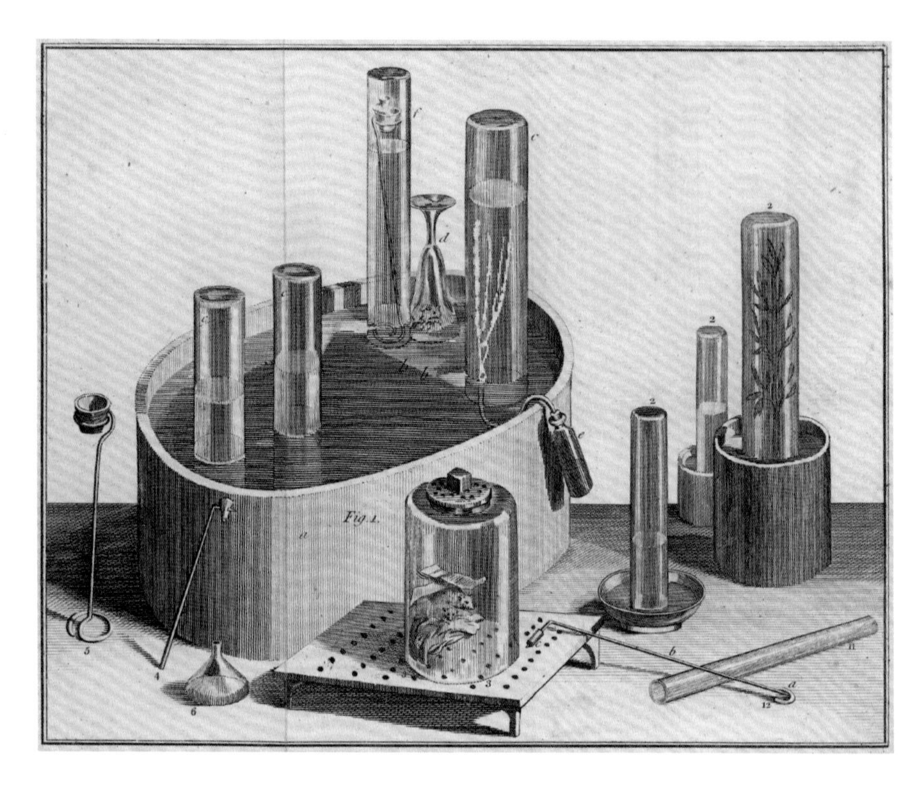

左图：约瑟夫·普里斯特利在各种气体实验中使用的集气槽等装置。图片出自普里斯特利的《几种气体的实验和观察》（1774年—1786年出版于伦敦，为J.约翰逊印刷），藏于英国伦敦惠康收藏馆。

对页图：“气泵实验”。版画，出自威廉·亨利·霍尔的《新皇家百科全书》（1795年第2版，出版于伦敦，出版商为Charles Cooke），第1卷，藏于英国伦敦惠康收藏馆。

舍勒的工作——舍勒直到1777年才发表了这项成果——因此他完全没有把他的“脱燃素气”和“火气”联系起来。

当然，这些气都是氧气——拉瓦锡如是说。1774年10月，普里斯特利来到巴黎与他共进晚餐，并讨论了自己的发现，当时拉瓦锡已经知道了拜恩的研究。后来普里斯特利给拉瓦锡寄去了自己的气体样本。拉瓦锡认为这是一种特别“纯净的”或“真正的”气。1774年底，舍勒也给拉瓦锡写了一封信，描述了他的“火气”。

最后，拉瓦锡把这一切联系在一起。他认为，所谓的“真正的气”是更基本的物质，只占普通的气的四分之一（实际上更接近五分之一）——1777年，他宣布这是一种新的元素：氧。拉瓦锡说，是这种物质导致了燃烧，而不是燃素。当物质燃烧时，它们不会释放燃素；相反，它们与空气中的氧气结合。这就是为什么金属在空气中加热后会变重，形成化学家所说的金属灰：金属氧化物。卡文迪许的“易燃的气”燃烧形成水，实际上是氢气与氧气发生反应。

那么普里斯特利、舍勒和拉瓦锡，究竟谁应该被称为氧的发现者?这个问题已经引起了很多争议。在他们自己的时代，这些争论是带着一些怨气进行的——部分是因为拉瓦锡没有充分承认另外两人的工作；部分是因为英国和法国之间的民族主义竞争。今天，大多数历史学家认为这种争论是没有意义的，大多数科学发现并不是一蹴而就的，这个发现也是如此。然而，拉瓦锡当然值得被认可，因为他用一个统一的观点解释了大量混乱的、有时互相矛盾的关于燃烧、金属灰形成和呼吸的实验结果。这个观点就是：空气中存在一种叫氧的元素。

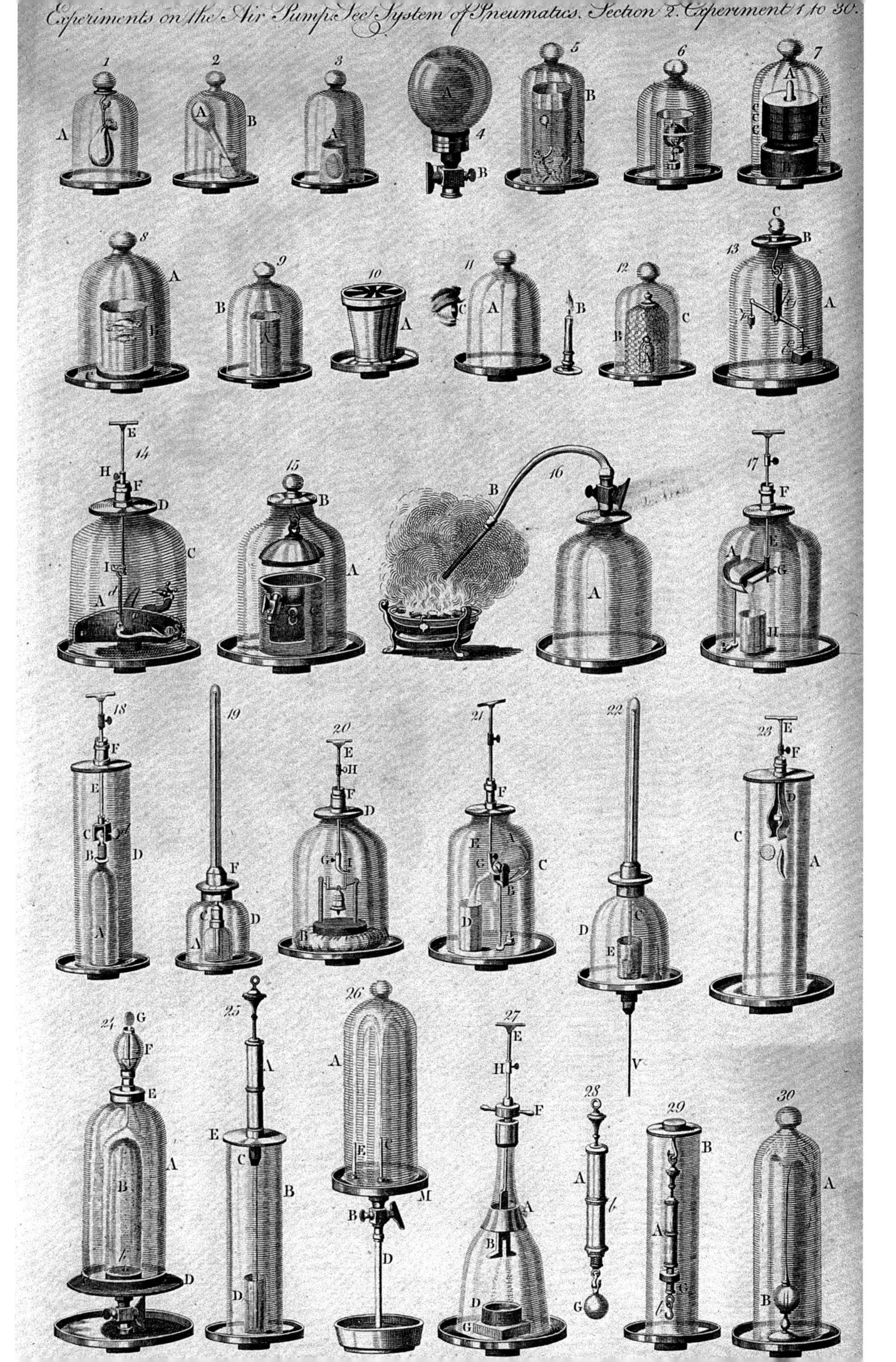
Experiments on the Air Pump. See System of Pneumatics. Section 2. Experiment 1 to 30.

氮

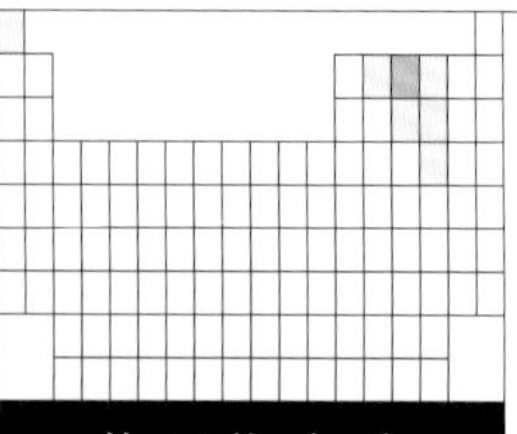

第 15 族（VA）

7

N

氮

非金属

原子序数：7

原子量：14.007

标准温度压力下的相：气态

空气很令人困惑。我们需要空气才能生存——然而，18 世纪 70 年代在爱丁堡大学工作的年轻的气动化学家丹尼尔·卢瑟福发现，空气中似乎还有一些有毒的东西，能够杀死生命。

卢瑟福的导师约瑟夫·布拉克在 18 世纪 50 年代指出，石灰（碳酸钙）加热或用酸处理时会释放出一种气体，可以扑灭蜡烛的火焰，可以杀死吸入这种气体的动物。布拉克称之为“固定的气”，因为它似乎可以被“固定”在这种碳酸盐中——例如，通过使该气体与生石灰（氧化钙）反应。布拉克指出，我们呼出的气体中也有固定的气，因此它显然是呼吸作用的产物。

在 1772 年的医学博士论文中，卢瑟福将这种气体称为“碳酸气”，这个名称源自希腊语中一种传说中的有毒废气。如果一只小动物被关在一个充满空气的密闭容器中，它最终会窒息而死，尽管容器中仍然有一些“气”。化学分析表明，这些“气”中的确含有一些碳酸气，所以一切似乎都很合理。

左图：大卫·马丁绘制的肖像画《约瑟夫·布拉克教授，1728—1799，化学家》（1787），藏于英国苏格兰格拉斯哥苏格兰国家肖像画廊（私人收藏，长期借给国家肖像画廊）。

上图：在伦敦皇家研究所举行的有关气体力学的讲座上，托马斯·杨展示了一氧化氮对希皮斯利爵士的影响。汉弗里·戴维爵士则拿着风箱；观众中有伦福德伯爵和斯坦霍普勋爵。詹姆斯·吉尔雷的彩色蚀刻版画《科学研究！气动的新发现！或关于气体动力的实验讲座》，藏于英国伦敦惠康收藏馆。

但是，即便卢瑟福用生石灰去除了碳酸气，动物呼吸剩下的“气”仍然会令其死亡。换句话说，还有另一种“有毒的气”。约瑟夫·普里斯特利和亨利·卡文迪许也证明过，当蜡烛在空气中燃烧时，空气的体积减少了大约五分之一：火焰消耗了一些空气，但仍有一些保留了下来。

如果我们坚持用卢瑟福和布拉克的方法思考这些观察，继续用燃素的语言来表述，就会变得更加混乱。因此，让我们跳到几十年后的化学语言。“固定的气”是二氧化碳，当我们呼吸时，它确实从我们的肺里产生。卢瑟福的第二种“有毒的气”是氮气：空气的另一种成分，大约占五分之四。氮气其实没有毒——否则，我们显然会有麻烦——但它也不会支持生命。我们需要空气中的氧气；氮气只是一种惰性的背景气体。如果暴露在纯氮的大气中，我们就会像卢瑟福的小鼠一样，因为缺氧而死亡。

通过去除空气中的氧气和二氧化碳，卢瑟福留下了几乎纯的氮气（其他人在后来发现，里面还有少量的其他气态元素）。因此，我们认为是他发现了氮，尽管他从来都没有这样称呼它，也没有觉得这可能是一种真正的元素。

“Nitrogen”（氮）这个名称的意思是“制造硝石的”—— 硝石（硝酸钾）含有氮，长期以来作为火药的一种成分而为人所知。安托万·拉瓦锡（他知道卢瑟福的工作）在 18 世纪 80 年代发现，普通的气实际上是两种气体的混合物：一种是“高度可呼吸的气”，他后来称之为“氧气”；第二种是含量更丰富的气体 —— 很抱歉接下来会造成混淆 —— 他称之为 mephitic air（因为它是不可呼吸的），卢瑟福用相同的词来称呼布拉克的“固定的气”。拉瓦锡指的是氮气。

当拉瓦锡开始放弃“气”的术语而采用新的元素名称时，他选择把“mephitic air”命名为“azot”，这个词来自希腊语，意思是与生命不相容。他通过进一步的化学实验指出，氮是硝酸（nitric acid）的一部分，可以用来制造硝石。他承认，因为这个原因，nitrogen 也是一个很好的名字。但他坚持使用 azot 这个词，直到今天，氮元素在法语中仍然被称为 azote。在英国，替代方案得到了认可 —— 好吧，在那个时候，英国人就爱跟法国人对着干。

下图：对植物中的氮的研究。图片出自提奥多·德·索绪尔的《植物化学研究》（1804 年出版于巴黎，出版商为 Nyon），藏于美国宾夕法尼亚州科学史研究所。

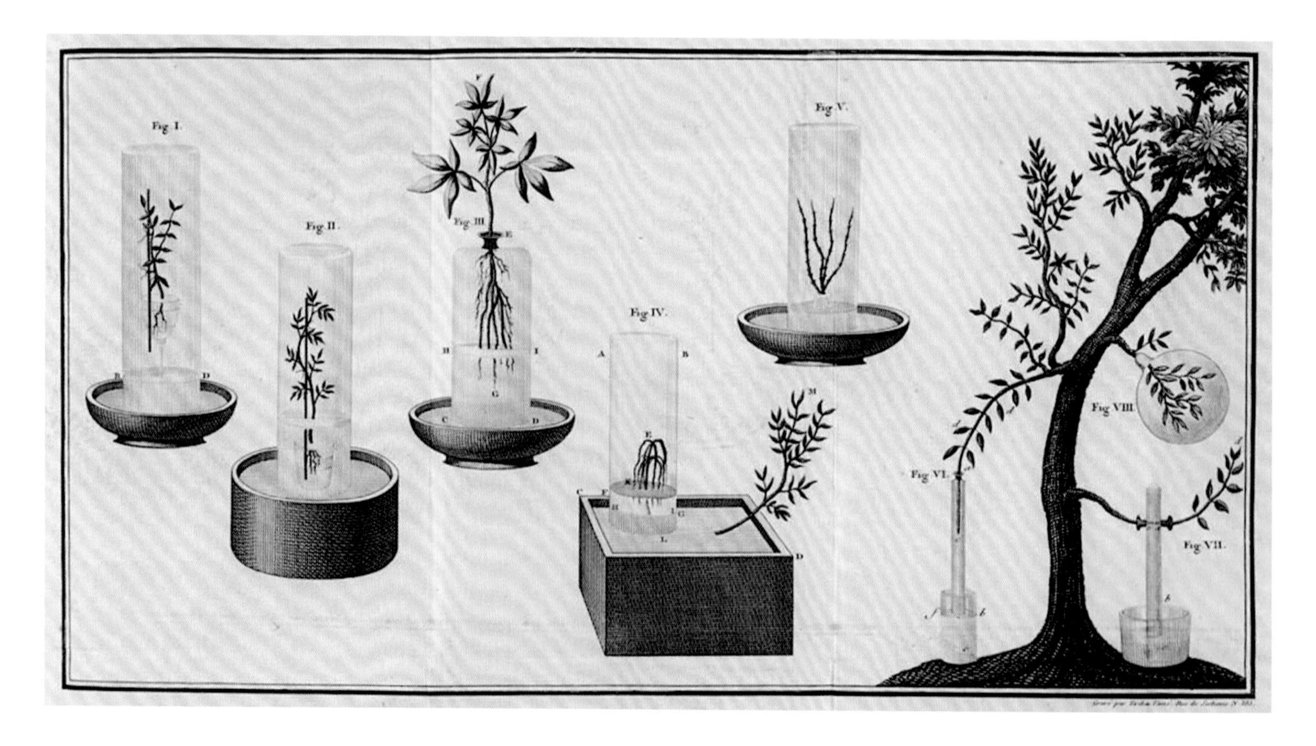

下图：制备氮气（左）和氢气（右）。图片出自儒勒·佩洛兹和埃德蒙·弗雷米的图册《化学的一般概念》（1853 年出版于巴黎，出版商为 Victor Masson），插图 2，藏于意大利佛罗伦萨国立中央图书馆。

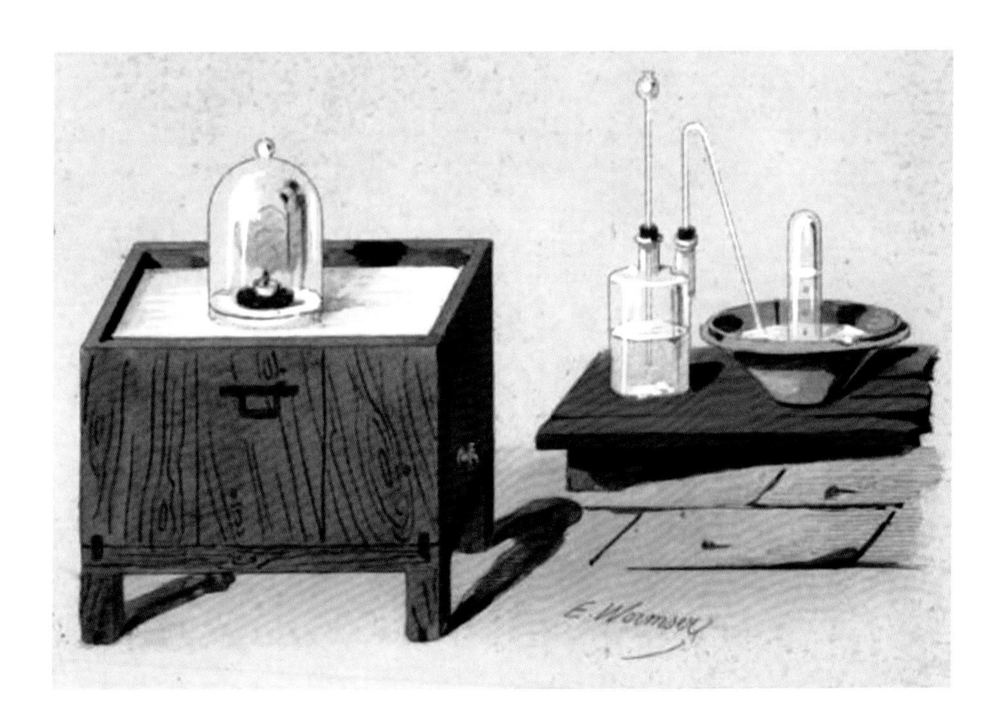

影响深远的用途

氮气非常有惰性，因为氮气分子是由两个氮原子紧密结合在一起 —— 原子间的键被化学家称为三键（triple bond），需要大量的能量才能打破。尽管如此，氮是生物体内最丰富的元素之一，它存在于构成蛋白质的氨基酸中，也存在于 DNA 中。很难使空气中不活跃的氮进入生物体内：这主要由专门的土壤微生物 —— 固氮生物（主要是细菌）—— 完成。固氮生物与植物维持共生关系。它们含有一种“固氮酶”，可以利用巧妙的化学原理拆分坚硬的三键。

氮是植物生长必需的营养物质，所以氮也是肥料的关键成分 —— 这也是硝石的用途之一。但是，用大气中的氮制造化学肥料意味着复制固氮生物的能力，将氮从气体形式“固定”为更活跃的化合物，通常是从氨（一种氮氢化合物）开始。20 世纪以来，这个过程是使用一种叫“哈伯 - 博施法”的工业方法，其中涉及一种金属（铁）催化剂。肥料对于提高作物产量而言是必需的，通过提供肥料，哈伯 - 博施固氮法也许是 20 世纪人口大规模增长的最重要的推动因素 —— 无论好坏。

从氨爆炸药、TNT（三硝基甲苯）到塞姆汀炸药的许多爆炸物，也是氮的化合物。这是因为，将氮原子重新组合成双原子分子（具有强大的化学键）的反应会释放出大量的能量。你可能会说，氮气惰性的另一面是一些氮化合物的极端甚至危险的活跃性。

碳

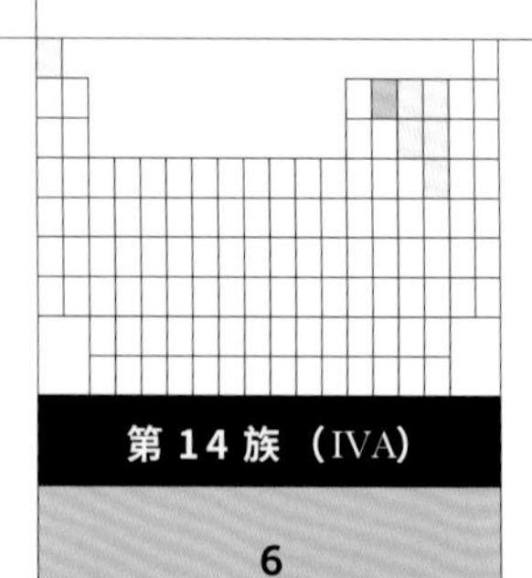

第 14 族（IVA）

6

C

碳

非金属

原子序数：6

原子量：12.011

标准温度压力下的相：固态

“发现”碳似乎是一个很荒谬的提法。碳是地球上所有生命的基础。当碳以煤烟和木炭的形式出现时，它是火的产物。而在矿物石墨（graphite）和钻石（diamond）中，碳一直以纯物质的形式存在于我们身边 —— 钻石具有诱人的、耀眼的光彩。碳的发现究竟意味着什么？

长期以来，人类一直在生产和交易木炭，作为生火的燃料（它比木材更容易燃烧）和早期洞穴壁画的黑色颜料。后来人们发现，木炭会将一些金属矿石“还原”成纯金属：碳会将铜、锡和铁的氧化物中的氧元素剥离出来。木炭是火药的成分之一，有时也被用于药物或作为防腐剂：水可以储存在烧焦的木桶中，这样的水更好喝，因为木炭是杂质和微生物的良好吸收剂（所以，今天我们仍然用木炭过滤）。

地球深处循环的富含碳的液体形成钻石，它有时被火山活动带到地表，自古以来就为人所知 —— 希腊人称其为“adamas”，意思是“无法改变的”，这是指它的硬度和持久性。大约从公元前 1000 年开始，印度就已经在开采和交易钻石；到了 18 世纪，印度基本上是全世界唯一的钻石产地。英国女王后冠上著名的 105.6 克拉的山之光钻石就是来自印度，它是维多利亚时代帝国掠夺的“成就”。

碳的另一种形式，石墨，也被开采了许多个世纪：它在古代被用作颜料，但大约在 16 世纪，人们对它的需求开始激增，因为柔软的石墨成为铸造炮弹的模具的润滑剂，后来又被用于确保机器平稳运行，以及用于制造铅笔。

同种元素，不同物质

石墨和钻石之间的对比非常能说明问题：与其说原子的性质决定了元素的性质，不如说原子的连接方式决定了元素的性质。这两种物质中的碳原子之间的化学键有非常不同的模式：钻石的原子连接成具有巨大强度和完美透明度的三维晶体框架，而石墨的原子连接成可以相互滑动的片状六边形环，因此石墨几乎可以吸收所有落在它上面的可见光。碳类似于石墨，由地上的有机材料（主要是石炭纪的丰富植被）形成，经过积压和加热，大部分形成石墨状的碳。

上图： 法国化学家亨利·莫瓦桑试图制造钻石，照片由贝恩新闻社摄于约19世纪90年代，藏于美国华盛顿国会图书馆打印与复印部。

由于石墨和钻石之间的这些明显差异，化学家花了很长时间才认识到钻石和石墨、煤、木炭都是由相同的单一元素构成。这并不奇怪。钻石非常难研究，不仅是因为它很昂贵，也因为它很坚固，所以难以分析——从字面上看，分析就是要分解，从而检查其成分。1694年，佛罗伦萨的两名实验者朱塞佩·阿韦拉尼和西普里亚诺·塔尔乔尼使用透镜将阳光聚焦在钻石上，证明热气可以使钻石蒸发——这是托斯卡纳大公赞助的昂贵而惊人的实验。将近100年后，法国化学家皮埃尔·麦克奎尔和几名合作者重复了这个实验，证明钻石可以被烧光，而且在某些情况下会转化成一种类似于木炭的材料，法语中的说法是"charbone"。

听到这些研究，安托万·拉瓦锡在18世纪70年代初使用一个直径约1米的巨大透镜迎战。他的伟大见解是，这个过程不是钻石蒸发，而是钻石与空气中的氧气反应。他指出，钻石被烧成了一种气体，他确定这就是约瑟夫·布拉克的"固定的气"（见第114页）——二氧化碳，燃烧木炭也会产生这种气体。这还能意味着什么呢?只能说明钻石和木炭是同一种元素，后来这种元素以后者的名字命名。

但这个结论非常奇怪和令人惊讶，直到18世纪末，在拉瓦锡被推上了断头台之后，它才被确证。1796年12月，英国化学家史密森·特南特在皇家学会宣读了论文《论钻石的性质》。他说，虽然拉瓦锡注意到了木炭和钻石的相似性，但这位法国人的结论不过是"这两种物质都属于某种易燃物"。特南特报告了他的细致实验，在实验中，他测量了加热钻

上图：西伯利亚东部塞安斯克山脉巴图加尔的石墨矿。图片出自路易斯·西莫宁的《地下生活》，藏于英国伦敦科学照片图书馆。

对页图：钻石和刚玉。图片出自马克斯·赫尔曼·鲍尔的《宝石学》（1909 年出版于莱比锡，出版商为 C. H. Tauchnitz），插图 1，藏于美国芝加哥大学。

石直到其消失所产生的固定的气，以及燃烧相同质量的木炭所产生的固定的气。它们的量完全相等。

如果是这样的话，人们是否能将便宜的木炭（或石墨）转化为昂贵的钻石?这一前景吸引了整个 19 世纪的化学家，他们认为可以实现，方法是在巨大的压力下加热木炭或石墨。1893 年，法国化学家亨利·莫瓦桑声称已经成功，但现在看来这非常不可能。第一个令人信服的从类似石墨的碳中人工合成钻石的方法在 1955 年才被报道，当时，纽约斯克内克塔迪的通用电气公司的研究人员使用 400 吨的液压机产生比正常大气压力高 10 万倍的压力，实现了这一目标。

1.
7.
8.
6.
5.
2.
3.
4.
10.
9.
13.
12.
11.

热量

到18世纪末，科学家已经弄清楚了三种古典元素的真正性质，分别是土、气和水。在安托万·拉瓦锡的体系中，气是元素气体氧和氮的混合物，水是氢和氧反应形成的化合物。有很多种“土”—— 各种类型的岩石和矿物，其中熟悉的和新的元素正在不断被识别。

但是，第四种古典元素火呢?与其说火是一种物质，不如说火是一个过程，而且似乎是非常复杂的过程。火焰中有物质，因为火焰（如果我们说的是燃烧蜡烛或原木）中会产生烟尘和二氧化碳，但它也会产生光。而且火还有一个可能最重要的用途，那就是产生热量。我们似乎有理由认为，“什么是火”这个问题的答案可能会在另一个问题的答案中找到 ——“什么是热量?”

当然，并不是只有火才会产生热量。我们可以通过摩擦双手产生热量；身体似乎也会产生热量 —— 它通常比周围的环境温度更高。许多不涉及火的化学反应也会产生热量。热量也可能来自电流：一个电火花可能会烧伤你，而一个闪电可能更糟糕。

有一种明确的认知，那就是热量似乎在流动。把铁棒的一端放在火中，不久之后，另一端就烫得握不住了，因为热量会沿着铁棒传递。热量从火焰中流出来。我们也熟悉流动的物质 —— 流体。水在江河溪谷中流动，而气体也被认为是流体：来自蜡烛火焰的二氧化碳可以沿着管子流下来，然后被收集在一个容器中。那么，我们可以非常合理地假设，热量也是一种流体 —— 尽管这个流体非常纤细，可以穿透固体材料。

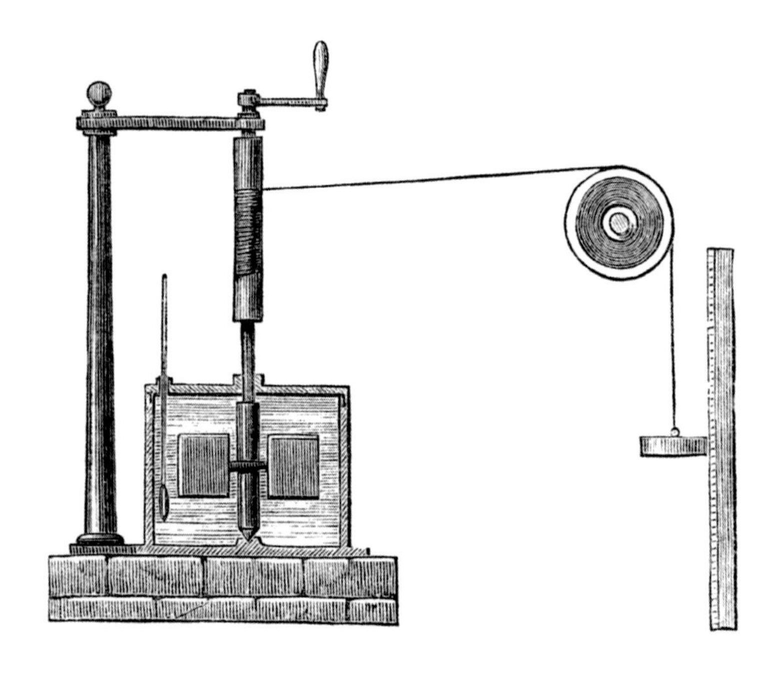

左图： 詹姆斯·焦耳的仪器，用于测量热的机械当量。版画，出自《哈泼斯杂志》，No.231，1869年8月。

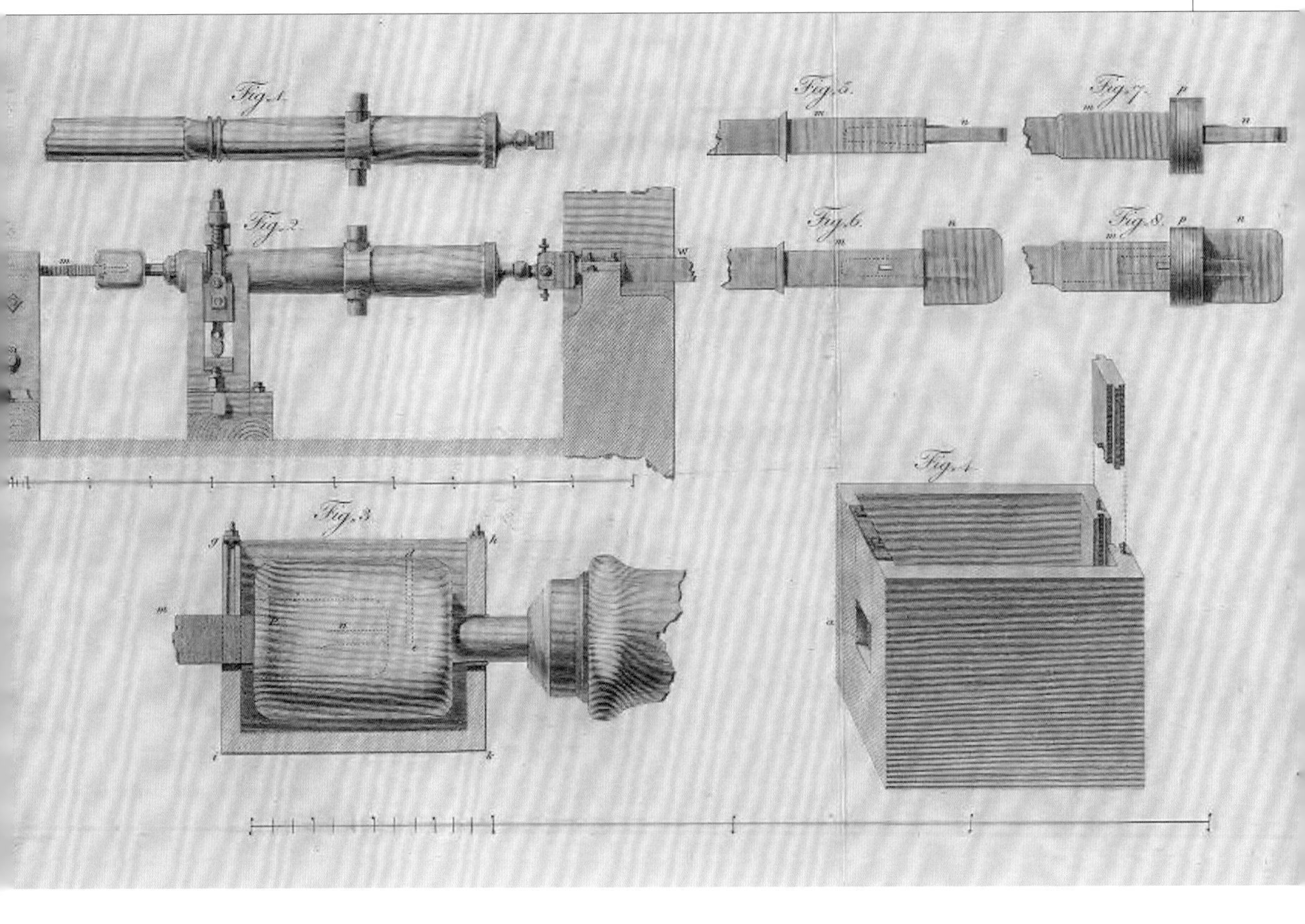

上图: 本杰明·汤普森的“关于摩擦发热的热源的探讨”。图片出自1798年的《自然科学会报》，第88卷，第一部分，藏于英国伦敦自然史博物馆。

冷似乎也是如此：把铁棒放进冰桶里，冷就会沿着铁棒蔓延。古代的一些哲学家把热和冷想象成相反的物质或倾向，或者是物体发出的各种粒子。

在18世纪的大部分时间里，燃素理论主导着关于燃烧的思想。一些人认为，燃素理论似乎回答了这个难题：燃素就是热量的物质。当安托万·拉瓦锡用氧化学说取代燃素理论时，他必须找到一种解释热量的方法。他并没有放弃“热量是一种物质”的想法，而只是重新命名了热量：他在1783年说，热的物质是一种“微妙的流体”，他称之为“calorique”（caloric，热量）。（那么是否还有一种冷的物质，frigoric?一些人表示赞同，但另一些人说，冷只是热的缺失。）在1789年的伟大著作《化学基本论述》中，拉瓦锡把热量列入他的33种元素清单之中。

就像燃素和以太，在一本关于元素发现的书中提到热量可能会让一些化学家感到惊讶，他们知道这也是一种“从未存在过的元素”。但是，如果从历史中剔除所有已经被推翻的观点，我们就无法正确地理解历史。首先，我们会忽略一个事实，即科学家往往是从后来被推翻的观念中得出正确的结论：它们不是错误，而是一个路标，通往更好地理解世界。毕竟，在拉瓦锡的时代，热量似乎对一些观察结果有意义。例如，当气体变暖时，它就会膨胀——难道最好的解释不就是它吸收了一些额外的流体，比如热量?拉

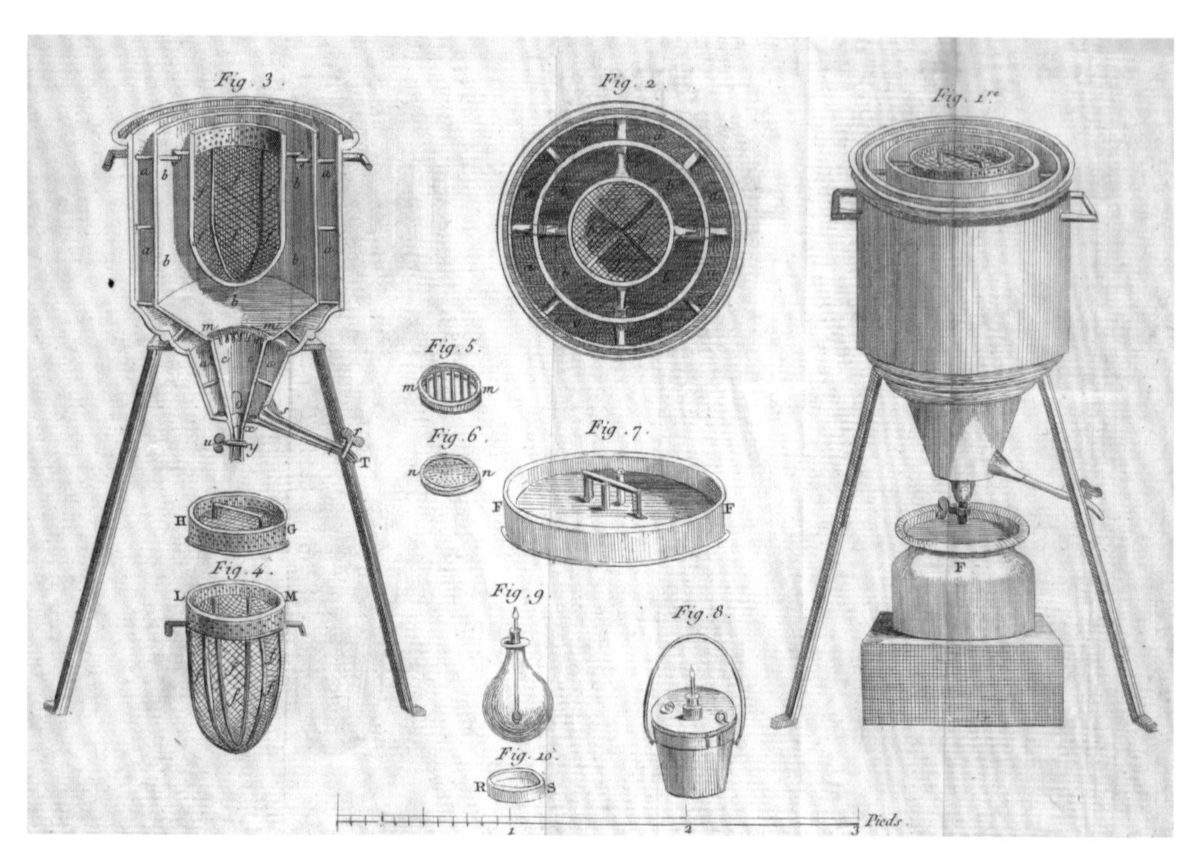

上图： 用于测量热量的冰热量计。图片出自安托万·拉瓦锡的《化学基本论述》，插图6，藏于美国宾夕法尼亚州科学史研究所。

瓦锡设计了仪器测量物质之间的“热流”，这种技术被称为“量热法”，在今天它仍然是测量热量变化的术语。

热力学的诞生

法国军事工程师萨迪·卡诺在19世纪20年代形成了关于热驱动的发动机（如蒸汽机）的工作原理的理论。他借鉴了拉瓦锡的热量理论，即热物质从热物体转移到冷物体。卡诺的工作为热力学——字面意思是热的运动——提供了基础，在今天仍然是物理理论的核心支柱之一。对于一个虚构的元素来说，这不是糟糕的遗产。

但无论如何，它仍然是虚构的。1798年，英国（在美国出生）科学家本杰明·汤普森（他的爵位是伦福德伯爵）发表了关于热的真正含义的一个非常不同的说法。拉瓦锡认为热量是一种守恒物质：不会被创造，也不会消失，而是从一个地方流向另一个地方。但汤普森描述了他在德国监督大炮钻孔时做的实验。这个过程产生了大量的摩擦热，热的黄铜需要用水来冷却。他指出，重复的镗孔操作可以一次又一次地加热水，仿佛所谓的热量是取之不尽的。

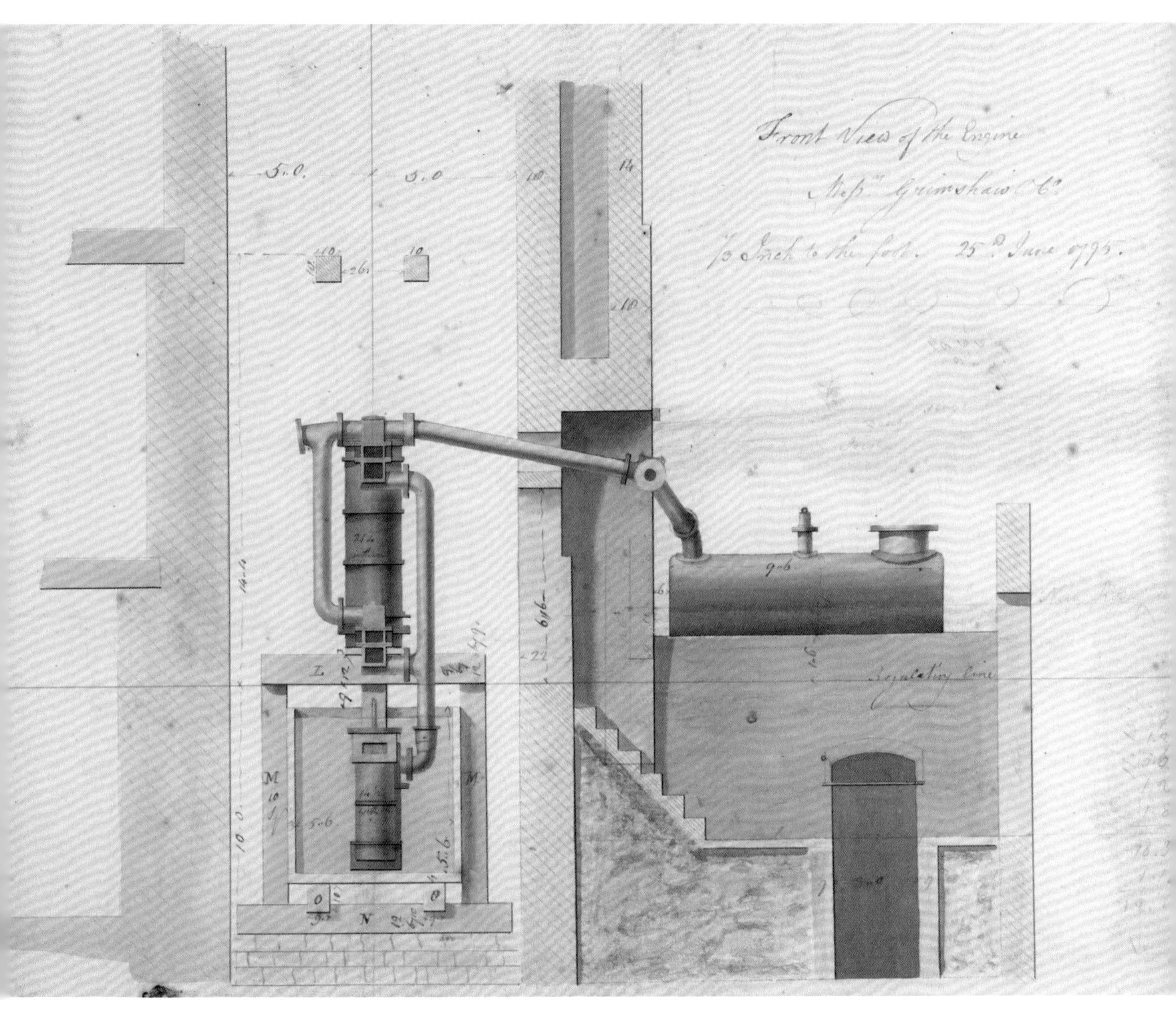

上图：图片中展示的是马修·博尔顿和詹姆斯·瓦特为格里姆肖公司（Messrs Grimshaw & Co.）设计的蒸汽机，桑德兰，1795年，藏于英国伦敦机械工程师学会。

他的结论是，热量并非源自一种物质，而是源自一个过程，这个过程就是运动。至于什么运动，什么原因，他说不清楚。但在19世纪晚些时候，詹姆斯·焦耳和詹姆斯·克拉克·麦克斯韦等研究者提出了这样的观点：热是一种由看不见的小颗粒——原子和分子——的运动产生的属性，而物质是由这些颗粒组成的。这种所谓的热的“动力学理论”（意思是它与运动有关），成为现代热力学理论的基础。

氯

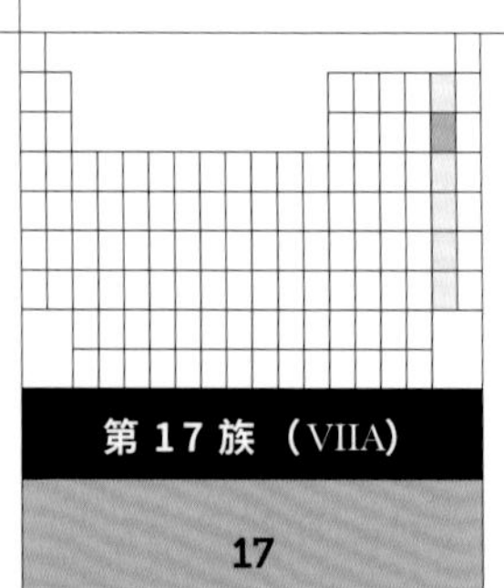

第 17 族（VIIA）

17

Cl

氯

卤素

原子序数：17

原子量：35.45

标准温度压力下的相：气态

在所有含氯的天然化合物中，对人类最重要的可能是氯化钠：食盐。可以通过蒸发海水提取食盐，这是一种古老的制盐方法，至今仍在使用。还有大量的食盐矿床，是地质时期的海洋蒸发形成的。

在盐中，氯原子和钠原子紧密地结合在一起，这种对人类至关重要的物质，并没有暗示其中存在一种有毒、有害的元素。把氯当成一种独特的元素，这种认知更多的是归功于另一种盐，古代的“卤砂”，也就是氯化铵。这是一种出现在火山地区的白色矿物，但它很罕见。卤砂真正进入化学家的视野，是在 9 世纪左右阿拉伯炼金术士调查之后，他们报告说通过燃烧骆驼粪便可以得到氯化铵。波斯炼金术士、医生拉齐在 10 世纪描述了它，并解释了如何通过蒸馏得到氯化铵。它在加热后分解成刺激性的氨气和氯化氢气体。

这是一个重要的发现，因为氯化氢很容易溶于水，形成盐酸（炼金术士称之为“盐的灵魂”，这个名称今天有时仍在使用）。盐酸和硫酸、硝酸都是“矿物酸”，是化学家最有效的试剂之一。我们在前面看到，盐酸和硝酸的混合物甚至可以溶解最不活跃和最“庄重”的金属 —— 金，因此这种物质被命名为“王水”。然而，制造这种神奇的溶剂并不是把两种纯酸混合在一起，而是把卤砂溶解在硝酸中。

下图：西方对拉齐的形象的描绘。图片出自拉齐的《医学集成》的一个译本，1529 年，藏于卡塔尔国家图书馆。

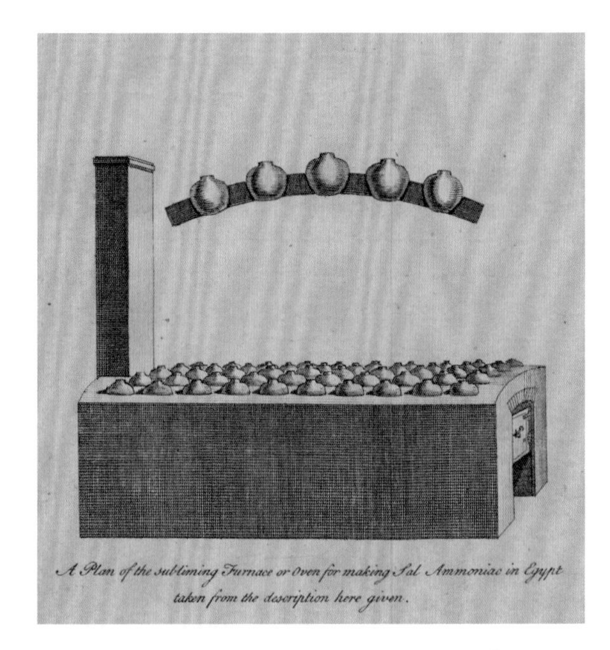

上图：卡尔·林奈和约翰·埃利斯的“埃及制卤砂的计划”。图片出自1759年的《自然科学会报》，第51卷，表11，藏于英国伦敦皇家学会。

我们不知道纯盐酸最早是什么时候制成的。阿拉伯学者很清楚应该怎么做，但他们不一定会这么做。德国人安德烈亚斯·利巴菲乌斯和约翰·鲁道夫·格劳贝尔等化学家在16世纪和17世纪给出了盐酸的配方，但在此之前，盐酸可能被意外地制造了好几次。利巴菲乌斯的方法是用黏土块蒸馏食盐。早期化学家通常称之为“muriatic acid”，意思是“海洋酸”。

分离氯

直到18世纪末，化学家才想出如何从盐酸中获得氯元素。卡尔·威尔海姆·舍勒尝试把软锰矿（氧化锰的矿物）和盐酸一起加热，得到了一种浓厚的绿色气体，这一定让他感到震惊：他说这种气体有一种呛人的气味，“对肺部有很强的压迫感”。舍勒发现，这种气体会与大多数金属发生反应，使它们涂上一层彩色的光泽（金属氯化物）；它可以溶于水形成一种酸，也可以漂白有色的花朵。

很快，这种气体的水溶液成为纺织业的漂白剂，比传统的日光漂白法快得多。1785年，法国化学家克劳德·贝托莱指出，把气体溶解在氢氧化钠溶液中可以制成更好的漂白剂——次氯酸钠，这是至今仍在使用的家用漂白剂（其本身具有强烈的氯气气味）。

舍勒认为这种气体是某种化合物；与燃素理论相呼应，他称其为“脱燃素海洋酸”。（这在解密时是有意义的：燃素可能与氢混淆，如果去掉氯化氢中的氢，就会得到氯。）一些与舍勒同时代的人，包括贝托莱，认为刺鼻气味是未知的元素muriaticum的氧化物。但是1809年法国人约瑟夫·路易·盖-吕萨克和路易-雅克·塞纳德尝试让它与木炭反应，从拉瓦锡体系中的“含氧盐酸”中去除氧，但他们没有看到任何变化。这种气体可能是一种元素吗？

英国化学家汉弗里·戴维很重视这个想法。他在1810年尝试了同样的事情并发现了相同的结果，于是他宣布这种气体是一种元素，并提出了一个名称：氯（Chlorine），来自希腊语中的chloros，意思是浅黄绿色。[绿色植物的叶绿素（Chlorophyll）也有相同的词源，尽管它不含氯元素。]氯气在-34℃时会液化，但在1823年，戴维的学生迈克尔·法拉第“利用暮冬天气”制造了第一个液氯样品——一种黄色的液体，而不必求助于那些寒冷的极端条件。

氟、碘和溴

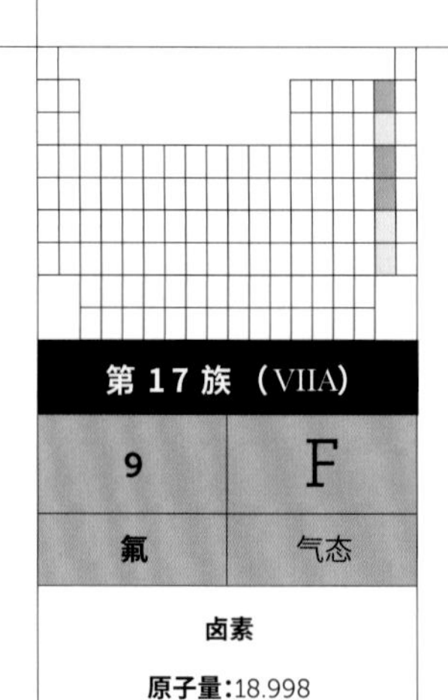

第 17 族（VIIA）

9	F
氟	气态

卤素

原子量:18.998

第 17 族（VIIA）

35	Br
溴	液态

卤素

原子量:79.904

第 17 族（VIIA）

53	I
碘	固态

卤素

原子量:126.90

另一种让卡尔·威尔海姆·舍勒异常关注的矿物是“萤石”（Fluorite），其名称来自拉丁文的“fluoere”，意为“流动”，因为这种矿物的熔点比其他矿物低。阿格里科拉书中的叙事者贝尔曼努斯说：“火会熔化（萤石），使它在阳光下像融化的冰一样流动。”

萤石具有一种不寻常的性质：“荧光”（fluorescence）一词就是源于该性质。它之所以如此，是因为矿物储存了从高能辐射中吸收的能量，这些辐射包括地球上的天然放射源和来自太空的宇宙射线。晶体中完美的原子排序被打乱，能量锁在这种晶体“缺陷”中。这些能量只有在晶体受热时才能（以光的形式）释放出来。舍勒没有理解这些，也不可能理解，但萤石的荧光让他非常着迷。

舍勒发现，这种矿物受热后会释放出一种酸性气体，他称之为“萤石酸”。它也被称为“瑞典酸”或“斯帕里酸”—— 但在 18 世纪 80 年代，安托万·拉瓦锡圈子里的法国化学家试图改革化学命名法。他们提议把这种酸称为“氟酸”（fluoric acid）。

左图：瑞典化学家永斯·雅各布·贝采利乌斯的肖像画。平版印刷，由 J. C. 福门廷根据 J. V. C. 魏伊的作品制作，1826 年，藏于英国伦敦惠康收藏馆。

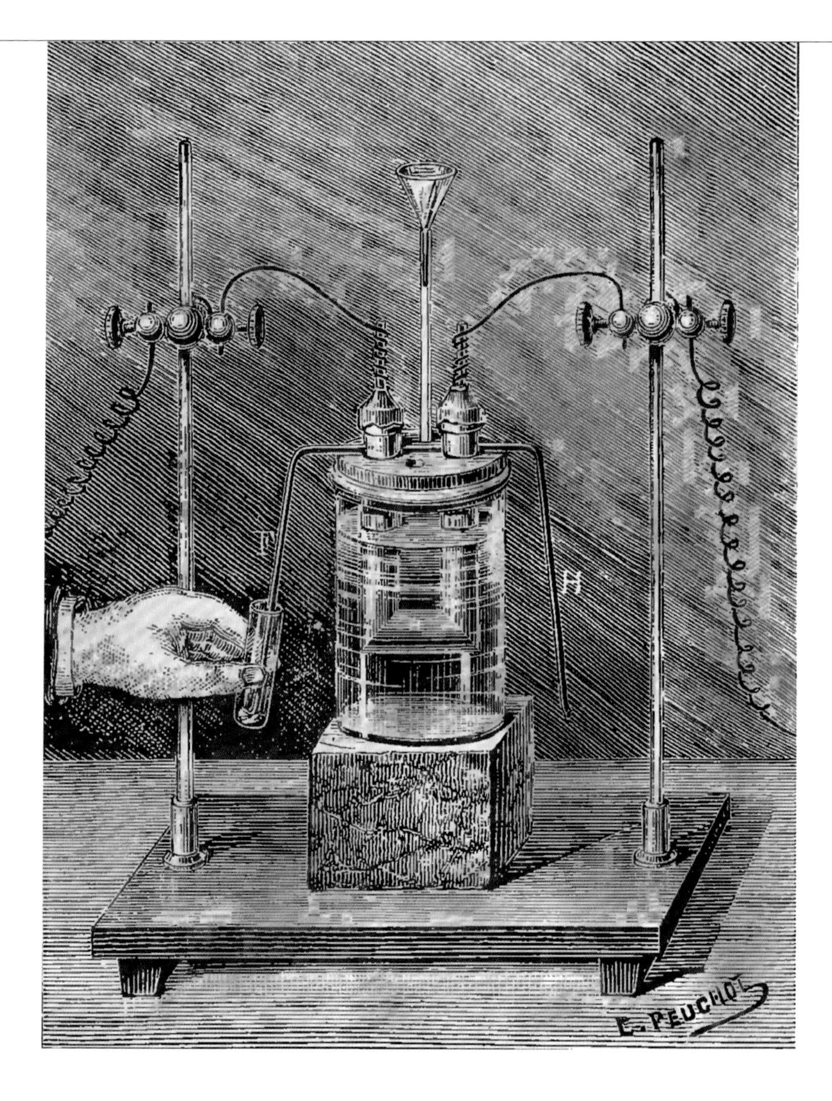

左图：图片绘制的是法国化学家亨利·莫瓦桑的《提纯氟的研究》(1887年出版于巴黎，出版商为Gauthier-Villars)，藏于美国哈佛大学弗朗西斯·康德威医学图书馆。

它是什么?拉瓦锡怀疑，这种酸和盐酸一样是某种元素和氧元素的组合。但是，汉弗里·戴维证明盐酸中没有氧，而是含有氯元素，这时，法国科学家安德烈－马里·安培写信给戴维，提出氟酸可能也是类似情形。安培说，把这种酸中假设的新元素命名为"氟"(Fluorine)如何?戴维喜欢这个主意，于是就这么决定了。

海藻元素

一年后(1813年)，汉弗里·戴维去巴黎拜访安培——当时拿破仑战争正酣，但拿破仑认为戴维这样的知名化学家可以不用参战。在巴黎，安培给了戴维一个物质的样本，该物质是1811年法国化学家贝尔纳·库尔图瓦从海藻中分离出来的。库尔图瓦一直在用海藻的灰烬制碱，他发现，通过用硫酸处理，可以得到一种奇怪的、有气味的紫色蒸汽，这种蒸汽可以凝结成晶体，晶体具有石墨那样的深色金属光泽。法国化学家发现这种物质会与氢气结合，生成一种类似于盐酸的酸，这表明它也是一种类似于氯的新元素。法国研究人员将其命名为"ione"，这个词在希腊语中的意思是紫色；但戴维更愿意改成Iodine

Fig. 1
Experiment I.

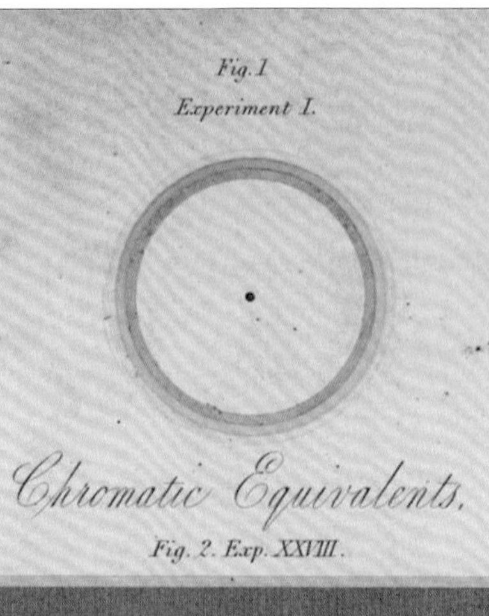

Chromatic Equivalents.
Fig. 2. Exp. XXVIII.

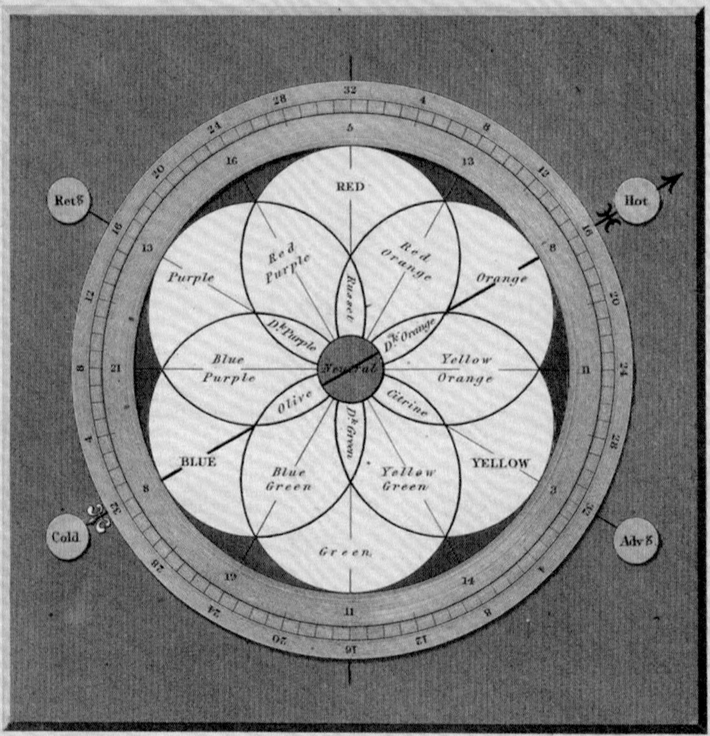

Definitive or Fundamental Scale of Colours
Fig. 3

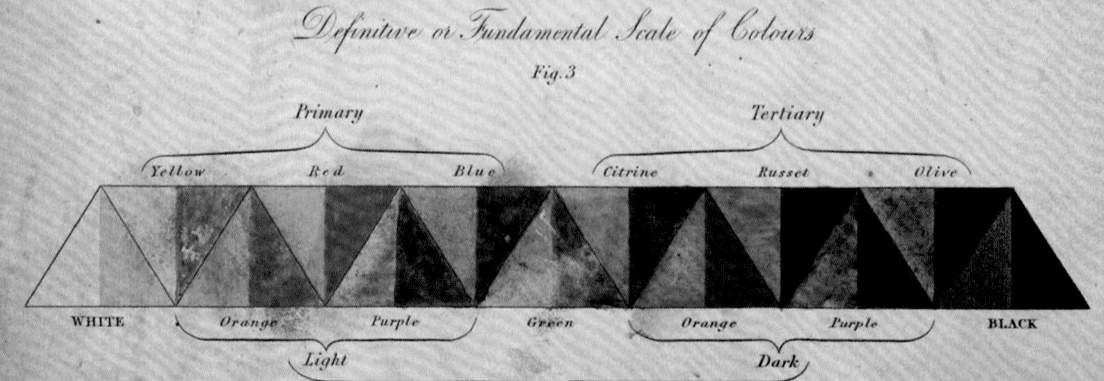

上图：在画家威廉·透纳的画室里找到的几种干颜料。鲜红色颜料是19世纪早期由路易－尼古拉·沃克兰从碘中发现的。透纳显然在《被拖去解体的战舰无畏号》中使用了这种颜料。

对页图：乔治·菲尔的《色谱法》（1835年出版于伦敦，出版商为Charles Tilt）的扉页，藏于美国密苏里州琳达霍尔科学、工程和技术图书馆。这本书详细介绍了所有的颜料，如碘红（iodine scarlet，一种新的颜料，具有最生动最美丽的鲜红色）。

（碘），使其更接近氯和氟。

很快就出现了一种检验碘的方便方法：碘使淀粉溶液变成深蓝色。1825年，法国药剂师安托万－杰罗姆·巴拉德在研究一个从地中海海藻中获得的样本时发现，烧瓶中的淀粉－碘的蓝层下面有一层深黄橙色的液体。最开始，他把这种物质称为"muride"（与muriatic acid有相同的词根）；但后来，他注意到该物质有一种令人头疼的辛辣味，于是提出了"brome"这个名字，这个词在希腊语中的意思是"臭味"。1827年的一本英语教科书提议，在英文中这个名称应该是"Bromine"（溴）。

纯氟很晚才被分离出来，部分是因为氟酸——也就是我们现在所说的氢氟酸——具有很强的腐蚀性，而且很难操作。直到1886年，法国化学家亨利·莫瓦桑才分离出氟——这一成就为他赢得了1906年的诺贝尔化学奖。氟甚至比它的酸还要糟糕，它有剧毒，是化学界已知的最活跃的物质之一。氟、氯、溴、碘四种元素位于元素周期表的同一列，并被统称为"卤素"，意思是"制造盐的"——它们都与金属反应生成盐，其中钠与氯组成的盐是食盐，是海水的咸味的主要来源。1811年，化学家首次为氯提出这个统称，但被驳回了。1826年，瑞典人永斯·雅各布·贝采利乌斯，一位积极的化学命名法改革者，在明确了氯、碘和氟三者的关系之后，重新捡起了这个词。

铬和镉

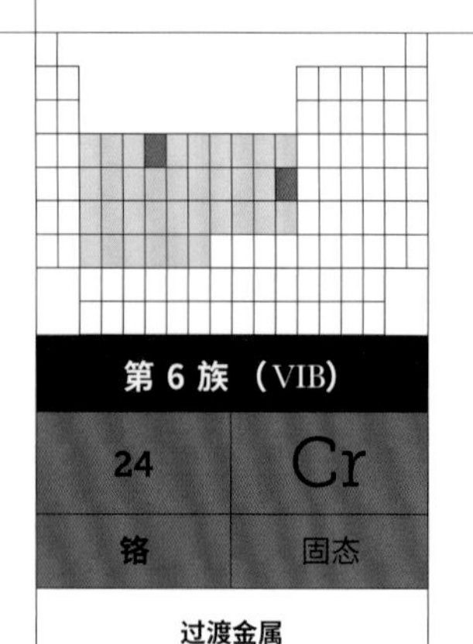

第 6 族（VIB）

24 Cr

铬 固态

过渡金属

原子量:51.996

第 12 族（IIB）

48 Cd

镉 固态

过渡金属

原子量:112.41

1761年，德国矿物学家约翰·戈特洛布·莱曼成为圣彼得堡帝国博物馆的一名教授，开始研究俄罗斯的矿物。在乌拉尔山脉的一个矿场里，他发现了一种亮红色的矿物，并称之为“Rotbelierz”，意为“红铅矿”，暗指古代颜料红铅。它很快就成为油漆中的红色颜料，并获得了“西伯利亚红铅”的昵称；再之后，它有了正式的矿物名称“crocoite”（铬铅矿）。

铬铅矿确实是一种铅矿石，但它还含有什么呢?法国化学家路易 - 尼古拉·沃克兰［他当时在绿柱石矿物中发现了铍（Beryllium）元素］在1794年收到这种矿物的样品，便开始着手回答这个问题。他发现，铬铅矿与盐酸（他说的是 muriatic acid）反应生成了一种绿色的物质，沃克兰于是采用了从这种化合物中提取金属的标准程序：和木炭一起加热。果然，产生了一种金

左图：法国化学家路易 - 尼古拉·沃克兰的肖像画。版画，由F. J. 德克沃维勒根据C. J. 贝塞利耶夫尔的作品制作，1824年，藏于英国伦敦惠康收藏馆。

上图：让-巴蒂斯·卡米耶·柯洛的油画《有克劳迪安水道的罗马平原》（约1826）的前景中使用了铬绿色颜料，藏于英国伦敦国家美术馆。

属，据说是“灰色，非常坚硬，易碎，容易结晶成小针状”。

沃克兰发现，该金属的几种化合物（通过化学处理铬铅矿制成）具有强烈的色彩。他将粉末状的矿物溶解在一种碱中（我们现在称之为“碳酸钾”），然后用硝酸中和，产生了一种亮橙色的溶液。沃克兰把溶解的盐结晶，晶体呈深黄色。通过改变反应条件——例如添加硫酸铅——他可以将产品的颜色调整为淡黄色或橙色。除了昂贵而有毒的雄黄（见第88页），后者是画家可以使用的第一个纯橙色颜料。

鉴于这些丰富的色彩，法国化学家建议用希腊语中的“颜色”来命名这种金属：也就是法语中的“chrome”，这个词很快变成符合标准的“Chromium”（铬）。西伯利亚红铅是铬酸铅的一种矿物形式；后来被称为“铬黄”的颜料是一种人造物。德国化学家马丁·克拉普罗特在沃克兰之后一年独立地发现了铬铅矿中的铬。

这种新金属是油漆行业的福音，特别是1808年在美国、1818年在法国和1820年在英国设得兰群岛发现了不同的含铬矿石（铬酸铁）之后。纯铬黄在19世纪初仍然相当昂贵，但它色彩浓重，可以用廉价的白色“增量剂”（如硫酸钡）进行稀释，制成廉价的淡黄色油漆，这种油漆在欧洲各地的客运汽车中很受欢迎。

沃克兰仅仅通过在空气中烘烤铬铅矿而制成的绿色化合物也是一种颜料。“由于其美丽的翠绿

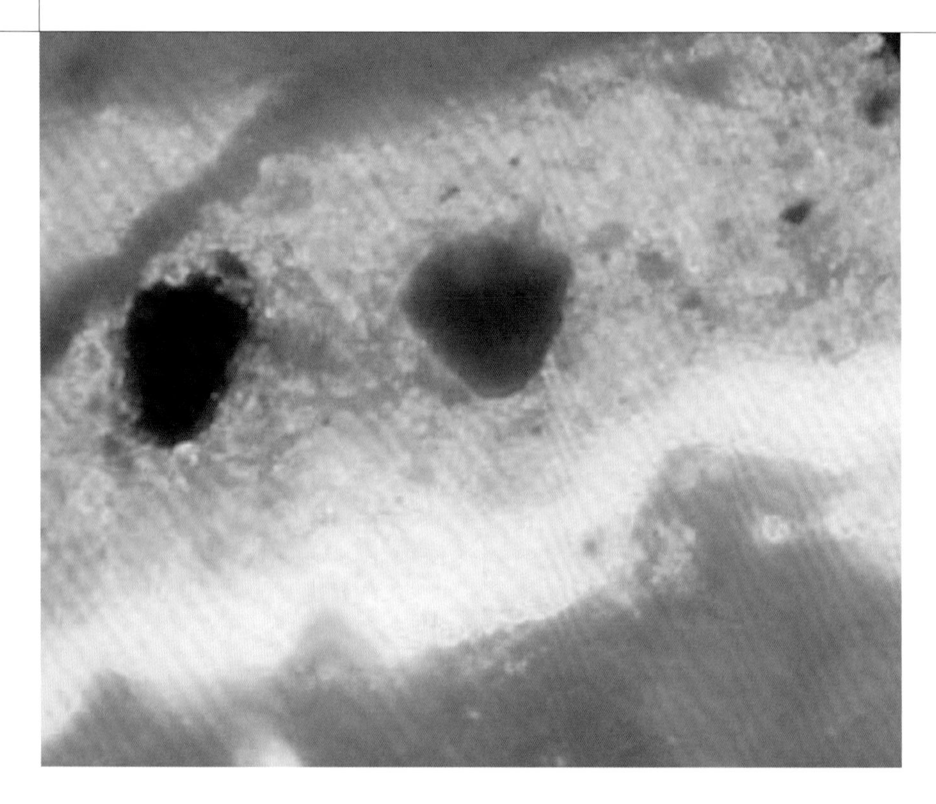

左图：让 - 巴蒂斯·卡米耶·柯洛的《有克劳迪安水道的罗马平原》的横截面上的铬绿色颜料，画作藏于英国伦敦国家美术馆。

对页图：铬（3-4）、砷（11-12）和其他矿石。图片出自约翰·戈特洛布·冯·库尔的《矿物王国》（1859年出版于爱丁堡，出版商为Edmonston and Douglas），插图22，藏于美国宾夕法尼亚州科学史研究所。

色，”沃克兰写道，“它将为画家提供丰富绘画内容的方法。”1838年，巴黎的颜料制造商安托万 - 克劳德·帕内捷发现了如何使这种绿色更纯更蓝的方法，制造了更流行的颜料，被称为铬绿色（viridian）。

出自黄色的烟囱

颜料制造在19世纪成了赚钱的生意，所以化学家不断寻找可能用于制造颜料的新材料。因此，当德国化学家弗里德里希·施特罗迈尔注意到萨克森州萨尔茨吉特的一家锌冶炼厂的烟囱中沉积了一种黄色物质时，他决定进一步调查。他以通常的方式用木炭“还原”了这种物质，发现了另一种金属，其化学性质很像锌。

我们在前面看到，古代冶炼铜产生锌矿石和锌化合物的时候，通常被称为“cadmia”（锌渣）。施特罗迈尔以此线索为新金属命名，也就是“Cadmium”（镉）。这可能不是最恰当的选择，因为它与氧化锌的旧称混淆了 —— 但事情就是这样。施特罗迈尔开始研究这种新元素的化学性质，他在研究过程中发现，如果硫化氢气体通过镉化合物的溶液，会析出一种亮黄色的固体硫化镉，他说这种物质“有望用于绘画”。它当然有用，尤其是当人们发现它可以用来制作一种橙色化合物的时候。从19世纪中叶开始，这些产品以镉黄和镉橙的形式出售，到了1910年，又出现了镉红。这种颜色用少量的硒（Selenium）取代了一些硫 —— 硒这种元素在1817年被永斯·雅各布·贝采利乌斯发现，并以月亮来命名。即使在今天，镉红可能仍然是艺术家最喜欢的红色，也是最鲜艳的红色 —— 但仍然很昂贵。因为镉的轻微毒性，2014年，它几乎在欧洲被禁止使用。

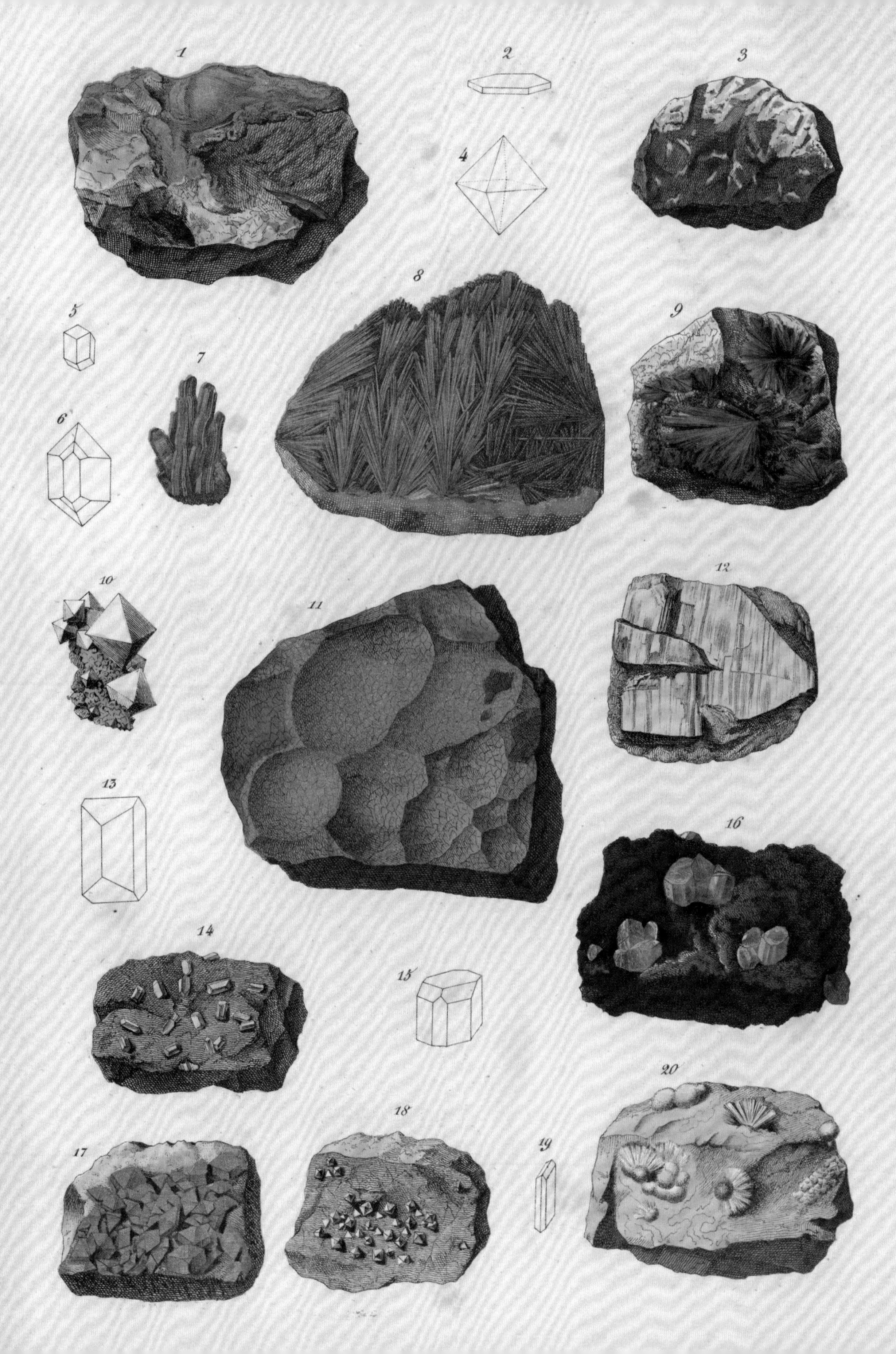
1
2
3
4
5
6
7
8
9
10
11
12
13
14
15
16
17
18
19
20

稀土元素

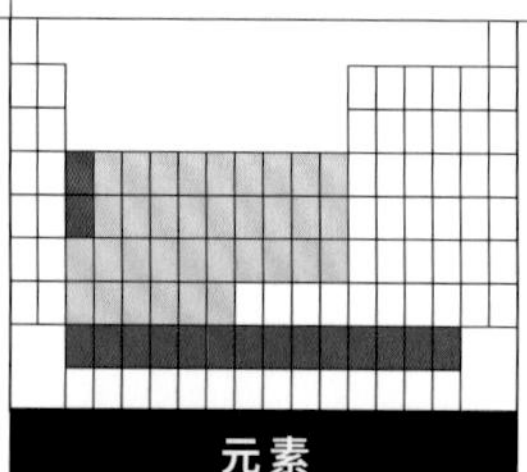

元素

钪(Scandium) 21
钇(Yttrium) 39
镧(Lanthanum) 57
铈(Cerium) 58
镨(Praseodymium) 59
钕(Neodymium) 60
钷(Promethium) 61
钐(Samarium) 62
铕(Europium) 63
钆(Gadolinium) 64
铽(Terbium) 65
镝(Dysprosium) 66
钬(Holmium) 67
铒(Erbium) 68
铥(Thulium) 69
镱(Ytterbium) 70

许多元素都是以它们的发现地命名，这往往是出于民族自豪感，例如锗（Germanium）、钫（Francium）、钋（Polonium）[分别源自德国（Germany）、法国（France）和波兰（Poland）—— 译者注]。但世界上没有哪个地方的元素名称比瑞典的小村庄伊特比（Ytterby）更丰富 —— 至少有四种元素是以这个村庄的名字命名。

伊特比在18世纪末成为一个采矿村，尽管在此之前，该地区至少开采了三个世纪的石英。这里是长石的来源之一，长石是一种用于制造玻璃和陶瓷的铝硅酸盐矿物。1787年，一位名叫卡尔·阿克塞尔·阿伦尼乌斯的军官和业余化学家报告了一种重的黑色矿物，他称之为“ytterbite”。次年，曾指导阿伦尼乌斯研究火药的瑞典化学家本特·莱因霍尔德·盖尔首次描述了它。

我们在前面已经看到，这种特别致密的岩石常常被怀疑含有金属。一个样品被送到奥博大学的芬兰化学家约翰·加多林那里做分析。加多林在1794年报告说，它含有一种新的“土”—— 意思是含有一种金属化合物，通常是金属氧化物。三年后，瑞典化学家安德斯·古斯塔夫·埃克伯格证实了这一发现，并建议将这种“土”命名为yttria，以伊特比的名字命名。他也把这种矿石命名为“ytterbite”，不过它在今天以加多林的名字命名：“gadolinite”（硅铍钇矿）。但直到1828年，德国人弗里德里希·维勒才首次制造出纯钇金属。

最多产的土地

然而，来自伊特比的稀土矿物还不止这些。1843年，德国化学家卡尔·古斯塔夫·莫桑德（他是贝采利乌斯的助手，住在同一栋房子里）指出，从这里提取的“yttria”实际上是三种不同氧化物的混合物：钇的氧化物（白色），还有一种黄色和一种玫瑰红的氧化物。他发现后两种氧化物分别含有新元素，被命名为铽和铒：都是Ytterby的缩写。1878年，日内瓦的让 – 夏尔·加利萨德·德·马里尼亚克在yttria中发现了第四种“土”（氧化物），因此需要对其来源的名称进行另一种变体：镱。

两年后，在研究来自乌拉尔山的另一种名为“铌钇矿”的钇矿物时，马里尼亚克发现了另外两种少量存在的元素。其中一种已经由法国化学家保罗·埃米尔·勒科克·德布瓦博德兰在1879年发现，他以矿物的来源命名：钐。另一种是马里尼亚克在1880年分离出来的，他称之为“α-钇”；但是德布瓦博德兰在六年后也制造出了这种元素，他向马里尼亚克提议，用最先揭示这个新元素家族的人命名：钆。

下图： 莱纳特·哈林拍摄的瑞典雷萨罗岛伊特比长石矿，约1910年，照片藏于瑞典斯德哥尔摩技术博物馆。

对页图：瑞典化学家卡尔·古斯塔夫·莫桑德，他是发现许多稀土元素的关键人物。铅笔画，玛丽亚·罗尔1842年绘制，藏于瑞典斯德哥尔摩瑞典皇家图书馆。

右图：芬兰化学家约翰·加多林，硅铍钇矿是以他的名字命名的。袖珍肖像，1797年—1799年，藏于芬兰文化遗产局。

隐藏

莫桑德在19世纪40年代的工作使化学元素名册变得异常复杂。那时他还研究了他的导师贝采利乌斯识别的另一种新的金属元素的氧化物。

1803年，贝采利乌斯和化学家威廉·希辛格合作，研究后者带给他的一种重矿物——希辛格的家庭在瑞典的巴斯特纳斯有一个矿。他们在该矿物中发现了一种新的氧化物，并以最近发现的小行星（实际上是一颗矮行星）谷神星（Ceres）命名。德国的马丁·克拉普罗特也在同一时间识别了ceria。这是柔软有韧性的金属铈的氧化物。但是后来莫桑德发现贝采利乌斯和希辛格的ceria并不纯：它至少含有两种其他的氧化物。莫桑德把其中一种命名为lanthana，这个词在希腊语中的意思是“隐藏”，因为它似乎存在于铈元素的矿物中，总是伴随着铈。它包含的元素是镧，直到20世纪初才获得纯净的形式。

莫桑德把ceria中的另一种氧化物命名为didymia，意思是“双胞胎”。这被证明是一种混合物：一部分是钐，但也含有另外两种元素。1885年卡尔·奥尔·冯·威尔斯巴赫把这两种元素分离了出来，并命名为Neodymium（钕，新镝）和Praseodymium（镨，绿镝）。

新的家族

为什么新金属元素会出现这种荒谬的激增?它们和其他元素（共17种）被称为“稀土元素”，包括钪、镝、铕、钷、铥、钬、镥（Lutetium），最后两种是以其发现城市命名的，分别是斯德哥尔摩和巴黎——巴黎在拉丁语中是Lutetia。这些元素中的15种（从镧到镥）在元素周期表中连续出现，被称为“镧系元素”。它们往往在自然界中一起出现，因为它们具有非常相似的化学性质，形成相同种类的化合物。更深层的原因是，它们都有类似的电子结构。镧系元素有一个电子“壳”，可以容纳14个电子，在镧系元素从镧到镥中，这个“壳”逐渐被填满，但由于这个“壳”在某种意义上被埋在最外层的电子壳之下，所以并没有影响这些元素在化学反应中的表现。你可能会说，镧系元素的存在对于元素周期表来说是很奇怪的，因为元素周期表主宰着电子在原子中的排列规则，而它却允许出现看似多余的、往往无法区分的大量元素。如果这似乎是大自然的浪费——那么，元素的构建并不是为了迎合我们对世界该如何构成的预想。

专题：约翰·道尔顿与原子理论

1887年，英国化学家亨利·恩菲尔德·罗斯科宣布："原子就是道尔顿先生发明的圆形木头碎片。"他这是在温和地讽刺。许多科学家（尽管不是所有）相信，原子确实是基本的、不可分割的粒子，所有的物质都是由原子组成。但如果是这样，原子就必须小到看不见——因此，人们对原子的印象就是现代原子理论的设计师、英国化学家约翰·道尔顿（1766—1844）用来阐述观点的木球。

左图：英国化学家约翰·道尔顿。蚀刻版画，J. 史蒂芬森制作，19世纪，藏于英国伦敦惠康收藏馆。

约翰·道尔顿是一位谦逊的教师，他在英国湖区的乡村学校接受教育；即使他想去牛津或剑桥的大学也不可能，因为他的贵格会信仰将他排除在宗教异己者之外。他是曼彻斯特文学与哲学学会的秘书，在1803年至1805年向该会提交的论文中宣布了自己的原子理论。他的同事建议他，"为了科学和（你）自己的荣誉"，应该把它们出版成书。于是他便这样做了：图书于1808年出版，名字很有野心——《化学哲学新体系》。

经常有人说，道尔顿的理论把"世界由原子组成"的古老观念带到了今天，这可以追溯到古希腊哲学家留基伯和德谟克利特。这在某种程度上是对的，但是关于原子的古老观念并不能真正解释任何化学问题。道尔顿提出这个观点，是为了解释为什么元素似乎经常以固定的比例相互结合：它们不能像颜料一样随意混合，而且这些比例通常很简单，比如说，要制造水，需要一定体积的氧气与两倍体积的氢气。

道尔顿提出，如果元素组成的原子以简单的比例结合成"复合原子"，这就说得通了：一对一，或者一对二。最重要的是，道尔顿的论文和书包含了这些"联合体"的画，其中原子表示为圆形或球形。他认为，水的"复合原子"（也就是我们今天说的分子）是一个氢原子和一个氧原子的配对，氨的复合原子是氢原子和氮原子一对一结合。在公开演讲中，道尔顿的木球成了视觉辅助工具。

这些比例是错误的，但如果不知道这些原子的相对重量，就没有办法计算比例。在19世纪，这些错误被逐渐纠正——例如，水分子中是每个氧原子对应着两个氢原子。

《化学哲学新体系》不是真正的化学新理论。首先，它无法解释为什么原子会结合在一起。亨利·罗

上图：约翰·道尔顿用来展示原子理论的5个木球（约1810年—1842年）。曼彻斯特的彼得·爱华德制作，约1810年，藏于英国曼彻斯特科学产业博物馆。

斯科正确地指出，道尔顿理论的意义并不在于他将原子作为物质的不可分割的单元，而在于他提出每一种原子都有独特的质量。这说明了不同元素的区别——这种区别今天被引入到原子序数的概念中。

然而，让人记住的是原子——因为在道尔顿的作品中，我们可以看到它们。原子就是木球。道尔顿本人认为，这些图片和物体纯粹是教学工具；他并没有声称分子的真实面貌是怎样的。然而，“分子模型”——用棍子连接的彩色塑料球——现在经常用于显示分子的实际形状。

直到《化学哲学新体系》出版百年后，科学家才找到了原子存在的确凿证据。在今天，我们可以用一种特殊的显微镜真正地“看到”它们的形状——甚至可以用这些设备的微型探针分开和拖动原子，排列成我们自己设计的图案。原子是一切事物赖以生存的球，包括我们在内。

第6章

电的发现

保罗·勒隆的水粉画《电》(1820)，藏于英国伦敦惠康收藏馆。

电的发现

1796 年
爱德华·詹纳成功制备出人类历史上第一支疫苗。

1818 年
玛丽·雪莱出版了小说《弗兰肯斯坦》。

1830 年
世界上第一条城际铁路——利物浦和曼彻斯特铁路（L&M）正式开通。

1831 年—1836 年
查尔斯·达尔文乘坐“小猎犬号”旅行。

1837 年
电报获得专利。

1842 年
人类首次使用麻醉剂。

1848 年
卡尔·马克思和弗里德里希·恩格斯的《共产党宣言》出版。

1851 年
伦敦举办了首届世界博览会。

1876 年
世界上第一盏电灯路灯在美国洛杉矶安装。

到了 18 世纪，许多科学家越来越怀疑电具有深刻的神秘性。18 世纪初，英国人斯蒂芬·格雷指出，通过摩擦玻璃管产生的静电，会像流体一样沿着金属线流动。

电似乎是某种流体。1745 年，在莱顿工作的荷兰科学家彼得·范·穆森布罗克指出，电可以“收集”起来，方法是用手转动轴上的玻璃球产生静电，给装了一半水的玻璃瓶内外的金属箔电极充电，这就是所谓的“莱顿瓶”。它为实验提供了一种方便的储电方法。

18 世纪 40 年代至 50 年代，美国科学家、政治家本杰明·富兰克林仔细研究了莱顿瓶如何充电和放电。富兰克林以其在雷暴期间的风筝实验而闻名（尽管他可能并没有做过）。其中一些装置有足够的电荷，可以给不小心的实验者带来讨厌的甚至危及生命的电击。1767 年，英国化学家、政治改革家约瑟夫·普里斯特利出版了一本非常受欢迎的书，总结了当时关于电的知识。

大约 20 年后，意大利医生路易吉·伽伐尼通过解剖青蛙腿释放出莱顿瓶中储存的电，他观察到青蛙会像活过来一样抽动起来。他怀疑是电激活了生命，这一理论后来被称为“电疗法”，并吸引了玛丽·雪莱。她在 1818 年新出版的小说《弗兰肯斯坦》中推测如何使尸体复活。

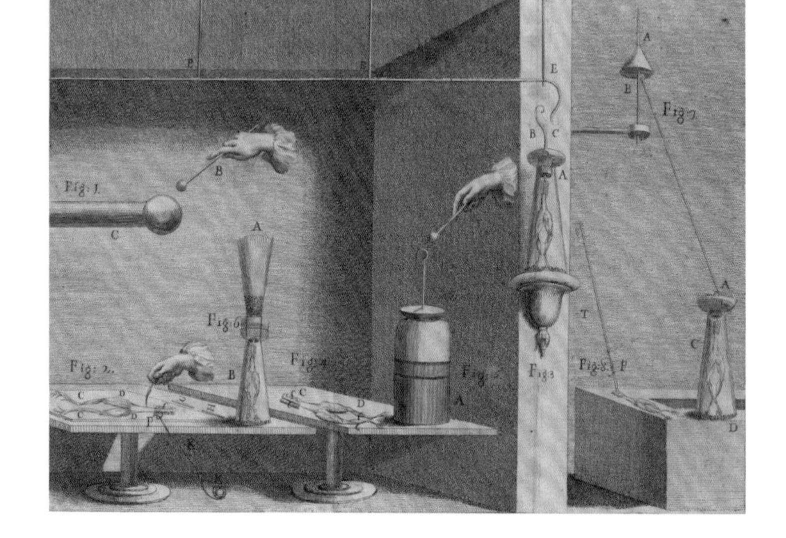

右图：青蛙的电实验。图片出自路易吉·伽伐尼的《论电流在肌肉运动中的作用》（1792 年出版于摩德纳，出版商为 Apud Societatem Typographicam），表 1，藏于英国伦敦惠康收藏馆。

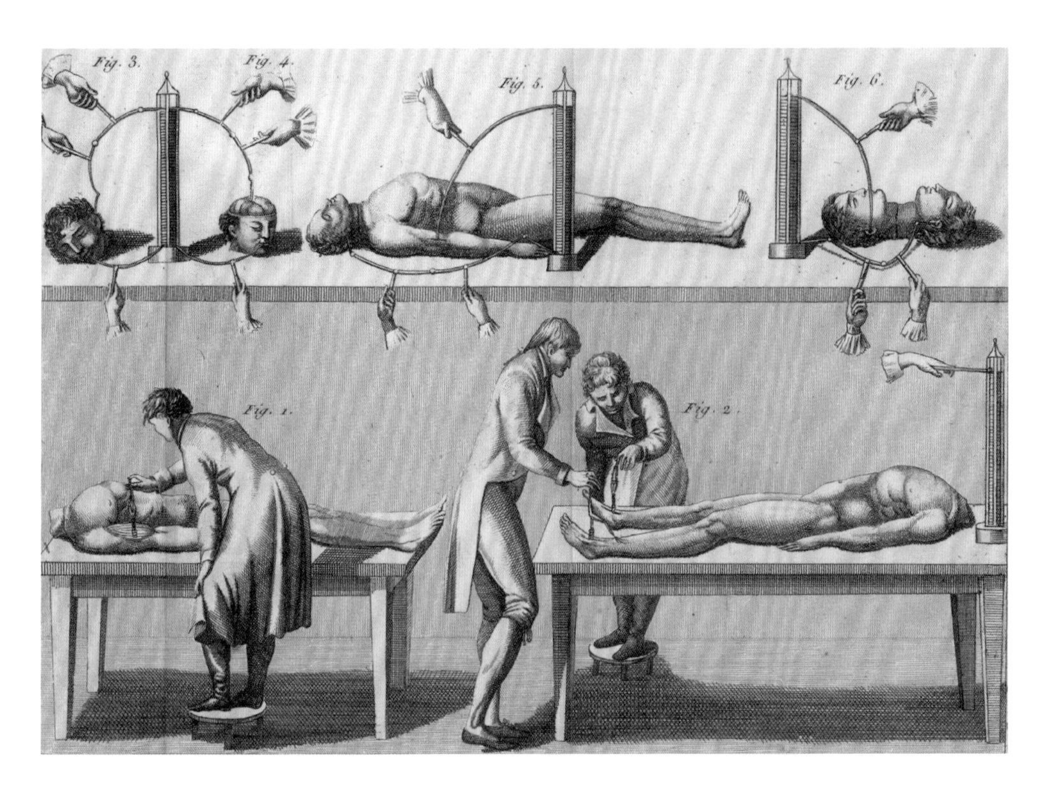

上图: 人体的电实验（路易吉·伽伐尼的侄子做的）是玛丽·雪莱创作《弗兰肯斯坦》的灵感来源。图片出自乔瓦尼·阿尔迪尼的《电疗法的理论与实验》(1804 年出版于博洛尼亚，出版商为 Joseph Lucchesini)，藏于英国伦敦惠康收藏馆。

伽伐尼发现，还可以用相连的两种金属（如铜和锌）连接动物的肌肉使其抽搐。1800 年，同为意大利人的亚历山德罗·伏特在帕维亚也做了实验，他把这些金属堆和浸过盐的布片或卡片（可以导电）交错在一起，发现这种“电堆”—— 实际上就是原始的电池 —— 可以产生大量的持续电流。伽伐尼认为，金属从动物组织中接收电；而伏特认为电的工作方式正好相反 —— 这两种金属是电流的来源。

两人就这个问题进行了激烈的争论，这时伽伐尼的侄子乔瓦尼·阿尔迪尼利用伏打电堆做了一些可怕的、令人震惊的实验 ——“复活”而不是“解剖”除了青蛙之外的实验对象。首先，他在刚从屠宰场运来的公牛的头上，用放电产生肌肉运动 —— 这被视作是一种生命迹象。1803 年，他把他的电池与伦敦纽盖特绞刑架上运来的一具罪犯的尸体连接起来……

另一些人则找到了争议较少但更为有用的伏打电堆的应用方式。1800 年，两位英国科学家威廉·尼科尔森和安东尼·卡莱尔研究了电在水中的传输，并观察到浸入的电极会冒出气体。他们发现这些是氧气和氢气，安托万·拉瓦锡曾宣称它们是水的组成成分。这两位研究人员用电把水分解成元素，这一过程很快被命名为“电解”。

换句话说，电可以用来进行化学反应。其他物质是否也可以通过这种方法分解成元素呢?

钾

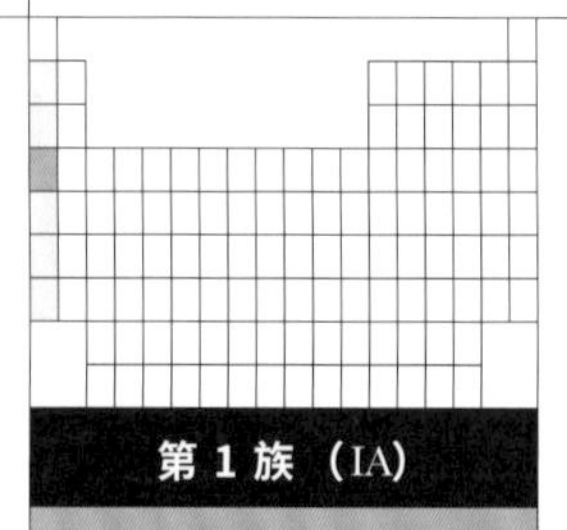

第 1 族（IA）

19

K

钾

碱金属

原子序数：19

原子量：39.098

标准温度压力下的相：固态

伏打电堆立即引发了年轻的英国科学家汉弗里·戴维的思考。戴维出生在康沃尔郡的普通家庭，他以门外汉的身份进入科学领域，没有接受过任何正式的训练，基本上是自学成才。他在十几岁时成为彭赞斯的一名外科医生的学徒，然后在1798年加入了托马斯·贝多斯医生在布里斯托尔的气动研究所。贝多斯研究的是一氧化二氮（又称“笑气”）等气体的疗效。在那里，戴维听说了伏打电堆，并自己建造了一个这样的电池。他重复了意大利人的一些实验。

1801年，雄心勃勃的戴维离开了布里斯托尔，前往伦敦新成立的皇家研究所面试讲师职位，他希望在那里继续研究电疗法。他得到了这个职位，4月的第一次演讲就是关于这个主题。戴维的公开演讲精彩华丽，包括惊奇而有趣的实验演示，如“笑气”的效果。这些演讲非常受欢迎——毫无疑问，这得益于戴维年轻潇洒的外表——人们蜂拥而至，在雅宝街聆听演讲。雅宝街是伦敦的第一条单行道，以应对繁忙的马车交通。

考虑到尼科尔森和卡莱尔的电解水实验，戴维开始研究伏打电堆的电流对化学溶液和熔融盐的影响。他很快发现，一些金属（如铁、锌和锡）可以从它们的盐溶液中析出，也就是在负极出现一层涂层。但是，当他尝试用碱性的草木灰——用今天的术语来说是氢氧化钾——来做这个实验时，在负极只能得

右图：汉弗里·戴维爵士（他于1812年被授予爵位）的肖像画（出自一位不知名的画家），藏于英国伦敦惠康收藏馆。

到氢气，和在水中一样。1807年，他尝试了另一种方法：熔融草木灰，然后用一个大型的强力伏打电堆来电解，这个电堆包括至少274块铜板和锌板。在正极上，氧气汩汩涌出；但是在负极，出现了“具有高度金属光泽的小球”，看起来像汞，“其中一些燃烧着剧烈而明亮的火焰”。戴维的堂弟协助他做了这个实验，他报告说，戴维看到这个景象时，“欣喜若狂地在房间里跑来跑去”。

戴维发现，如果把这种金属的小碎片扔进水里，它就会被点燃，产生淡紫色的火焰，同时在水面横冲直撞。如果是较大的碎片，就会“瞬间爆炸……产生明亮的火焰”——产生草木灰的溶液。在当年皇家学会的一次著名演讲中，戴维在全场观众面前演示了这一戏剧性的过程。

戴维得出结论，这种易燃的金属是草木灰的一种基本成分——一种新元素，他称之为“钾”（Potassium）。它被点燃是因为钾与空气中的水分反应，这一过程产生了氢气——氢气被反应的热量点燃。由于它来自碱（并且在空气中和水中会迅速还原成碱性氧化物或氢氧化物），所以被称为“碱金属”。

在戴维的报告的德语译本中，这一元素以草木灰的更常见的德语名称kali为基础，给出了“Kalium”这个名称。永斯·雅各布·贝采利乌斯在1811年尝试规范化学术语的时候，更喜欢德语的形式，因此他给了钾一个相当令人困惑的符号：K。

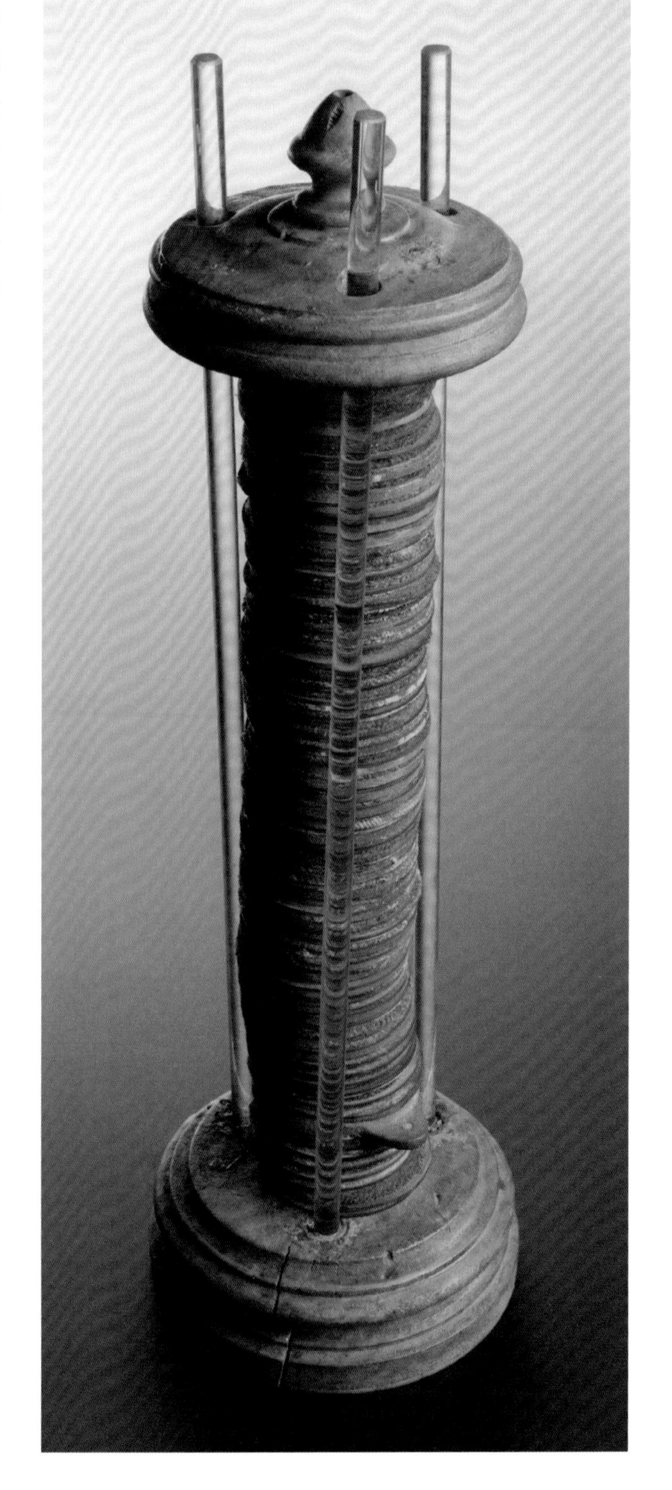

右图：一个早期的伏打电堆，制作者可能是亚历山德罗·伏特，藏于英国伦敦科学博物馆。

钠

第 1 族（IA）

11

Na

钠

碱金属

原子序数:11

原子量:22.990

标准温度压力下的相:固态

发现钾之后才过了几天，汉弗里·戴维就尝试电解另一种碱，熔融的氢氧化钠（当时被称为“苏打”）。他又一次看到负极上形成了一种高活性的金属，他称之为“Sodium”（钠）。戴维报告说：“把它扔到水里，它会剧烈地泡腾，但没有火焰。”

几千年来，草木灰和苏打这两种碱性物质一直是化学家手中最有用的物质 —— 尽管这些术语并不是指氢氧化物，而是对应金属的碳酸盐。在制造玻璃的时候，把它们与沙子混合，可以降低沙子中石英的熔点；把它们与动物脂肪一起煮沸，可以用来生产肥皂。

顾名思义，草木灰通常是由木材或其他植物的灰烬制成。（阿拉伯语单词“Al-kali”的意思是“灰烬”；贝采利乌斯给钾的名字和符号就是源自这个词。）大多数种类的植物会产生富含钾的灰烬，但有些植物的钠含量更高。然

右图：汉弗里·戴维爵士制造的一个钠样品，1807 年，藏于英国伦敦皇家研究所。

¶ Sera. Est abstersiuꝰ humoꝝ grossoꝝ. ꝛ ab
stergit ꝛ lauat ꝛ ꝓfert casui vulue ꝛ squinãtie.
¶ Et diminuit albedinẽ oculi seu pannũ eiꝰ.

右图： 中世纪的画作，在沟里燃烧藜科植物制造纯碱，约1400年。

而，苏打也可以以矿物的形式出现，希腊人称之为“natron”（泡碱）或“nitron”——令人困惑的是，“nitre”（硝石）这个术语就是从这里来的。这也是钠的化学符号（Na）的起源，因为德国化学家同样喜欢把戴维的新元素称为“natronium”或“natrium”。

最早的natron/nitron/nitre是从埃及的纳特龙谷（Natron Valley）或尼罗河水的蒸发物中收集的，它是碳酸钠和食盐（氯化钠）的混合物。它被用于洗涤，与石灰（碳酸钙）一起用于制造玻璃。公元1世纪的老普林尼断言，玻璃的生产是偶然发现的。当时一些从事泡碱贸易的商人用泡碱在沙岸的灶火上支撑平底锅。他们发现灰烬中流出了一种透明的液体，并变得坚硬。这可能与老普林尼的许多故事一样令人遐想，但玻璃的发现可能真的是偶然的。

直到18世纪末，化学家仍然根据碱的来源进行分类：来自灰烬的植物碱；来自岩石的矿物碱，比如泡碱。安托万·拉瓦锡圈子里的法国化学家提倡用“苏打”（soda，法语中称为soude）取代“泡碱”（natron），说它“更知名”。如果苏打或草木灰与“熟石灰”（即氢氧化钙）混合，就会成为更具腐蚀性的碱：氢氧化钠和氢氧化钾（我们现在会这么叫），在今天有时也会被称为苛性钠和苛性钾。事实上，“soude”和“potasse”常常是指这些氢氧化物。很明显，碳酸钠和碳酸钾并不是元素，因为人们可以从中提取二氧化碳（“固定的气”）。

那么，苛性钠是元素吗?法国化学家怀疑它不是，并且认为，如果能找到分解它的方法，就会出现新的元素。正是这种预期激发了汉弗里·戴维的灵感，他想看看伏打电堆能够从熔融物质中召唤出什么，这也促使他在1807年分离出钾和钠这两种金属。

右图：版画，汉弗里·戴维爵士利用电解发现了钾和钠，约1878年，来自世界史档案网。

钙、镁、钡和锶

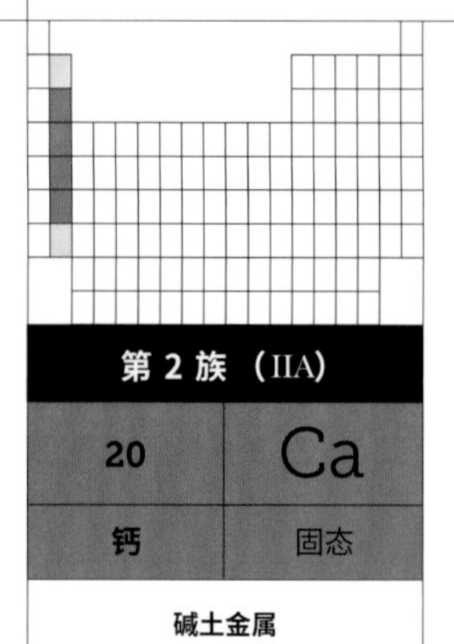

第 2 族（IIA）	
20	Ca
钙	固态

碱土金属

原子量：40.078

第 2 族（IIA）	
12	Mg
镁	固态

碱土金属

原子量：24.305

第 2 族（IIA）	
56	Ba
钡	固态

碱土金属

原子量：137.327

第 2 族（IIA）	
38	Sr
锶	固态

碱土金属

原子量：87.62

另一种常见的碱性材料石灰也已被人们使用了很长时间。石灰就是碳酸钙，它以矿物的形式存在，是白垩、石灰石和大理石的基本构造。它们都有同一个来源——海洋生物的骨骼残骸，如软体动物和单细胞微生物（有孔虫、腰鞭毛虫等），它们分泌碳酸钙来制造外壳或保护性外骨骼。当这些生物死亡时，它们的保护性外壳（生物矿物）沉入海底，变成沉积岩。它们在地下被压缩，首先转化为白垩，然后（在更高的压力下）转化为石灰石，最后转化为致密的大理石。鸟蛋壳也是由碳酸钙构成的。

石灰的开采由来已久。石灰的主要用途之一是作为砂浆，稳固建筑物的砖石——砂浆是石灰与沙子（或细砂粒）、水的混合物。“lime”（石灰）这个词来自拉丁语中的“liums”，意思是黏稠的泥浆或黏液。把石灰石放在窑中烘烤，就可以去除二氧化碳，留下“生石灰”（即氧化钙）。然后是“熟石灰”：加入水就可以制成泥浆，主要成分是氢氧化钙。熟石灰如果暴露在空气中，会逐渐与大气中的二氧化碳反应，重新变成碳酸钙，硬度可与矿物相比。

石灰砂浆，以及由矿物石膏（即硫酸钙）制成的砂浆，被用于建造埃及金

下图：由石灰、火山砂和岩石构成的罗马混凝土的一个截面。该样本出自弗雷瑞斯的渡槽遗址，蒙斯，公元1世纪。

上图： H. W. 佩恩的凹版腐蚀画《在石灰窑工作的人》(1804) 的局部。画作藏于英国伦敦惠康收藏馆。

下图： 石灰石砖和石灰灰砂排列在全世界最古老的阶梯金字塔的走廊上。照片拍摄的是由伊姆霍特普建造的法老左塞尔墓室，位于埃及萨卡拉，约公元前 2670 年 — 前 2650 年。

字塔。罗马人添加了一种特殊的火山灰，与熟石灰反应形成一种混凝土，从而制造更耐用的砂浆。罗马工程师维特鲁威列出了这种坚固砂浆的配方，有些罗马建筑至今仍靠这种砂浆支撑。

砂浆在建筑中的重要性，以及生石灰在制皂业和纺织业中的用途，意味着这种物质（一种强腐蚀性的碱）在古代的生产规模仅次于食盐。在整个 18 世纪，化学家都对它的腐蚀性，以及腐蚀性是否与碱度有关感到困惑：当生石灰变成熟石灰的时候，它的碱性仍然存在，但不再具有腐蚀性。约瑟夫·布拉克发现可以用熟石灰检验二氧化碳（他称之为“固定的气”）：当二氧化碳通过熟石灰时，钙会与之结合，形成不溶于水的碳酸钙，使液体变成垩白色。

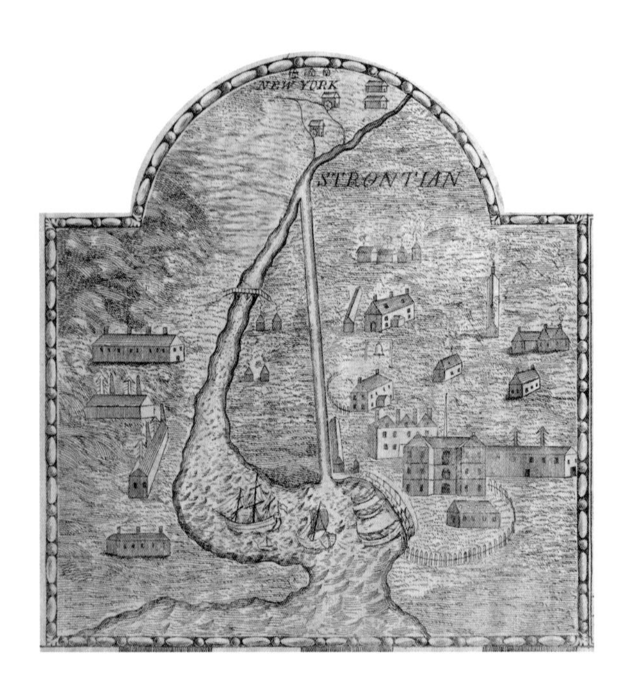

上图：地图上详细显示了阿盖尔郡斯特龙的丰富的矿区。图片出自《苏纳特湖计划》（1733 年出版于爱丁堡，出版商为 Bruce），由理查德·库珀根据亚历山大·布鲁斯的作品制作，藏于英国苏格兰爱丁堡苏格兰国家图书馆。

对页图：锶的碳酸盐。图片出自詹姆斯·索尔比的《英国矿物学》（1802 年 —1817 年出版于伦敦，出版商为 R. Taylor and Co.），插图 65，藏于美国华盛顿史密森尼图书馆。

安托万·拉瓦锡 1789 年在《化学基本论述》中列出了 33 种元素。他将白垩列在“土”的标题之下。但是，1793 年该书的英译本增加了一个注释，说匈牙利的实验者声称已经从白垩中提取出一种金属，他们建议命名为 parthenum。译者罗伯特·科尔认为更好的名称应该是 calcum，它也更符合法国的命名系统。匈牙利人的说法很快被德国化学家马丁·克拉普罗特推翻，他指出该方法制造的金属可能是铁。但汉弗里·戴维也怀疑这种“碱土”中藏着一种金属，他在 1808 年用电解法寻找答案。

戴维在熔融时电解氢氧化钾和氢氧化钠，但他不能用同样的方法处理氢氧化钙和碳酸钙，因为如果加热，只能得到生石灰（氧化物），生石灰不会熔化。他没有这样做，而是让伏打电堆的电流通过“石灰质土”（生石灰）和氧化汞的粉末混合物，并用水浸湿。这在负极产生了一小摊液态汞，戴维收集了这些液体，并通过加热蒸发其中的汞。他发现留下了一种金属残留物，这种金属与汞形成汞合金。他（或多或少地）听从了科尔的建议，称其为“钙”（Calcium）。

石灰质土并不是戴维研究的唯一一种物质。拉瓦锡的“土”还包括 magnésie（即镁砂）和 baryte（重晶石），这是两种可以从矿物中获得的弱碱性物质。我们在前面已经看到，镁砂有时会与锰的化合物混淆，它们都来自安纳托利亚的开采此类矿物的地区麦格尼西亚（Magnesia）。戴维也用氧化汞法电解了这些“土”，并再次得到了新金属的汞合金。起初，他将其中一种金属命名为“Magnium”，指出化学家错误地用“Magnesium”指代镁。但在“一些哲学朋友的坦率批评”之后，戴维在 1812 年出版的图书《化学哲学原理》中终于同意，接受了现在已为人熟知的名字。戴维注意到，比起其他金属，制造镁和汞的合金花费的时间更长。但他后来发现，可以更直接地分解氧化镁，方法是在铂管中与钾蒸气一起加热，然后将残留物——“深灰色的金属膜”——溶解在汞中。

戴维的这些实验还包括另一种土（也就是说，另一种金属氧化物）：氧化锶，来自菱锶矿，该矿物于 1790 年在苏格兰西部斯特龙（Strontian）的铅矿中被确认。相应的金属被命名为“Strontium”（锶）。就这样，戴维一举发现了一整个新金属族：钙、镁、钡（Barium）和锶，（与族中最轻的成员铍一起）统称“碱土金属”。

硼

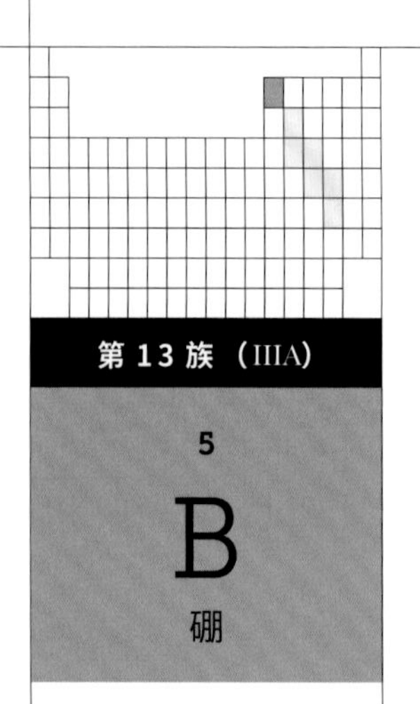

类金属

原子序数: 5

原子量: 10.81

标准温度压力下的相: 固态

历史上重要的化学商品，除了硝石、生石灰和草木灰，还有“硼砂”，这是一种可以以矿物形式存在的白色的盐。大约在公元 8 世纪，一些阿拉伯炼金术士就提到过这种物质（这个词来自阿拉伯语中的“buraq”，意思是“白色”），而且中亚就有这种物质的天然矿床——尽管大多数硼砂都是沿着丝绸之路从西藏进口的。硼砂被用于黄金加工（它作为“助熔剂”帮助金属熔化）、制造玻璃，也作为一种药物使用。但是，硼砂很容易与其他白色的盐混淆，因为没有人知道它的成分是什么。在 18 世纪初，法国化学家路易斯·勒梅里断定，它是所有天然存在的盐类中最不为人所知的。

安托万·拉瓦锡的元素清单中包括被称为“boracic radical”的硼，它在后来被作为一种镇定剂。这个名称意味着拉瓦锡认为它是一种酸（boracic acid，我们今天叫 boric acid，即硼酸）的成分。众所周知，硼砂及其相关化合物燃烧时会有绿色的火焰，这就是 18 世纪和 19 世纪在意大利和美国发现这种矿床的原因。

硼砂显然是汉弗里·戴维寻找的新元素候选者之一。1807 年 10 月，他电解了“略微湿润”的硼酸，看到负极上形成了一种“深橄榄色”的物质。他称这种元素为 boracium，并推测它是一种金属——但他随后的研究证明这是错误的，而“-ium”这个后缀只用于金属，于是他立刻把它的名字改为 Boron（硼）。戴维说，硼“是最像碳的物质”。

电解只能产生极少量的硼，但在 1808 年 3 月，戴维发现了一种能大量生产硼的方法：在铁管或铜管中加热硼酸和金属钾。

戴维可能是最早制造硼的人，但他不是最早报告硼的人。他在识别钠和钾方面的成功，甚至让他在英国的军事对手法国那里获得了荣誉，拿破仑·波拿巴向他颁发了一个著名的奖项。但拿破仑也渴望看到法国科学家做出这样的发现，为此，这位法国领导人向巴黎的约瑟夫·路易·盖-吕萨克和路易-雅克·塞纳德提供了一个大的伏打电堆。他们也开始研究硼砂这样的物质，但没有提取出任何有价值的东西。他们用戴维的方法，即把钾和硼酸一起加热，获得了一种新元素；他们报告了这个元素；戴维晚了九天，在 1808 年 6 月 30 日也公布了这个结果。盖-吕萨克和塞纳德将其称为“bore”，元素硼在法语中仍然是这个名字。

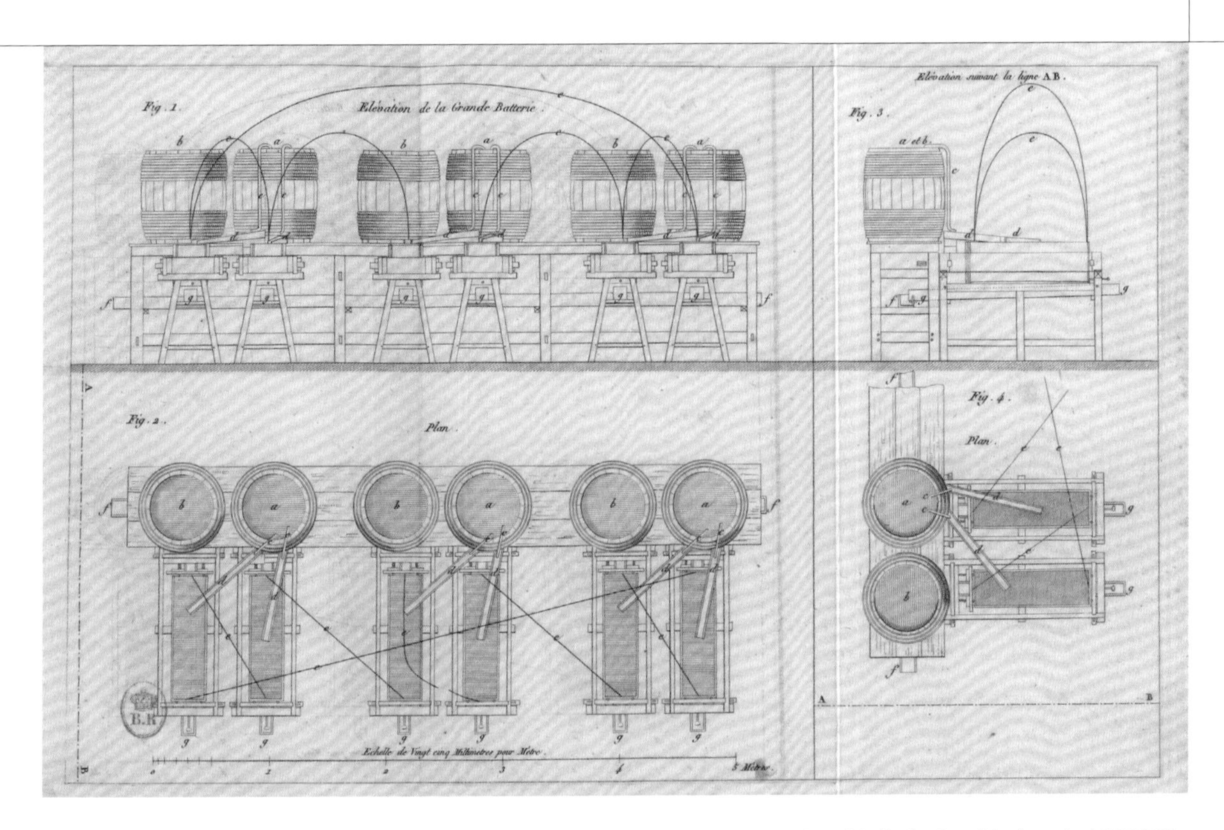

上图: 约瑟夫·路易·盖-吕萨克和路易-雅克·塞纳德在制备硼时使用的蒸馏设备。该图出自他们的《理化研究》(1811年出版于巴黎，出版商为Chez Deterville)，插图2，藏于法国巴黎法国国家图书馆。

事实上，双方都没有分离出纯硼：他们的样品含有大约50%的其他元素。直到1892年，亨利·莫瓦桑让氧化硼和金属镁反应，才制成了几乎纯的硼样品。1911年，美国通用电气公司的研究员以西结·温特劳布让火花穿过三氯化硼的蒸气和氢气，制成一种更纯的硼。真正的纯硼直到20世纪50年代末才制成。

戴维已经意识到，硼是一种非金属：它不导电，并且有黯淡的深灰色外观。一些化学家认为，硼是一种极其“无聊的”(boring)元素，所以它的名字是合理的。但这很不公平：纯硼有极其多样的晶体结构，其中一些非常复杂，其晶格是12个硼原子连接成的多面体。碳化硼和氮化硼是已知的最硬的物质，硼是其中的组成成分：前者用于装甲坦克和防弹背心；后者(工业上被称为borazon)的硬度仅次于钻石，因此对于切割工具和研磨工具有重要的价值。

上图: 通用电气公司的研究员以西结·温特劳布，威廉姆斯·海因斯肖像藏品，第16框，藏于美国宾夕法尼亚州科学史研究所。

铝、硅和锆

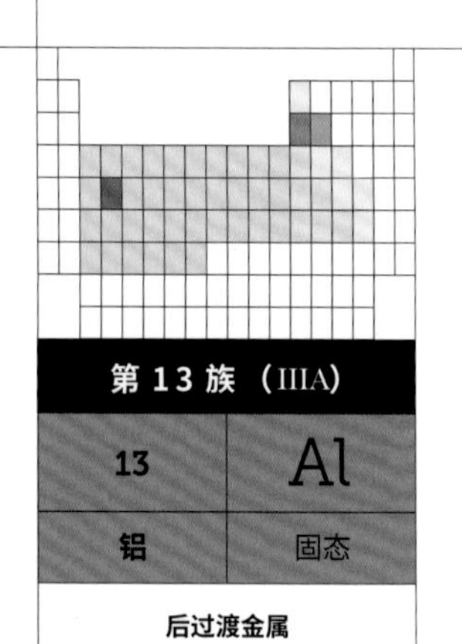

第 13 族（IIIA）

13	Al
铝	固态

后过渡金属

原子量:26.982

第 14 族（IVA）

14	Si
硅	固态

类金属

原子量:28.085

第 4 族（IVB）

40	Zr
锆	固体

过渡金属

原子量:91.224

汉弗里·戴维的注意力也转向了另外两种很早就知道的矿物，他怀疑其中藏有未知的元素。这两种矿物是矾土（alumina）和硅石（silica），或者按照戴维的说法，它们是alumine和silex。长期以来，化学家认为它们都属于“土”。矾土与古代用于染色和制革的盐“明矾”（alum）有关；硅石的词源在拉丁语中的意思是“燧石”，似乎是沙子的成分。

然而，戴维试图通过熔融和电解将这些材料分解成元素，但毫无进展。他写道，他“不得不寻找其他的处理方法”。他把矾土和草木灰混合在一个铂坩埚中电解，报告说其中一个铂电极上产生了“一层金属物质的薄膜”；让它在酸中分解，会重新得到矾土。

然后他尝试了从硼酸中获得硼的反应：把硅石和矾土分别与钾蒸气一起加热。在前一种情况下，他得到了“灰色的不透明物质，没有金属光泽”，以及“与石墨不一样的黑色颗粒”；而在后一种情况下，他看到“许多具有金属光泽的灰色颗粒”。

戴维很谨慎，不敢轻易下结论。他怀疑在这两种情况下都看到了新元素的迹象，但他知道，必须分离出这些元素并充分研究它们的化学行为，才能确定自己的想法（并能说服别人）。尽管如此，他暂时地提出了这些新元素的名称：alumium和silicium。他也对矿物锆石（zircone）做了同样的实验，并看到了他认为是另一种新金属的暗示（同样，仅此而已），他称之为锆（Zirconium）。

右图：C. A. 詹斯绘制的科学家汉斯·克里斯蒂安·奥斯特的肖像画（1832—1833），藏于丹麦哥本哈根丹麦国立美术馆。

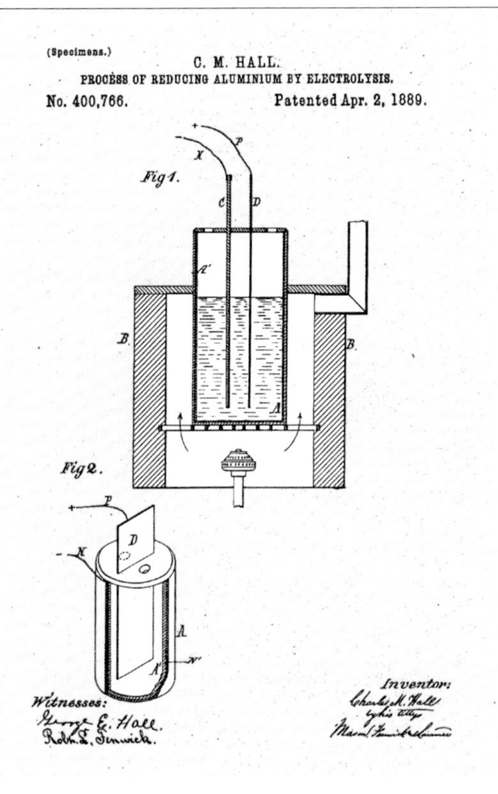

上图：查尔斯·霍尔的专利“电解还原铝的过程”，PN 400,664（1886年7月9日归档），1901年6月，美国专利及商标局提供。

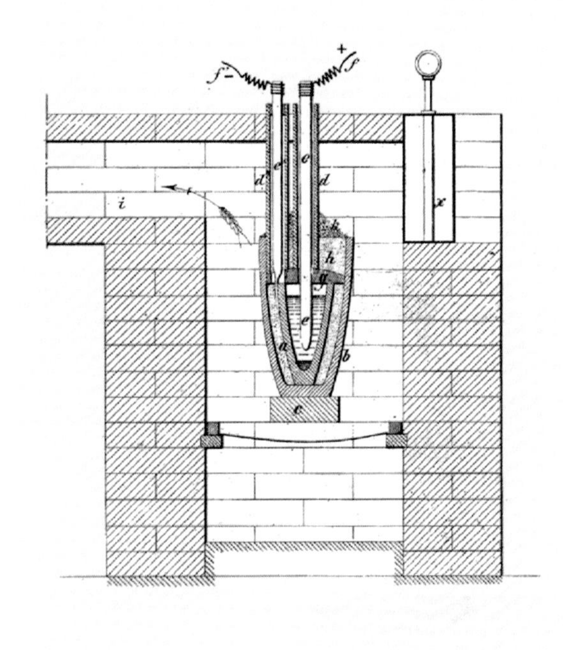

上图：保罗·埃鲁设计的坩埚，包含在电解铝的专利中，法国，PN 175.711（1886年归档），欧洲专利局提供。

戴维的谨慎是明智的，因为那些灰色和黑色的颗粒无论是什么，似乎都不是戴维所希望的纯元素。盖－吕萨克和塞纳德在1811年尝试将一种从硅石中提取的化合物与金属钾反应，但他们似乎也没有制造出任何东西，只得到了一种非常不纯的硅。直到1823年，瑞典化学家永斯·雅各布·贝采利乌斯将氟化硅和钾一起加热，产生了一种灰色的粉末，他认为这就是戴维所说的silicium。纯铝可能是由丹麦科学家汉斯·克里斯蒂安·奥斯特在1835年首次制成的，方法是让三氯化铝和钾蒸气反应。德国人弗里德里希·维勒用钠替代钾完善了这一过程。

戴维本人将铝（Aluminium）修改成Alumium（还有一种拼写是Aluminum，这在美国仍然是首选的拼法）。他的silicium并不像他预期的那样是金属，而是具有重要的半导体导电性：它的导电性很弱，在加热时会稍微增强。早在1817年，在贝采利乌斯的实验之前，苏格兰化学家托马斯·汤姆森已经指出，silicium“完全不存在金属性质的证据”，因此建议类比碳和硼，将其命名为硅（Silicon）。

硅的半导性使它对现代电子学非常有价值。金属是不加选择地导电：电流自由地通过。但是，硅可以精确地控制电流，例如在硅的晶格中加入杂质，或使用电场。这意味着电流可以打开和关闭，所以硅成为电子开关“晶体管”的材料，是今天几乎所有微电子电路的基础。这些设备可以被蚀刻在微观尺度的晶体硅板（芯片）上，拇指指甲大小的芯片可以携带数百万个晶体管。硅晶体管不断缩小，它们可以越来越密集地挤在芯片上，支撑着计算机和手持电子设备的爆炸性的处理能力。

工业上生产硅是用木炭还原硅石 —— 熔融的沙子。这与许多金属的冶炼很相似。但是，制造微电子学所需的纯度极高的硅完全不一样，它依赖一种叫“区域精炼”的技术，即缓慢地把原硅的杂质封存在沿着硅棒的熔融区中。

同时，铝已经证明了它的价值。铝是所有丰富而坚固的金属中最轻的一种，因此是一种理想的结构材料。硅和铝都存在于岩石和矿物中，它们与氧原子结合，形成强化学键的晶格网络：铝硅酸盐。因此，理论上可以无限获取它们（但实际上很难提取，而且需要很多能量，因为它们很容易与氧结合，而且结合得很牢固）。铝的主要矿石是铝土矿，这是一种氧化物。金属通过电离分解，但铝土矿本身的熔点非常高，超过 2050℃，因此必须与一种叫冰晶石的铝盐混合，以降低熔点。这种工艺是在 1886 年设计的，也是元素发现中常有的同时发现的另一个例子：来自俄亥俄州的美国实验者查尔斯·霍尔和法国的保罗·埃鲁在几周内均申请了该方法的专利。在法律争论之后，霍尔获得了美国的专利，而埃鲁获得了欧洲的专利。

右图：阿肯色州铝土矿提炼厂的工人正在装载铝矿石，摄于年，藏于美国纽约贝特曼档案馆。

专题：元素周期表

我们寻找秩序，寻求系统和分类，为世界的繁杂理清结构。古代的观念就包含这种冲动，即只有四种基本元素（或也许更少），其他一切都是由这些元素构成。但是，随着元素清单开始增加，人们需要新的组织原则。安托万·拉瓦锡在1789年列出的元素清单，临时性地将所有元素划分为气体和液体、金属、非金属，以及土——但这并没有明显的模式。

左图： 中年时期的德米特里·门捷列夫的照片，未注明日期。出自埃德加·法斯·史密斯藏品，藏于美国宾夕法尼亚大学基斯拉克特殊收藏中心（稀有书籍和手稿部）。

然而，在1829年，德国化学家约翰·沃尔夫冈·德贝赖纳认为自己找到了一种模式。一些元素似乎拥有类似性质的三元素组（triads）：碱金属锂、钠、钾；刺激性的卤素氯、溴、碘。1843年，海德堡的利奥波德·格梅林编写了一本化学教科书，列出了十几个这样的三元素组，以及一些四元素组和五元素组。而在19世纪50年代，英国化学家威廉·奥德林列出了几组具有共同亲和力的元素，如氮、磷、砷、锑和铋。元素似乎是一族一族的。

同时，有一种按顺序排列元素的自然方法：按原子量，也就是相等数量的每种原子的重量。19世纪的化学家无法计数原子，但他们采纳了意大利科学家阿梅代奥·阿伏伽德罗的建议，即在相同的温度和压力下，同等体积的气体含有相同数量的原子或分子。氢是最轻的元素，而所有元素的原子量似乎都接近氢的整数倍：碳的原子量是12倍，氧是16倍，硫是32倍，等等。因此威廉·普洛特在1815年提出，氢是一种原始物质，所有其他物质都是由氢构成的，就像古希腊人的prote hyle（见第16页）。我们将看到，他的想法几乎是对的。

1860年，另一位意大利人斯坦尼斯劳·坎尼扎罗在一个国际会议上公布了一份改进版的原子量清单

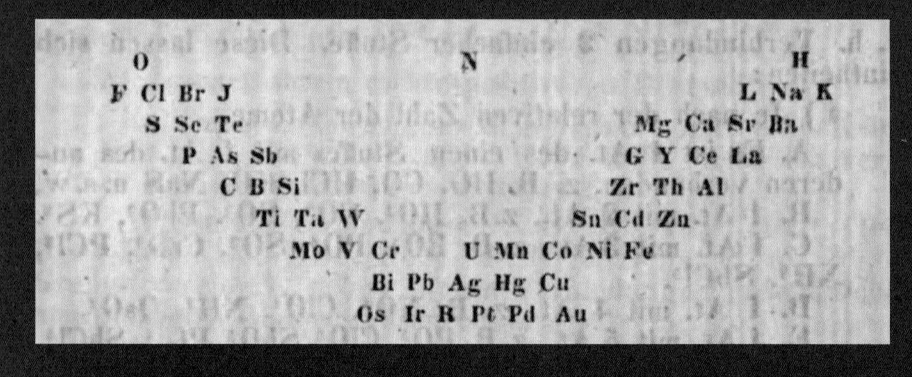

O N H
F Cl Br J L Na K
S Se Te Mg Ca Sr Ba
P As Sb G Y Ce La
C B Si Zr Th Al
Ti Ta W Sn Cd Zn
Mo V Cr U Mn Co Ni Fe
Bi Pb Ag Hg Cu
Os Ir R Pt Pd Au

左图： 相关元素的三元素组（和其他组）。图片出自利奥波德·格梅林的《化学手册》（1843年出版于海德堡，出版商为Winter），第1卷，藏于慕尼黑巴伐利亚国立图书馆。

Естественная система элементовъ Д. Менделѣева.

	Группа I.	Группа II.	Группа III.	Группа IV.	Группа V.	Группа VI.	Группа VII.	Группа VIII. (переходъ къ I)			
…сшій окиселъ …разующій соли:	R^2O	R^2O^2 или RO	R^2O^3	R^2O^4 или RO^2	R^2O^5	R^2O^6 или RO^3	R^2O^7	R^2O^8 или RO^4			H=1 HX
	H=1 H2O, HH, HCl, H3N, H4C, ROH.		—	RH^4	RH^3	RH^2	RH				
Типичес. Рядъ	Li=7 LiCl, LiOH, Li2O. LiX, Li2CO3	Be=9,4 BeCl2, BeO, Be3Al2Si6O18	B=11 BCl3, B2O3, BN, B4Na2O7, BF3	C=12 CH4, CnH2n+2, CO, CO2, CO3M2	N=14 NH3, NH4Cl, N2O, NO, NO3M, CNM.	O=16 OH2, O2C, O2, O3, OM2, OnR, HOR.	F=19 FH, BF3, SiF4, CaF2, KF, KHF2.	* Тѣло твердое, малорастворимое въ водѣ. ∧ Тѣло газообразное или летучее. M=K, Ag..... M2=Ca, Pb ..... X=Cl, ONO2, OH, OM..... X2=SO4, CO3, O, S.....			
Рядъ 1.	Na=23 NaCl, NaHO, Na2O Na2SO4, Na2CO3	Mg=24 MgCl2, MgO, MgCO3 MgSO4, MgNH4PO4	Al=27,3 Al2Cl6, Al2O3 KAlS2O8 12H2O.	Si=28 SiH4, SiCl4, SiH2F6 KAlSi3O8, SiO2	P=31 PH3, PCl3, PCl5 P2O3, P2O5, Ca3P2O8	S=32 SH2, SM2, SnM2 SO2, SO2X2, Ba2SO4	Cl=35,5 ClH, ClM, ClCl, ClOH, ClO4H, AgCl				
Рядъ 2.	K=39 KCl, KOH, K2O KNO3, K2PtCl6, K2SiF6	Ca=40 CaSO4, CaOnSiO2 CaCl2, CaO, CaCO3	— ?44=Eb?	Ti=48(50?) TiCl4, TiO2, Ti2O3 FeTiO3, TiOSO4	V=51 VOCl3, V2O5, VO2 Pb3V2O8, VO	Cr=52 CrCl2, CrCl3, Cr2O3 CrO3, K2CrO4, CrO2Cl2	Mn=55 MnK2O4, MnKO4 MnCl2, MnO, MnO2	Fe=56 FeK2O4, FeS2 FeO, Fe2O3 FeK4Cy6	Co=59 CoX2, CoX3 CoX3 5NH3 CoK3Cy6	Ni=59 NiX2, NiO, NiSO4 6H2O NiK2Cy4	Cu=63 CuX, CuX2, CuH, Cu2O, CuO, CuKCy2
Рядъ 3.	Cu=63 CuX, CuX2	Zn=65 ZnCl2, ZnO, ZnCO3 ZnSO4, ZnEt2	— ?68=El?	— ?72=Es? ?H, EsO2?	As=75 AsH3, AsCl3, As2O5 As2O3, As2S3	Se=78 SeH2, SeO2, SeO3 SeM2, SeM2O4	Br=80 BrH, BrM, BrO3M, BrAg				
Рядъ 4.	Rb=85 RbCl, RbOH. Rb2PtCl6	Sr=87 SrCl2, SrO, SrH2O2 SrSO4, SrCO3	— ?88=Yt?(92) ?Yt2O3, YtX3?	Zr=90 ZrCl4, ZrO2, ZrX4.	Nb=94 NbCl5, Nb2O5 Nb2O5, NbOK2F5	Mo=96 MoCl4, MoS2, MoO3 M2MoO4nMoO3	— 100	Ru=104 RuO4, RuCl4 RuO2, RuCl3 RuK4Cy6	Rh=104 RhCl2, RhCl3 Rh2O3, RhX3 RhK3Cy6	Pd=106 PdH, PdO, PdI2, PCl2 PdK2Cy4	Ag=108 AgNO3, AgX AgCl, Ag2O, AgKCy2
Рядъ 5.	Ag=108 AgX, AgCl	Cd=112 CdCl2, CdO, CdS, CdSO4	In=113 InCl3, In2O3	Sn=118 SnCl2, SnCl4, SnO, SnX4, SnNa2O3	Sb=122 SbH3, SbCl3, Sb2O3 Sb2O5, Sb2S3, SbOX	Te=125(?128?) TeH2, TeCl4, TeO2 TeO4M2, TeM2	I=127 IH, IAg, IHO3 IHO4, HgI2, KI				
Рядъ 6.	Cs=133 CsCl, CsOH. Cs2PtCl6	Ba=137 BaCl2, BaH2O2, BaO BaSO4, BaSiF6	— ?138=La?=Di?(144) ?La2O3, LaX3?	Ce=140(138?) CeCl3, Ce2O3, CeO2 CeX3, CeX4, CeK2X6	— 142	— 146	— 148	— 150	— 151	— 152	— 153
Рядъ 7.	— 153	— 158	— 160	— 162	— 164	— 166	— 168				
Рядъ 8.	— 175	— 177	— ?171=Er?(169) ?Er2O3, ErX3?	— ?180=Di?=La(187) ?DiO2, DiX4?	Ta=182 TaCl5, Ta2O5 TaK2F7	W=184 WCl6, WCl4, WO3 K2WO4nWO3	— 190	199? Os=193 OsO4, OsH2O4 OsCl4, OsCl3 OsK4Cy6	198? Ir=195 K3IrCl6, IrCl4 IrCl3, Ir2O3 IrK3Cy6	Pt=197 PtCl4, PtO2 PtCl2, PtK2X4 PtK2Cy4	Au=197 AuCl3, AuCl Au2O3, Au2O, AuKCy2
Рядъ 9.	Au=197 AuX, AuX3	Hg=200 HgCl, HgCl2, Hg2O, HgO, HgX2nHgO	Tl=204 TlCl, Tl2O, Tl2O3 Tl2SO4, TlCl3	Pb=207 PbCl2, PbO, PbO2 PbEt4, PbSO4, PbK2O3	Bi=208 BiCl3, Bi2O3, Bi2O7H4 BiX3, BiOX, BiNO3(HO)2	— 210	— 212				
Рядъ 10.	— 220	— 225	— 227	Th=231 ThCl4, ThO2 ThX4, Th(SO4)2	— 235	U=240 UCl4, UO2, UO2X2 UO3, M2U2O7	— 245	— 246	— 248	— 249	— 250

上图：首次以现代形式发表的元素周期表，每个元素族垂直排列。图片出自德米特里·门捷列夫的《化学原理》（1871年出版于圣彼得堡，出版商为 Tip. t-va Obshchestvennaya polza），藏于美国宾夕法尼亚州科学史研究所。

（相对于氢），这是基于阿伏伽德罗的最新工作。德国化学家尤利乌斯·洛塔尔·迈耶尔看到了这份清单，他说："仿佛我的眼睛里掉下了尺子。"他意识到这种排序可以把元素放在一个表格里，使各种"组"结合在一起，形成"族"。从左到右、从上到下，原子量稳步增加，而族以垂直列的形式出现。他在1864年的教科书《现代化学理论》中提出了这个方案。

迈耶尔并不是唯一这么做的人。同年，奥德林提出了一个很相似的方案，而英国化学家约翰·纽兰兹提出，以原子量为顺序排列的元素似乎是周期性的：元素与后8位或后16位的元素有共同的性质。但是，当他在1866年提出自己的想法并与八度音阶类比时，却被嘲笑为牵强附会。

毫无疑问，在1869年圣彼得堡大学的俄国化学家德米特里·门捷列夫"正式"发现元素周期表之前的几年，它已经是一个相当成熟的想法——尽管存在争议。

门捷列夫的重大突破在今天有一个优势，那就是有一个好的故事与之相连。门捷列夫出生于西伯利亚的托博尔斯克，他的头发和胡须像隐士一样凌乱。据说门捷列夫从阿伏伽德罗改进的原子量中寻求秩序，方法是把元素写在卡片上，像接龙游戏一样排列。1869年2月17日，他因为不满意结果而筋疲力尽，在书房睡着了。

"我在梦里看到一张表格，所有元素都按要求排好了。"传闻中，门捷列夫后来是这样说的。醒来后，

	4 werthig	3 werthig	2 werthig	1 werthig	1 werthig	2 werthig
	—	—	—	—	Li = 7,03	(Be = 9,3?)
Differenz =	—	—	—	—	16,02	(14,7)
	C = 12,0	N = 14,04	O = 16,00	Fl = 19,0	Na = 23,05	Mg = 24,0
Differenz =	16,5	16,96	16,07	16,46	16,08	16,0
	Si = 28,5	P = 31,0	S = 32,07	Cl = 35,46	K = 39,13	Ca = 40,0
Differenz =	$\frac{89,1}{2}$ = 44,55	44,0	46,7	44,51	46,3	47,6
	—	As = 75,0	Se = 78,8	Br = 79,97	Rb = 85,4	Sr = 87,6
Differenz =	$\frac{89,1}{2}$ = 44,55	45,6 !	49,5	46,8	47,6	49,5
	Sn = 117,6	Sb = 120,6	Te = 128,3	J = 126,8	Cs = 133,0	Ba = 137,1
Differenz =	89,4 = 2.44,7	87,4 = 2.43,7	—	—	(71 = 2.35,5)	—
	Pb = 207,0	Bi = 208,0	—	—	(Tl = 204?)	—

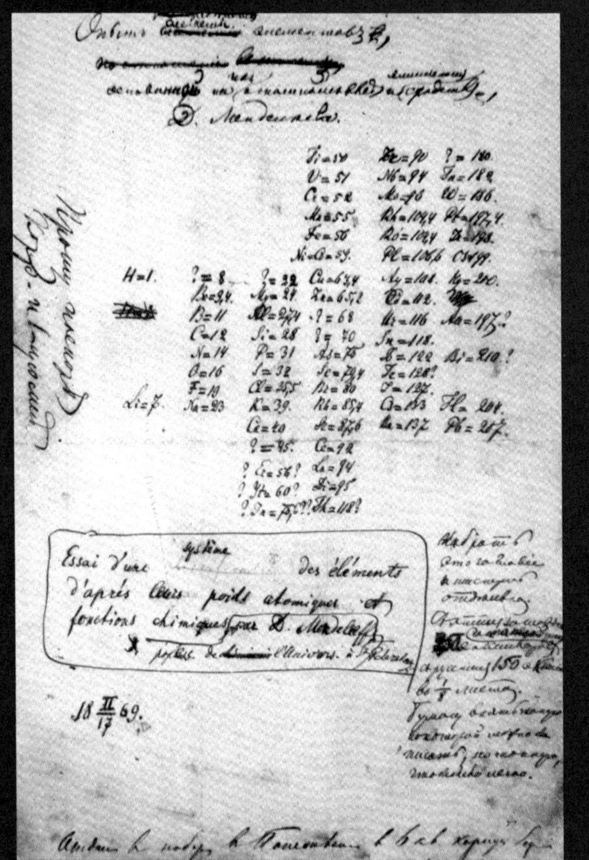

上图：元素周期表。图片出自尤利乌斯·洛塔尔·迈耶尔的《现代化学理论》（1864 年出版于弗罗茨瓦夫，出版商为 Maruschke & Berendt），藏于英国伦敦惠康收藏馆。

他急忙把自己的梦境记录下来，两周后发表了他的《拟议的元素周期表》。但科学史学家对这个故事表示怀疑 —— 首先，这个“梦”的描述来自门捷列夫的一位同事，而且是在 40 年后。他肯定已经知道其他人提出了元素族的想法。

然而，这个体系并不完美。为了使它严丝合缝，门捷列夫需要采取一些措施，确保具有类似化学性质的元素归入同一族 —— 例如，他断言某些公认的化合物的公式（即元素组合的比例）是错误的。这并不是说他作弊；相反，门捷列夫指出，在科学中，与实验证据不完全吻合的想法有时也值得坚持下去。

左图：德米特里·门捷列夫的第一张元素周期表的手稿，1869 年 2 月 17 日，藏于英国伦敦科学博物馆。

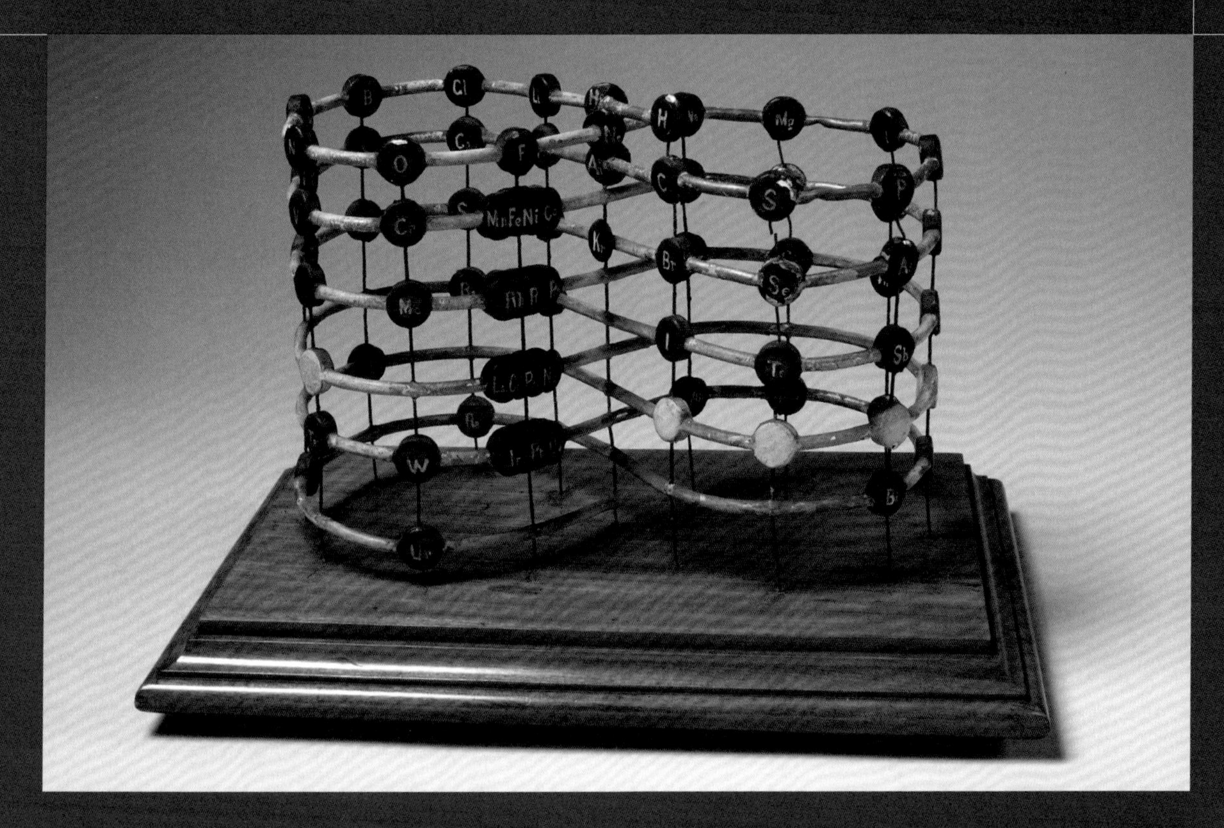

上图：威廉·克鲁克斯爵士的旋转模型，用于说明元素周期表，1888 年，藏于英国伦敦科学博物馆。

尽管洛塔尔·迈耶尔在 1868 年就绘制了差不多的周期表，但他直到 1870 年才发表——因此，尽管迈耶尔声明自己的优先权，但荣誉倾向于给门捷列夫。门捷列夫得到的认可不仅仅取决于这个幸运的时机，他还具有敏锐的洞察力，意识到为了使自己的排序体系生效，他必须在表格中留下一些空白：这实际上是预测尚未发现的元素。（公平地说，迈耶尔也留下了空白，只是没有把它们确定为预测。）当这些预测开始得到证实的时候，门捷列夫的元素周期表才引起广泛的关注。

这些预测的元素中最早被发现的是镓（Gallium），发现者是法国化学家保罗－埃米尔·勒科克。它的相对原子量为 68，完全符合门捷列夫在铝下面留的空格，门捷列夫还为镓起了一个临时的名字，类铝（ekaaluminium）。门捷列夫预测的另一种元素类硅（eka-silicon），在 1886 年被发现，命名为锗。

随着元素周期表被填满，人们发现它的周期性相当复杂。前两行，从锂到氯，很好地符合八度音阶模式；但在那之后，该体系被铁、镍和铜等“过渡金属”打断了。20 世纪初原子的内部结构——其亚原子结构电子、质子和中子——被阐述清楚，在此之前，这些元素为什么符合这一体系一直是个谜。化学周期性产生于电子排列成壳的方式（电子决定了化学性质），这一事实只有在 20 世纪初到 30 年代之间发展了量子理论之后才得到解释。通过这种方式，周期表编码了原子的最深层法则，即原子是如何构成的。

第 166－167 页图：元素周期表变得更有创造力，1951 年英国科学展上的埃德加·朗文的壁画（2004 年由菲利普·斯图尔特修复）。

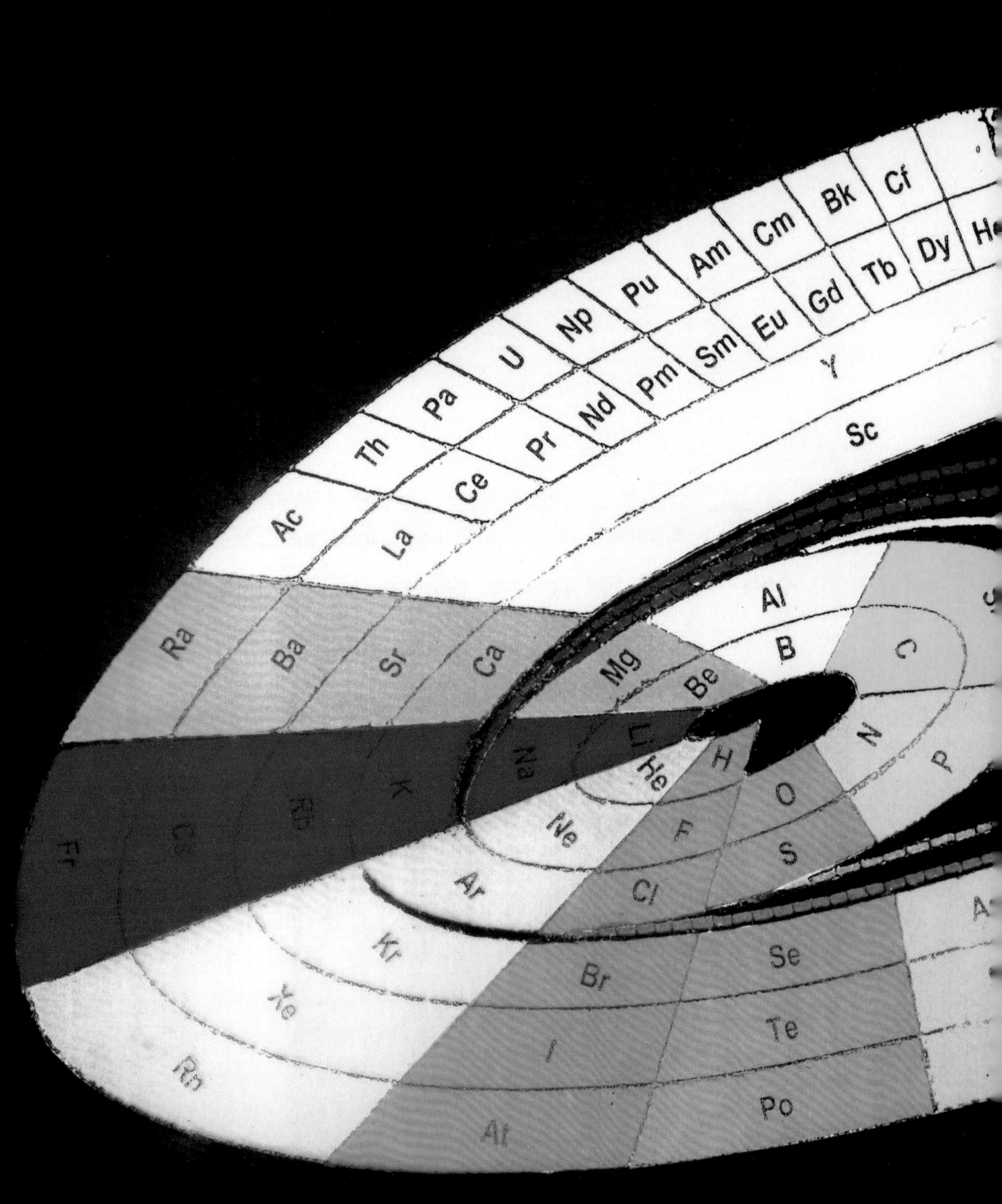

Ac
Th
Pa
U
Np
Pu
Am
Cm
Bk
Cf
La
Ce
Pr
Nd
Pm
Sm
Eu
Gd
Tb
Dy
Y
Sc
Al
B
C
N
P
Ra
Ba
Sr
Ca
Mg
Be
Li
Na
K
Rb
Cs
Fr
H
He
Ne
F
O
S
Ar
Cl
Kr
Br
Se
Xe
I
Te
Rn
At
Po

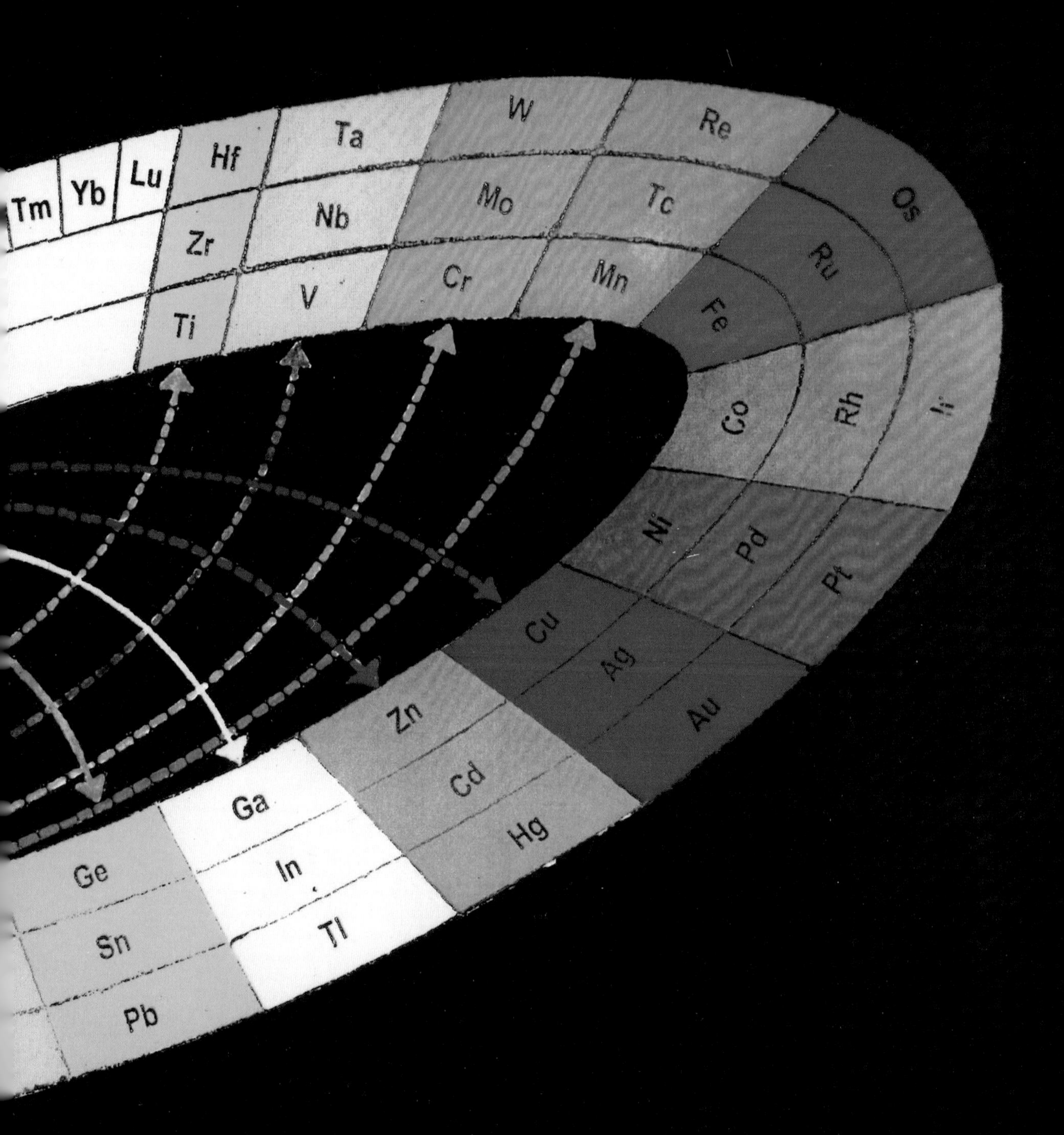

Tm
Yb
Lu
Hf
Ta
W
Re
Os
Zr
Nb
Mo
Tc
Ru
Ti
V
Cr
Mn
Fe
Co
Rh
Ir
Ni
Pd
Pt
Cu
Ag
Au
Zn
Cd
Hg
Ga
In
Tl
Ge
Sn
Pb

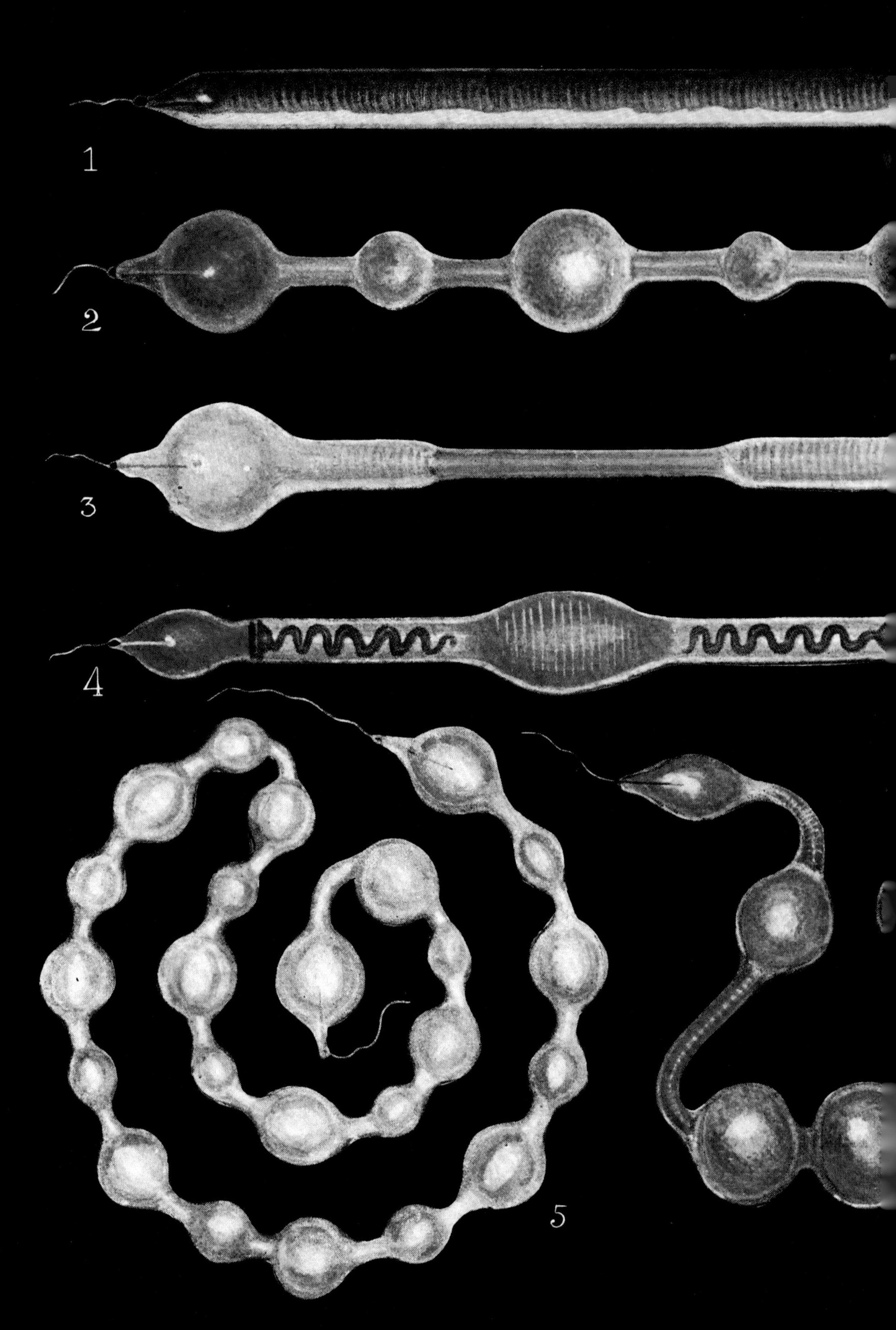

1
2
3
4
5

第 7 章

辐射时代

“稀薄气体中的放电”。图片出自《新大众教育家》（1880 年出版于伦敦，出版商为 Cassell & Company Ltd）。

辐射时代

1858 年
第一次跨大西洋电报通信，使用了新铺设的海底电缆。

1861 年—1865 年
美国内战，联邦与脱离联邦的联盟国交战。

1865 年—1877 年
美国重建时期。《宪法第十三条修正案》禁止奴隶制。

1876 年
亚历山大·格拉汉姆·贝尔的第一次电话通信成功。

1879 年
托马斯·爱迪生测试他的第一个电灯泡。

约 1890 年
自行车在欧洲和北美地区流行起来。

1903 年
玛丽·居里和皮埃尔·居里获得诺贝尔物理学奖。莱特兄弟首次成功地驾驶电动飞机飞行。

1914 年
奥地利的弗朗茨·斐迪南大公在萨拉热窝遇刺，成为第一次世界大战的导火索。战争于 1918 年结束。

1917 年
俄国革命终结了俄帝国。布尔什维克于 1922 年底建立了苏维埃社会主义共和国联盟（简称“苏联”）。

亚里士多德的第五元素“以太”从未真正地离开自然哲学。它在 19 世纪中叶以一种新的面貌再次流行：光的承载者，“光以太”。

光一直是有争议的问题。17 世纪末，艾萨克·牛顿认为，光是由粒子流构成的；而他的对手罗伯特·胡克则坚持认为光是一种波：胡克在 1672 年写道，光“只是一种通过均匀、一致和透明的介质传播的脉冲或运动”。安托万·拉瓦锡在 1789 年把光列入了他的元素清单，但没有说明其性质。胡克的观点占了上风；19 世纪初，英国的博学家托马斯·杨演示了光线如何通过两个狭缝相互干涉，并产生明暗相间的条纹 —— 要解释这个现象，似乎要用波来描述光。但是，正如胡克所说，波必须由某种介质承载 —— 而“以太”被复活，用来担任这一角色。“以太”弥散在宇宙中，看不见，也无法测量或称重。

19 世纪 60 年代，苏格兰科学家詹姆斯·克拉克·麦克斯韦解释了其中的原理。他指出，电场和磁场的扰动以光速穿越空间，并认为这实际上就是光：一种电磁振动，通过电场和磁场的介质（以太）传播，就像声波通过空气传播一样。正是这种以太承载着光穿过太空。麦克斯韦写道：“行星之间和恒星之间的广阔空间，不再被视为宇宙中的废地 …… 我们将发现它们充满了这种奇妙的介质，（介质）在星际之间连绵不绝。”

麦克斯韦用一组方程描述这些电磁波。但显而易见的是，该理论并没有限制波的波长和频率。可见光的波长是可以测量的，它介于紫光和红光之间：紫光的波长（以今天的单位）约为 4000 亿分之一米，红光的波长约为 7000 亿分之一米。但从理论上讲，电磁振动的波长可以比这个范围更长或更短。1887 年，德国物理学家

右图：描绘詹姆斯·克拉克·麦克斯韦的版画，1881 年，由 G. J. 斯托达特根据 J. 弗格斯的作品制作，藏于英国伦敦惠康收藏馆。

海因里希·赫兹首次探测到长波长的振动（波长可能为几米到几千米），并称之为“无线电波”。仅仅九年后，意大利发明家古列尔莫·马可尼指出，长距离的无线电波可用于远程传输信息，起点是这种波的源头，终点是能探测到这种波的设备。1892年，英国化学家威廉·克鲁克斯写道，无线电波可用于“无线电报、邮政、电缆，以及目前所有的昂贵设备”。几十年前，一条电报电缆铺设在大西洋海底，耗资巨大，困难重重；但现在信息可以通过以太（大多数科学家这么认为）简单地发送。1901年，马可尼从英格兰西部的康沃尔郡向加拿大的纽芬兰岛发送了一个无线电信号。

电磁波的波长也可以比可见光短。1801年，德国科学家约翰·威廉·里特发现，这种“不可见的”光（用棱镜分离出来）可以像普通光那样使银盐变暗。（几十年后，这一过程成为摄影的基础。）有一段时间，人们争论紫外线与普通光的性质是否相同，麦克斯韦的理论有助于解决这个问题。1895年，德国物理学家威廉·伦琴发现了另一种不可见的辐射，也能使感光乳胶变黑：他称之为X射线。实验证明，X射线是一种电磁振动，其波长是可见光的几百分之一。

到了19世纪末，似乎整个世界充满了看不见的射线，其中许多是靠摄影发现的。后来证明，有一些“射气”是想象出来的，比如法国物理学家普罗斯佩－勒内·布朗洛在1903年提出的N射线；而其他的射气，比如在铀盐中发现的神秘的“铀射线”（见第100页），或者来自太空的宇宙射线，预示着20世纪早期科学的重要发现。有些科学家认为，这些射线具有神奇的性质——而克鲁克斯认为，麦克斯韦的以太不仅可以在大西洋上传递信息，还可以在人世和灵界之间传递信息，由另一种媒介引导——举行降神会与死者沟通的唯灵论者。

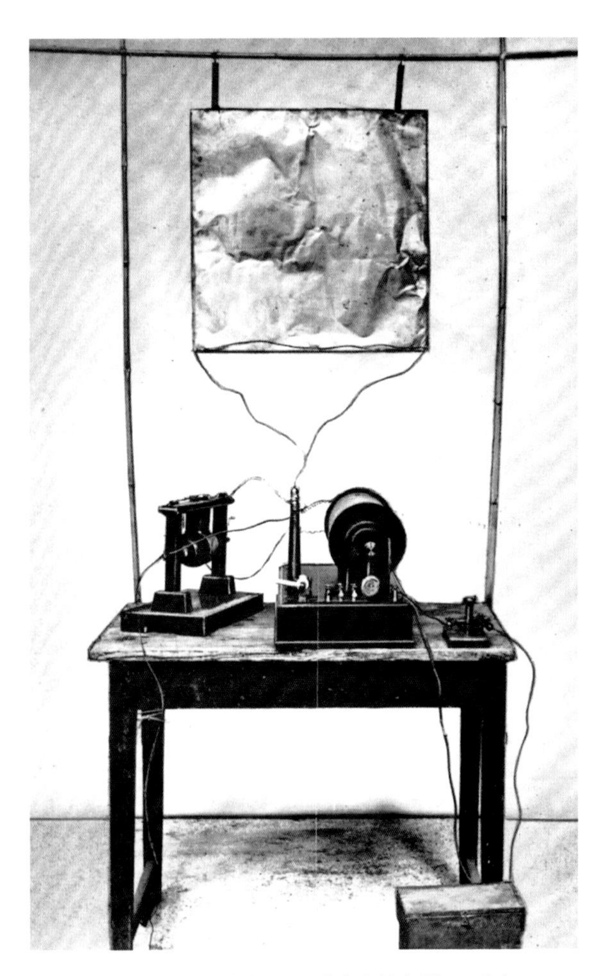

上图：古列尔莫·马可尼的第一台无线电广播发射机，重建于1895年8月。照片出自《无线电广播杂志》（出版于纽约，出版商为Doubleday, Page & Co.），1926年第10卷。

在19世纪末那个光芒四射的世界里，似乎一切都有可能。

铯和铷

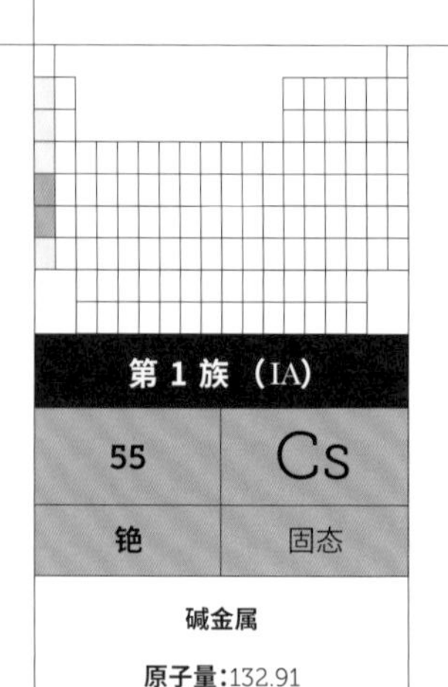

碱金属

原子量：132.91

碱金属

原子量：85.468

维多利亚时代末期出现了一种发现元素的新方法，研究者不再需要分离和提纯具体数量的新元素。相反，它取决于不同元素在狭窄波长带中吸收和发射特定颜色光的方式：这种方法现在被称为“光谱学”。

1859 年，两名德国科学家，物理学家古斯塔夫·基尔霍夫和化学家罗伯特·本生发明了它。本生知道，不同的金属元素在火焰中加热时会发出特定颜色的光：这是一种方便的方法，可以确定化合物中存在哪些元素。但是，基尔霍夫和本生并不是通过目测火焰的颜色，而是设计了一种叫“分光镜”的仪器，用棱镜把光线分解成不同的波长，就像艾萨克·牛顿把自然界的阳光分解成彩虹光谱一样。太阳光包含所有的光谱颜色，但研究人员指出，在本生燃烧

左图：古斯塔夫·基尔霍夫（左）和罗伯特·本生（中），以及化学家亨利·罗斯科（右）的肖像照，由埃默里·沃克拍摄，1862 年。照片出自亨利·罗斯科的《亨利·恩菲尔德·罗斯科爵士的生活与实验》（1906 年出版于伦敦，出版商为 Macmillan Company），藏于美国宾夕法尼亚州科学史研究所。

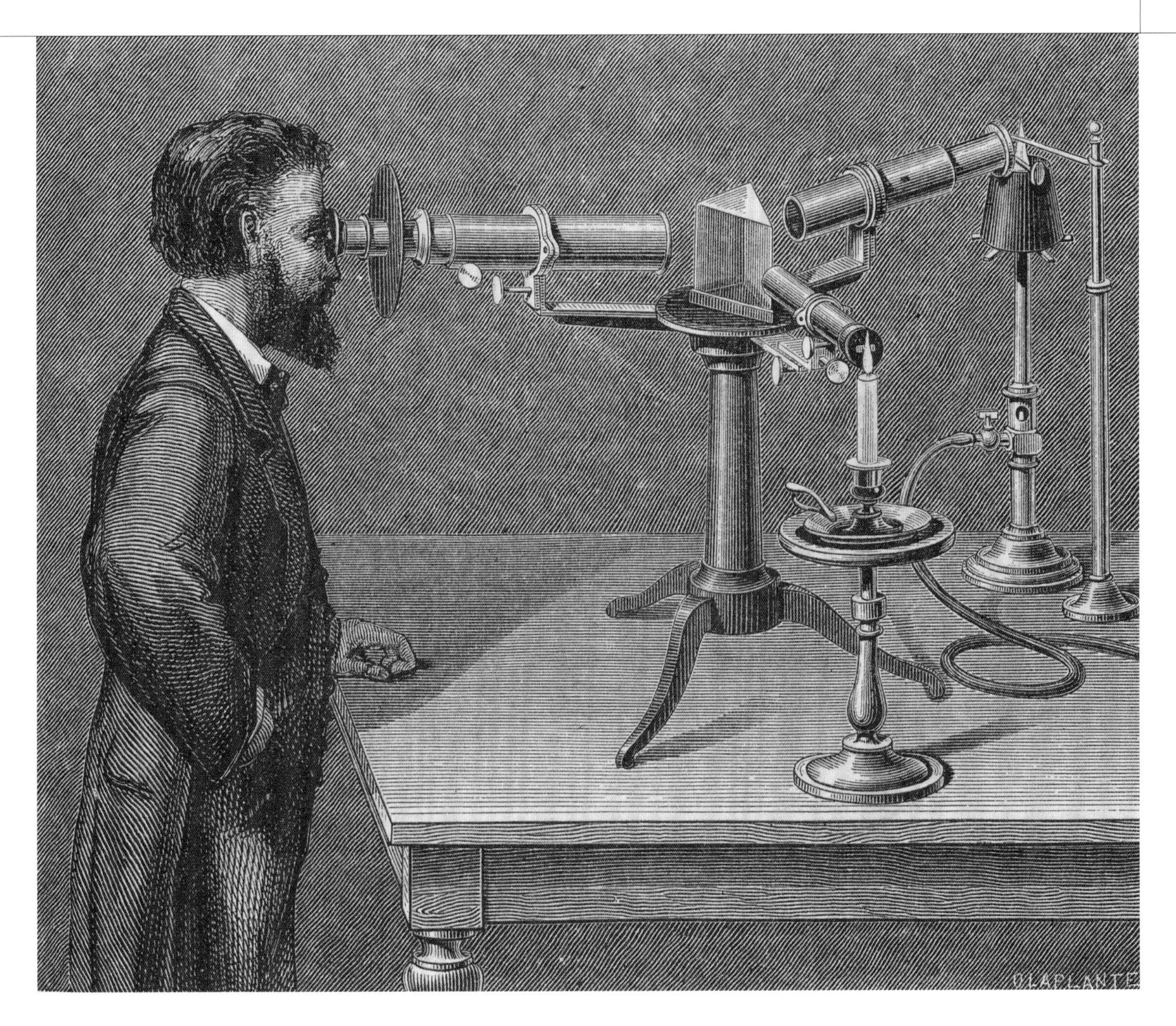

上图: 19 世纪的光谱仪。图片出自海因里希·谢伦的《光谱分析在地球物质中的应用，以及天体的物理结构》(1872 年出版于伦敦，出版商为 Longmans, Green & Co.)，藏于美国宾夕法尼亚州科学史研究所。

器的气体火焰中燃烧的金属发出的彩色光，包含该元素特有波长的独特亮带：它的特征“谱线”。这种技术非常灵敏，即使是少量的金属盐，也足以产生可检测的“指纹”光谱。

基尔霍夫和本生利用分光镜寻找各种物质中的金属：把材料放在火焰中，寻找它们独特的发射谱线。他们研究了矿物和矿泉水，发现了诸如钠、钾、钙和铁等元素。

分光镜提供的分析方法可以找出物质中包含的已知金属；如果分光镜产生的谱线不符合任何已知的元素，那么它还可以揭示出以前未知的金属。1860 年，这两位科学家在蒸发的天然矿泉水的光谱中看到了一些蓝色的发射谱线，似乎与已被识别的元素都不一致。他们怀疑这些发射谱线来自与锂、钠、钾同族的新元素：一种碱金属。第二年，他们设法从大量的矿泉水中提取这种元素的极少量的盐，并确认它产生了“两条靠近的灿烂的蓝线”。他们觉得有理由宣布发现了一种新元素。

一条红线

他们写道："其白炽蒸气的亮蓝色光线，促使我们把它命名为铯（Caesium），来自拉丁文的'caesius'，指的是晴朗天空的蓝色。"它确实是碱金属。

还有更多的碱金属有待发现。在研究来自萨克森州的矿物锂云母时，基尔霍夫和本生提取出了另一种新的盐，它在光谱的紫色、红色、黄色和绿色部分产生了未知的谱线。其中，红色区域的谱线最突出，所以化学家提出了"Rubidium"（铷）这个名字，它在拉丁语中的意思是"深红色"。铷非常罕见且非常活跃，所以这种碱金属直到1928年才制备出纯净的形式。

对页图：罗伯特·本生和古斯塔夫·基尔霍夫的"碱金属和碱土金属的光谱"。图片出自《光谱分析，1868年在伦敦药剂师学会举办的6场讲座》（1885），藏于美国宾夕法尼亚州科学史研究所。

下图：铷-铯光谱的动画定格，2016年，来自里斯·刘易斯的animate4网站。其中，铯离子（Cs^+）和铷离子（Rb^+）的水溶液在焰火反应中产生了特有的紫—蓝色和红色，发射光谱也显示了这一点。

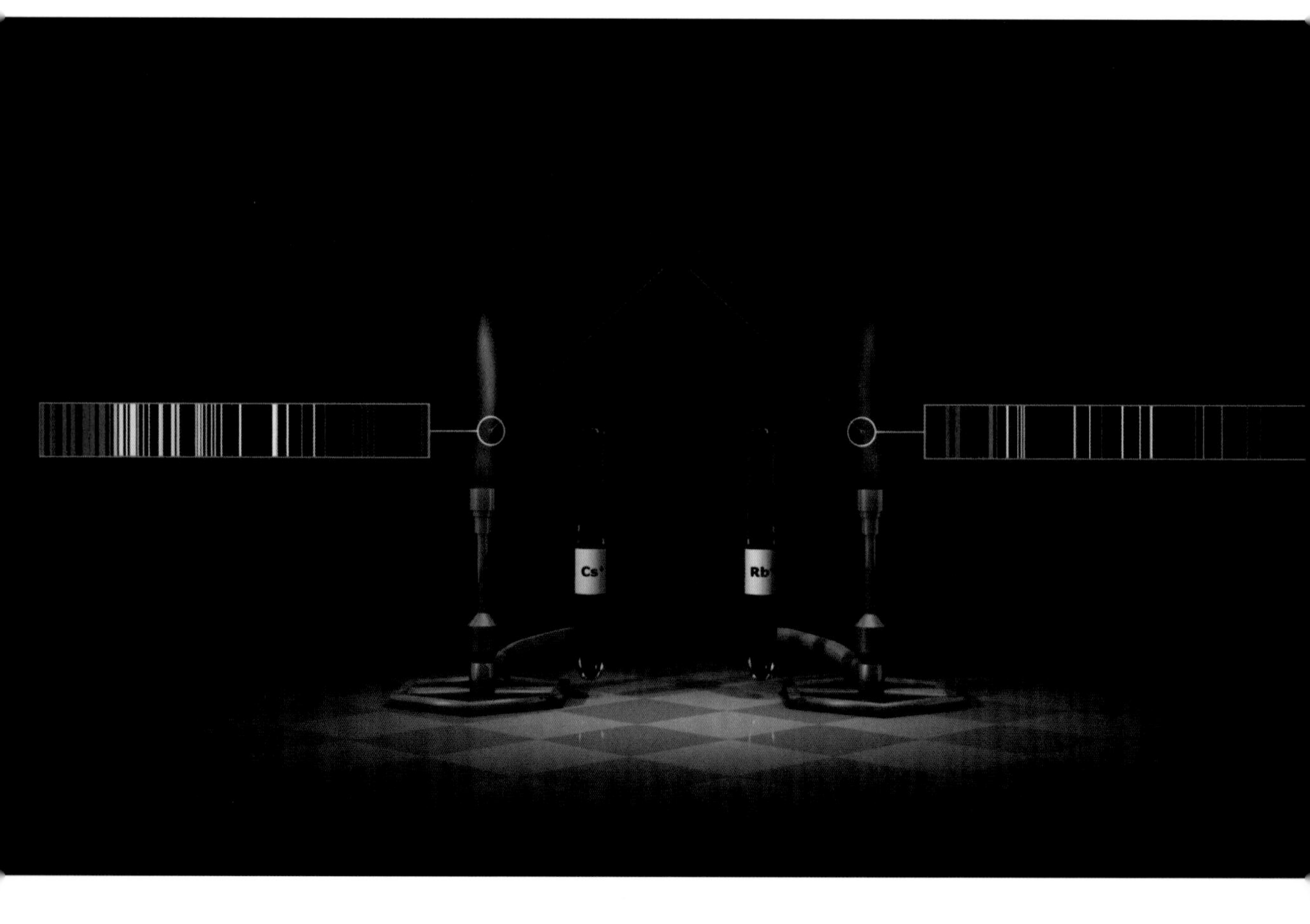

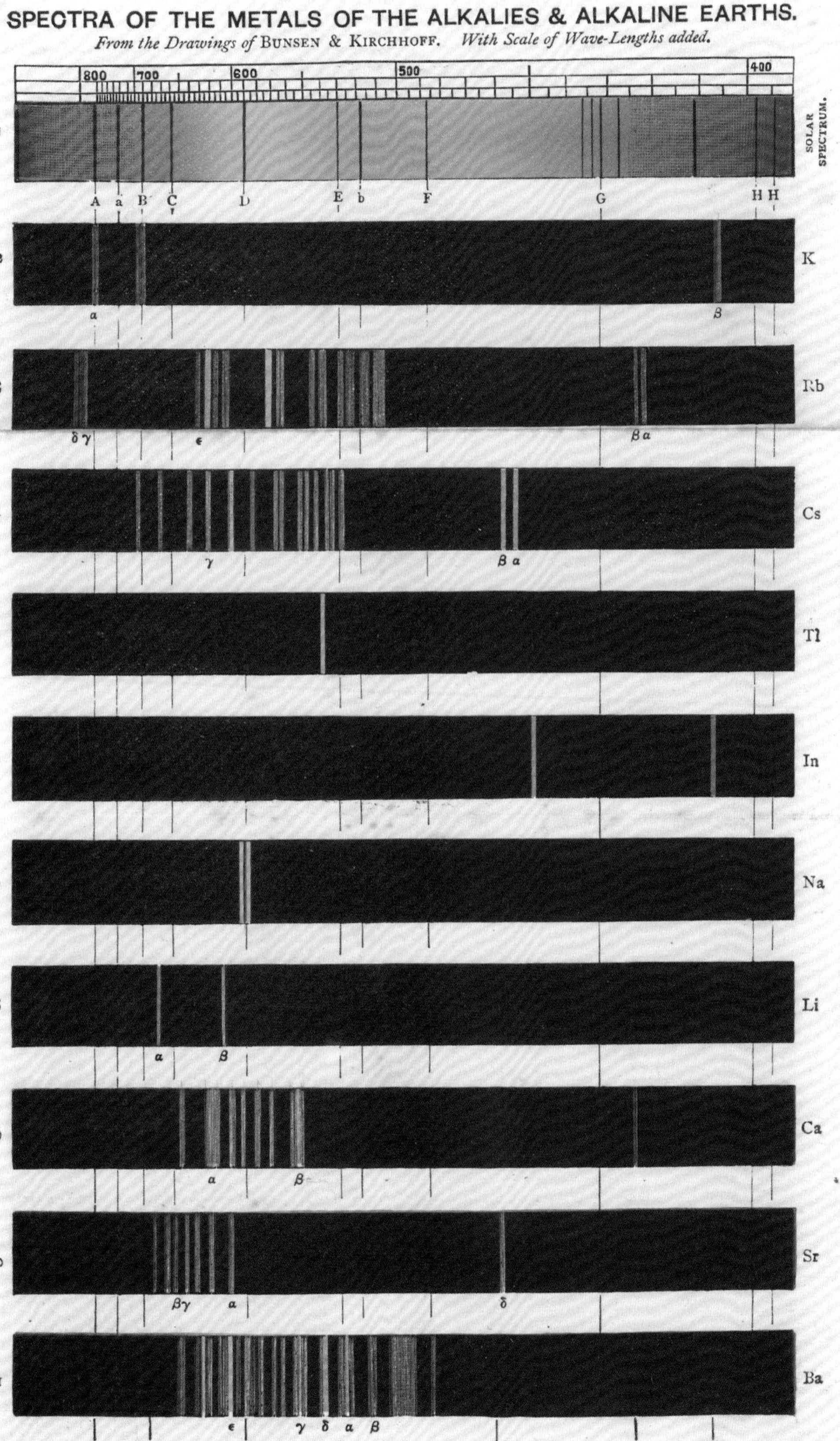

SPECTRA OF THE METALS OF THE ALKALIES & ALKALINE EARTHS.

From the Drawings of BUNSEN & KIRCHHOFF. *With Scale of Wave-Lengths added.*

800 700 600 500 400

1 SOLAR SPECTRUM.

A a B C D E b F G H H

2 K α β

3 Rb δ γ ε β α

4 Cs γ β α

5 Tl

6 In

7 Na

8 Li α β

9 Ca α β

10 Sr β γ α δ

11 Ba ε γ δ α β

Kα Liα Na Tl Srδ Rb Kβ

铊和铟

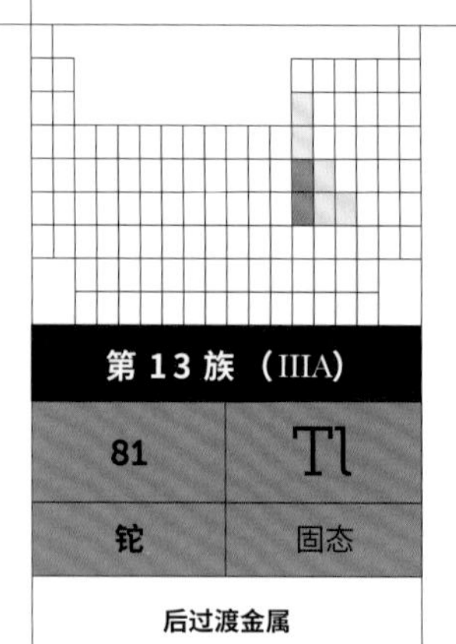

第 13 族（IIIA）

81	Tl
铊	固态

后过渡金属

原子量：204.38

第 13 族（IIIA）

49	In
铟	固态

后过渡金属

原子量：114.82

威廉·克鲁克斯是维多利亚时代英国科学界人生经历最丰富多彩的人物之一。他曾在英国皇家化学学院学习，后来以化学顾问的身份自居；他撰写和出版了杂志《化学新闻》（于 1859 年创办），并对新的摄影技术产生了浓厚的兴趣，写作主题从公共卫生到金矿开采等。他在唯灵论者的圈子里也非常活跃：他表面上是一个怀疑论者，主张用科学技术区分真正的“灵异现象”和欺诈行为，但又很相信灵媒的说法，认为他们有能力与死者的灵魂沟通。

尽管有这种相当不光彩的爱好，克鲁克斯还是作为一名科学家受到了高度评价。1898 年，他成为英国科学促进会的主席。而且，他还在前一年获得了爵位。

这一名声在很大程度上是因为克鲁克斯使用古斯塔夫·基尔霍夫和罗伯特·本生发明的分光镜所做出的发现。他在自己伦敦的家中安装的实验室里工作，发现了一种新的元素。克鲁克斯确信，有大量的元素“等待着用分光镜来发现”—— 而且他决心要找到一些。他在 1861 年初告诉他的合作者查尔斯·威廉姆斯，“我已经看到了几个很可疑的光谱”。克鲁克斯研究了他所能接触到的所有东西，包括一个相当奇怪的来源：工业生产硫酸时留下的淤泥状残留物。众所周知，这些物质含有元素硒，而硒通常存在于天然硫中。克鲁克斯把一些残留物放在他的分光镜下，惊讶地看到一条以前从未见过的绿色发射谱线：这是新元素的明显特征。

右图：威廉·克鲁克斯爵士在他的实验室。照片拍摄于 19 世纪 90 年代，藏于英国伦敦惠康收藏馆。

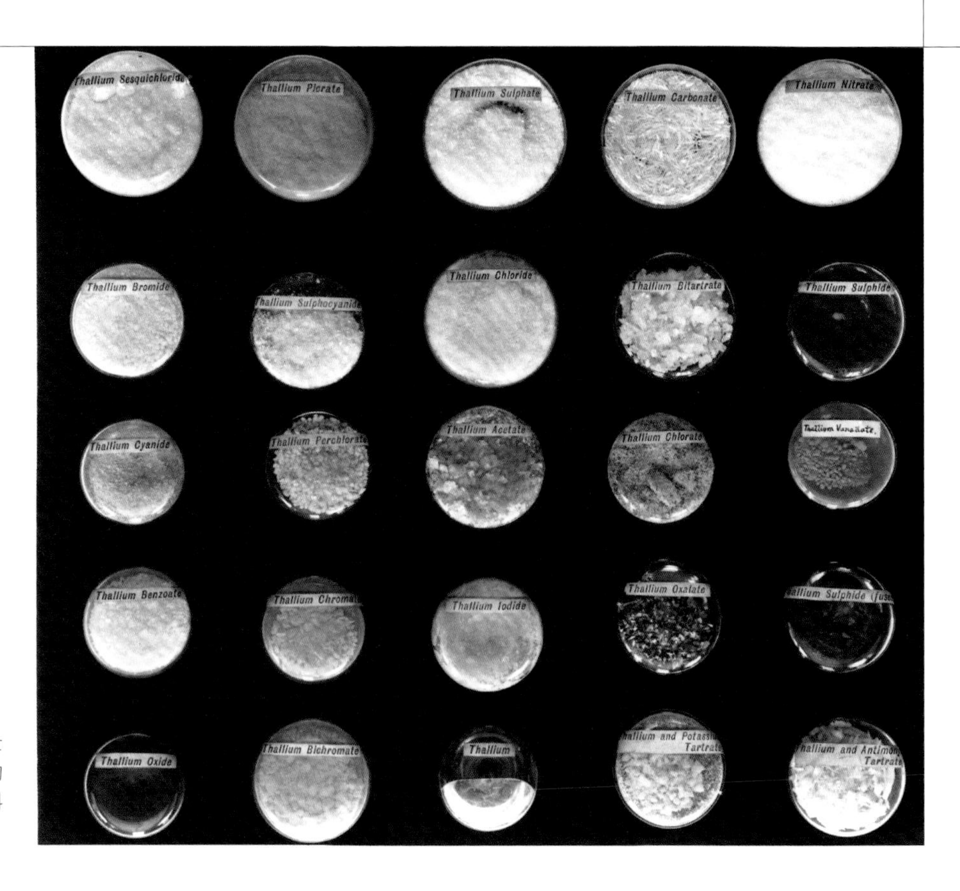

右图：威廉·克鲁克斯爵士发现铊的 31 个样品，约 1862 年，藏于英国伦敦科学博物馆。

考虑到基尔霍夫和本生用谱线的颜色来命名他们的金属，克鲁克斯提出了“Thallium”（铊）这个名字，源自希腊语中的“thallos”，意思是发芽的树枝。克鲁克斯写道：“它在光谱中的绿色线条，它的特殊的明亮，让人联想到现在植被的盎然绿意（当时正值春天）。”

但问题是：这是否足以支撑发现一个新元素的说法?当时许多化学家认为，在把一种元素列入元素清单之前，需要分离出足够数量的纯元素，以研究它的化学性质。这就是本生和基尔霍夫如此努力地从矿泉水中提取铯的原因。克鲁克斯让威廉姆斯去完成这项艰巨的任务，他辩称自己忙于“文学工作”，无法亲自承担这项任务。尽管威廉姆斯说只探测到一条新的谱线，克鲁克斯就迫不及待地在 3 月份的《化学新闻》中宣布自己发现了一种元素，可能与硫、硒属于周期表的同一族。然后，直到 1862 年 1 月，他才有了一份铊盐的样品。那年 5 月，他在伦敦海德公园的国际展览会上骄傲地展示了这个样品 —— 但他在 6 月得知，法国化学家克劳德 – 奥古斯特·拉米和溴的发现者安托万 – 杰罗姆·巴拉德一起出现，声称有一锭固体铊，这让克鲁克斯很沮丧。

第二年，两位德国科学家费迪南德·赖希和希罗尼穆斯·里西特在锌矿石中寻找这种新元素，却看到了一条靛蓝色谱线。他们宣布发现了另一种新元素，并命名为“铟”（Indium），之后继续获取纯净样品。虽然赖希完成了最初的工作，但他是色盲，所以需要里西特帮助他检查谱线。因此，当里西特在 1867 年声称是他本人发现了铟的时候，赖希很难过。

铟在元素周期表中位于铊之上，所以它们的化学性质很相似。铟是已知的最柔软的金属之一：和钠一样，可以用刀切割，而且它的熔点只有 156.6℃，大约是把糖熔化成乳脂糖的温度。

氦

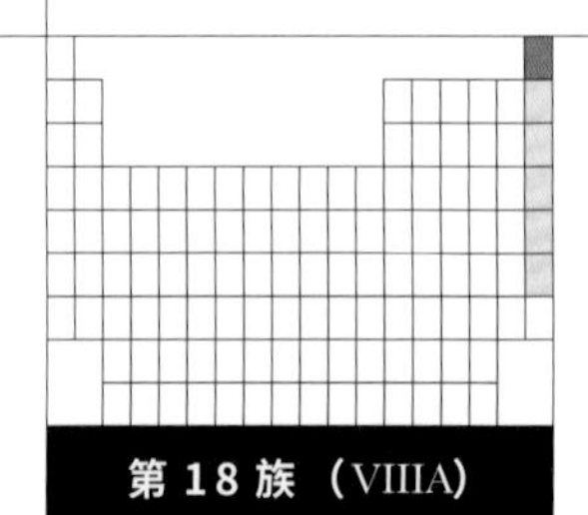

第 18 族（VIIIA）

2

He

氦

稀有气体

原子序数：2

原子量：4.0026

标准温度压力下的相：气态

1802 年，英国化学家威廉·海德·沃拉斯顿（我们在前面钯的发现中提到过他）重复了牛顿的实验，把太阳光分解成光谱。但他的光学仪器比牛顿更好，注意到了一些新的东西：光谱中有间隙，在光似乎被剥离的地方存在暗线。

1814 年，德国科学家约瑟夫·冯·夫琅和费独立进行了相同的观察，并利用更好的透镜绘制出所有缺失的谱线——经他计算，超过 570 条。他用字母标出这些谱线：从 A 到 K，并用下标表示出明显的谱线系。

然而，人们并不清楚这些间隙从何而来，直到罗伯特·本生和古斯塔夫·基尔霍夫意识到，太阳光谱中的“夫琅和费线”与他们在分光镜中看到的一些发射谱线出现在相同的波长。他们认为，太阳大气中的相应元素——或者说地球大气中的相应元素——正在吸收这些光线。换句话说，有一种方法可以发现构成太阳的物质。

一次印度之旅

有可能在太阳光谱中看到这些元素的发射谱线，因为太阳光重新辐射了它们吸收的光线：特别是在黄色区域有两条强烈的谱线，夫琅和费将其标为 D_1 和 D_2，对应着钠。然而，这两条线非常强烈，很难看到其他更暗的发射谱线。因此，法国天文学家皮埃尔·朱尔·让森在 1868 年前往印度，在一次日全食期

下图：夫琅和费线显示的太阳光谱，1814 年，图片藏于德国慕尼黑德意志博物馆。

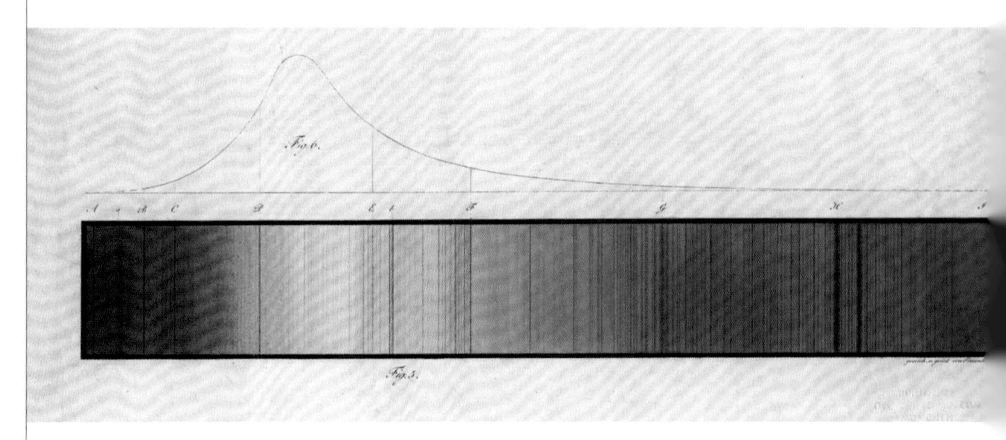

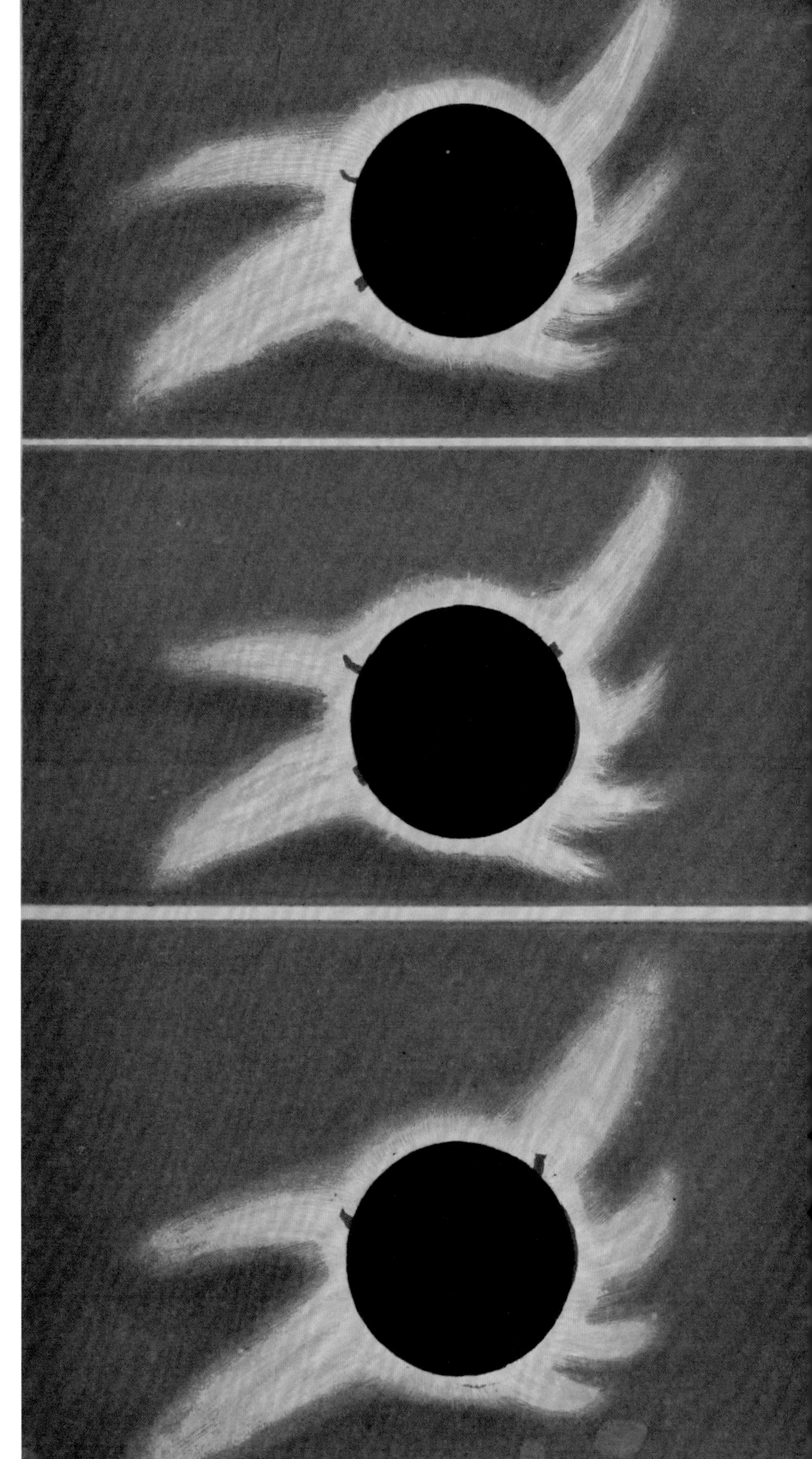

右图：M. 斯蒂凡 1868 年绘制的日食草图。出自《科学和文学档案》（1868 年出版于巴黎，出版商为 Ministère de l'Instruction Publique），第 5 卷，藏于英国伦敦自然史博物馆图书馆。

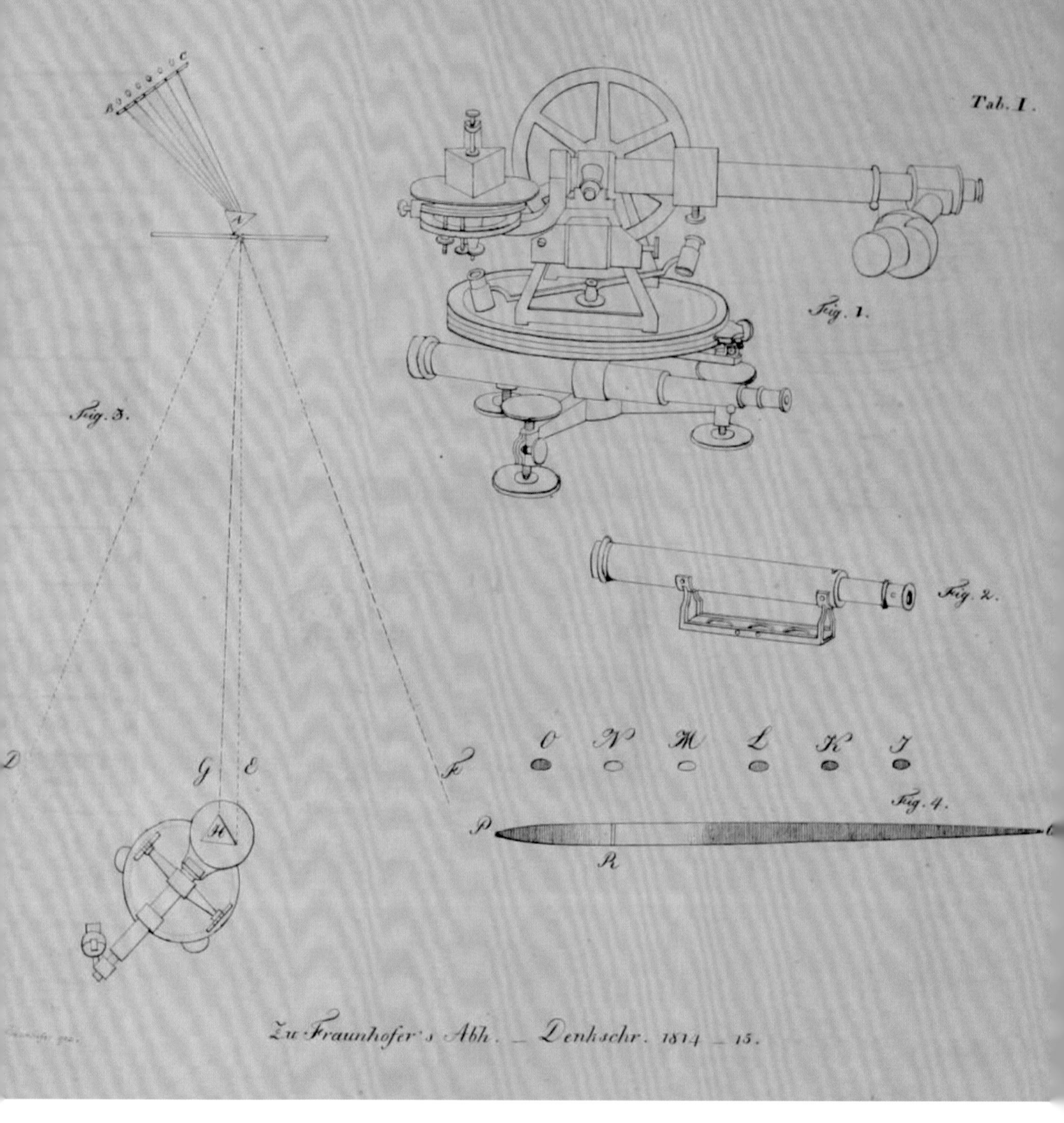

上图：约瑟夫·冯·夫琅和费的光谱学。图片出自他发表在《慕尼黑皇家科学院备忘录》第 5 卷（1814）中的《关于消色差望远镜的完善》，藏于英国伦敦自然史博物馆图书馆。

间测量太阳光谱。他希望能在日食期间的日冕光谱中发现其他元素的发射谱线。事实上，他看到了另一条明亮的黄线，认为这可能也来自钠。但同年晚些时候，英国天文学家诺曼·洛克耶在伦敦污染而阴霾的天空下测量了相当黯淡的太阳光谱，也看到了第三条黄线，他将其标为 D_3。在与化学家爱德华·弗兰克兰讨论了这一发现之后，洛克耶得出结论：新的发射谱线一定来自太阳中存在的一种未知元素。他们将其命名为“氦”（Helium），以希腊的太阳神赫利俄斯的名字命名。

岩石中的气体

这个想法太离谱了：太阳含有一种地球上没有的元素。但地球上真的没有吗?1882年，意大利物理学家路易吉·帕尔米耶里使用光谱学分析维苏威火山喷发的熔岩，看到一条发射谱线与洛克耶的 D_3 有相同的波长。他认为，熔岩中一定含有太阳元素氦。

然而，要真正相信这种假定的新元素，化学家希望拥有它的样本，以便研究它的性质。氦的首次分离是美国地质学家威廉·希勒布兰德实现的，尽管他当时并没有意识到这一点。1891年，他将沥青铀矿溶解在酸中，看到有气泡冒出来。他用光谱学检查了这些气体，但无法识别所有的谱线。由于该气体在化学上不活跃，他认为可能是氮气。然而，1895年，乌普萨拉大学的皮·特奥多尔·克利夫和尼尔斯·亚伯拉罕·朗勒特重复了这个实验，证明沥青铀矿中含有氦。

上图：威廉·希勒布兰德的肖像照，约于1900年拍摄，威廉姆斯·海因斯肖像藏品，藏于美国宾夕法尼亚州科学史研究所。

同一年，在伦敦大学学院工作的苏格兰化学家威廉·拉姆齐注意到了希勒布兰德的发现。他得到了一些沥青铀矿，并让他的学生马修斯重复这个实验。最开始，拉姆齐认为这种气体可能是某种新元素，他建议称之为“Krypton”—— 这个词在希腊语中的意思是“隐藏”。但是，他发现收集到的气体的发射谱线是亮黄色，与氦的谱线很相似。他后来声明：“我 …… 开始觉得可疑。”由于他的光谱设备很差，所以他把气体的样本送到洛克耶和威廉·克鲁克斯那里做更精确的分析。一天后，克鲁克斯确定其中有氦。随着化学家收集到更多的气体，他们能够推断出氦的原子量非常小 —— 原子量衡量的是原子的质量：比氦元素轻的只有氢元素。相比之下，铀是当时已知的最重的元素。那么，氦在铀矿中做什么呢?答案比任何人的猜测都更加出乎意料：氦是铀原子的原子核发射出来的。不久，这个过程被称为“放射性衰变”。

惰性气体

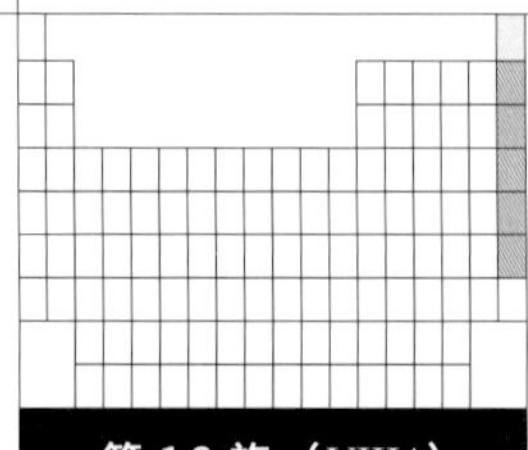

第 18 族（VIIIA）

氖(Neon) 10

氩(Argon) 18

氪(Krypton) 36

氙(Xenon) 54

氡(Radon) 86

我们在前面看到，18 世纪的人们认为，燃烧的物体会向空气中释放一种叫“燃素”的元素；当空气完全“燃素化”，或者当空气中的燃素饱和，燃烧就停止了。而现在我们知道，情况恰恰相反，当所有的氧气耗尽、只剩下氮气的时候，燃烧才会停止。虽然氮气在化学上也很不活跃，但卡文迪许指出，这种气体（他认为是“燃素化的气”）也可以在电火花的作用下通过与氧气反应消耗掉，转化为一种酸（实际上是形成氮的氧化物，然后在水中形成硝酸）。

但是，卡文迪许是一个勤奋的观察者和测量者，他报告说，他无法通过这种方式去掉所有的“燃素化的气”。总会留下一个小小的气泡，这个气泡根本不会发生反应，占“普通的气”的1/120。19 世纪，乔治·威尔逊所写的卡文迪许传记也提到这是一个无法解释的难题。

19 世纪末，威廉·拉姆齐还是一名年轻的化学专业的学生，他买了威尔逊的这本书，并读到了卡文迪许的奇特气泡。后来，拉姆齐研究了卡文迪许制造的氮的氧化物，并成为气体化学方面的专家。然后，他在 1894 年 4 月听到杰出的科学家瑞利勋爵对于氮的研究，关于卡文迪许的矛盾的观察似乎又爬上了拉姆齐的脑海。瑞利说，从空气中提取的氮气（即去除其他所有的已知成分）与通过化学方法产生的氮气，测得的密度不一样。拉姆齐后来与瑞利交谈，想知道是否可能有一些未知的、非常不活跃的、数量很少的物质与空气中的氮混合。

拉姆齐重复了卡文迪许的实验，发现确实有另外一种气体，但无论怎么尝试，拉姆齐都无法使这种气体发生反应。他认为这是一种新的、非常惰性的元素，并提出了一个合适的名字：Argon（氩），源自希腊语中的“懒惰”。拉姆齐在 1896 年写道，我们不能肯定没有元素会与氩结合，“但似乎非常不可能形成（这样的）化合物”。拉姆齐并非没有尝试过；他还把一个样品送给亨利·莫瓦桑。这位法国化学家已经分离出了非常活跃的氟气；莫瓦桑试图让两者反应，但没有成功。

这种奇特的不发生反应的元素，并没有带来太多的想象空间：1895 年，拉姆齐在皇家学会上展示了一个密封玻璃管中的样品，但观众只相信眼前不过是一瓶普通的空气。

尽管如此，这一发现还是引起了作家赫伯特·乔治·威尔斯的注意。威尔

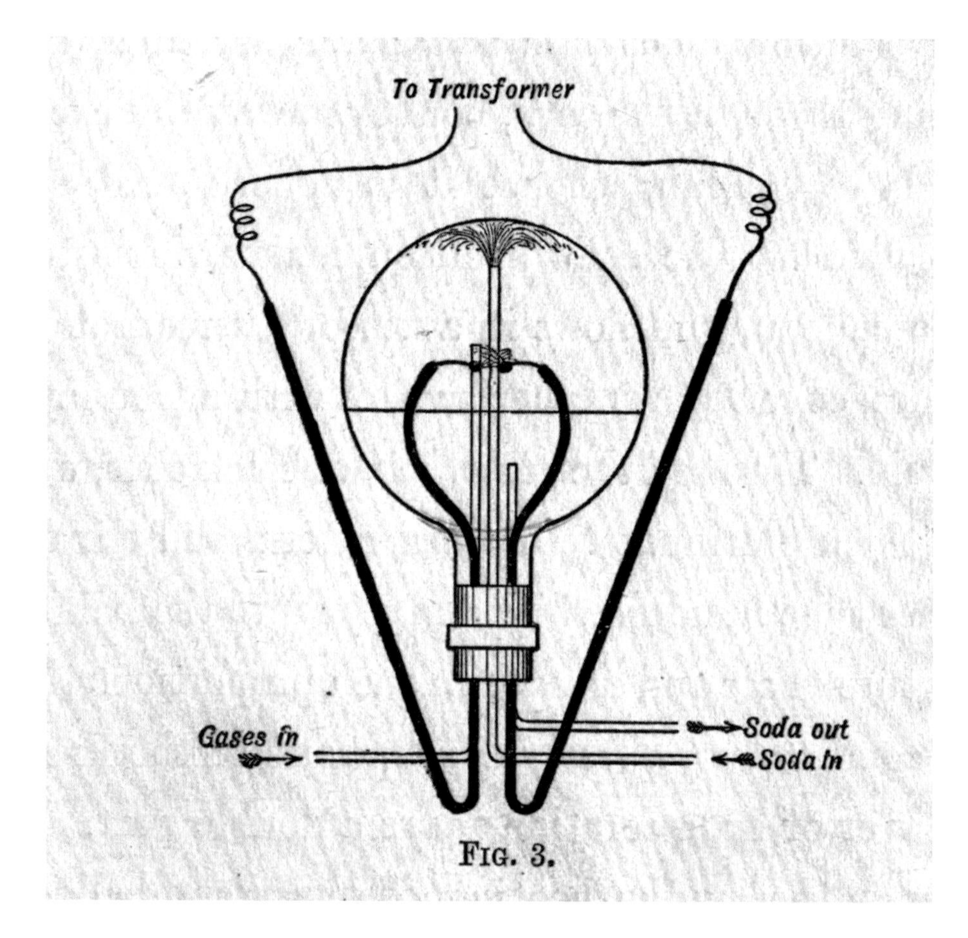

左图：氩的实验。图片出自威廉·拉姆齐的《大气中的气体：它们的发现史》（1896年出版于伦敦/纽约，出版商为Macmillan and Co.），图3，藏于美国加州大学图书馆。

斯已经出版了“科学浪漫史”系列作品《时间机器》（1895）和《莫洛博士岛》（1896），开始在文学上崭露头角。在1898年出版的轰动一时的小说《世界大战》中，威尔斯描述了入侵的火星人使用的一种叫“黑烟”的毒气，光谱仪分析表明它“含有一种未知的元素，有三组明亮的谱线”。叙事者补充说，这种元素可能具有独特的能力，可以“与氩气结合，形成一种能立即致命的化合物”。他的大多数读者可能没有听说过氩，但对于威尔斯这样的科学人士，这是元素故事中一个令人兴奋的发展。

然而，氩并不孤单。拉姆齐怀疑还有类似的元素等待被发现——它们是周期表中的一整列新元素，由于它们拒绝与其他元素结合，所以之前不为人知。我们在前面看到，1895年，他在晶质铀矿（钇铀矿）中发现了氦。他一直希望能从中找到全新的东西，但遇到了挫折。

1898年初，他与伦敦大学学院的莫里斯·特拉弗斯合作，转而探索空气中不活跃的那极小一部分。利用最近发明的液化空气的技术，他们使用“分馏法”捕获氩气：让所有空气慢慢蒸发，直到剩下最后的、密度最大的部分。然后他们用化学方法提取剩余的氮，并用光谱仪调查残留物（主要是氩），以便寻找可能标志着其他元素的发射谱线。

Kingston line of hills began, there was a fitful cannonade far away in the south-west, due, I believe, to guns being fired haphazard before the black vapour could overwhelm the gunners.

So, setting about it as methodically as men might smoke out a wasps' nest, the Martians spread this strange stifling vapour over the Londonward country. The horns of the crescent slowly moved apart, until at last they formed a line from Hanwell to Coombe and Malden. All night through their destructive tubes advanced. Never once, after the Martian at St. George's Hill was brought down, did they give the artillery the ghost of a chance against them.

And through this two Martians slowly waded, and turned their hissing steam-jets this way and that.

上图：沃里克·戈布尔绘制的《世界大战》的第一幅插图，出现了“威尔斯黑烟”（据说是一种氩化合物）。小说连载于1897年的《培生杂志》（出版于伦敦，出版商为Pearson）。

完善稀有气体家族

他们很快就找到了其中一种，特征是明亮的黄绿色发射谱线。他们用拉姆齐之前希望从沥青铀矿的“射气”中找到的新物质的名字命名：Krypton（氪）。他们认为，在氦与氩之间还应该有一种较轻的气体，以填补周期表的空格。6月，他们发现了这种气体：一种产生“深红色光芒的火焰”的气体，正如特拉弗斯所说，“这是一个令人难忘的景象”。它是一种新颖的气体，所以被命名为Neon（氖），在希腊语中的意思是“新”。这种红色的光芒很快就在世界各地的商店和广告招牌的气体放电管中亮起。

一个月后，拉姆齐和特拉弗斯又将另一种惰性气体（即“稀有气体”）收入囊中：氙气，通过分馏氪气得到。这个名字的意思是“陌生人”或“局外人”，进一步证明了这组元素的奇特之处。最后，1908年，拉姆齐寻找到氡（Radon），这是天然惰性气体中最重的一种，它的名字是因为它有放射性。事实上，1902年，在蒙特利尔的麦吉尔大学工作的新西兰物理学家欧内斯特·卢瑟福和他的化学家同事弗雷德里

下图：马克·米尔班奇绘制的威廉·拉姆齐爵士的肖像画，1913年，藏于英国伦敦大学学院。

上图：从这张照片可以看出霓虹灯广告牌的早期影响，“大白色之路——纽约时代广场百老汇剧院区的夜景”，1928 年，Keystone View Company，藏于美国华盛顿国会图书馆打印与复印部。

克·索迪最早把氡视为钍（thorium）元素放射性衰变的产物。这个过程是元素通过原子核的放射性发射粒子转变成另一种元素。来自天然放射性衰变的氡存在于一些花岗岩中，当它从岩石中泄漏出来的时候，其本身的放射性足以对人类的健康产生危害。

拉姆齐因为发现了惰性气体，而在 1904 年被授予诺贝尔化学奖。在大多数情况下，它们都是惰性的：氙气和氪气可以被诱导形成稳定的化合物，而氩气只有在相当特殊的条件下才会发生反应——例如，原子被强辐射电离的时候，或者非常弱的化学键在非常低的温度下被稳定的时候。氖和氦至今仍与其他元素保持距离。

镭和钋

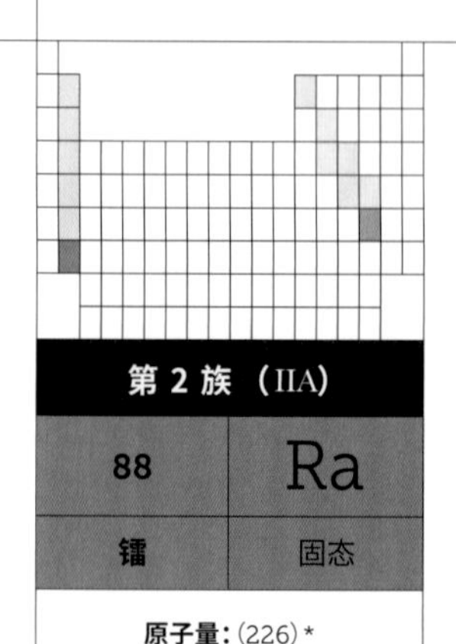

第 2 族（IIA）	
88	Ra
镭	固态

原子量：(226)*

第 16 族（VIA）	
84	Po
钋	固态

原子量：(209)

*原子量加括号的为放射性元素的半衰期最长的同位素的质量数。

亨利·贝克勒尔在1896年发现的来自铀的“射线”是一个谜。这些射线能使感光乳胶变暗，但人们看不到也摸不到，它似乎就是威廉·伦琴一年前发现的X射线。X射线促进了研究，从而导致了贝克勒尔的发现。铀能够释放这些能量，它有什么特别之处？

X射线在19世纪的欧洲引起了轰动，因为它能在照片中显示出隐藏在其他材料（如皮肤和肉）内部或背后的致密物体（如骨骼）。但铀射线（见第100页）比较弱，没有引起同样的关注。然而，有一个人认为它们值得被进一步研究，这是一位年轻的波兰化学家，正在为她在索邦大学的博士论文寻找一个课题。“这是个全新的问题，”玛丽·居里后来写道，“还没有任何关于它的文章。”

玛丽·居里，原名玛丽亚·斯克沃多夫斯卡，1891年来到巴黎学习。她在这里遇到了法国物理学家皮埃尔·居里，后者曾在1880年与自己的哥哥雅克·居里一起发现了压电现象，即一些材料在受到挤压时产生电场，他们因此获得荣誉。玛丽和皮埃尔在1895年结婚。

1898年，玛丽·居里决定研究铀射线，与她的丈夫在他工作的化学和物理学院的一个小实验室里合作。最开始，他们研究了铀盐如何通过神秘的射线在附近的金属板上诱发电荷，从而能够测量发射的强度。但玛丽没有依靠这些物质的少量供应（由亨利·莫瓦桑捐赠），而是开始使

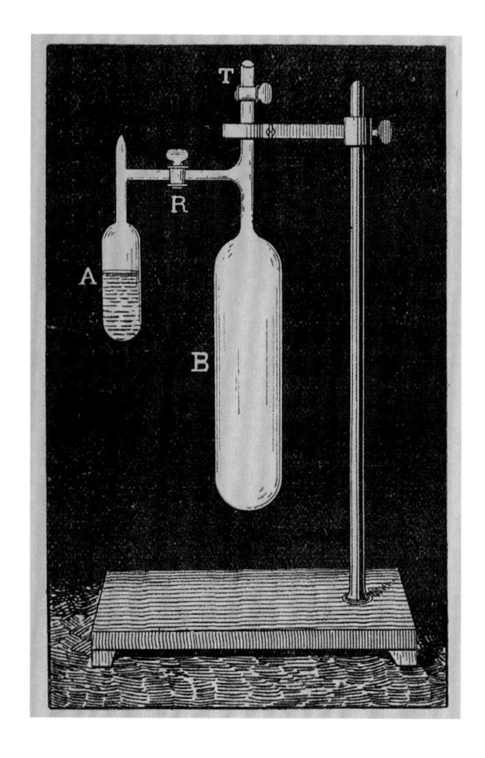

右图：“镭的射气引起的磷光”。图片出自J. 丹恩的《镭，制备及性质》（1904年出版于巴黎，出版商为Librairie Polytechnique Ch. Béranger），图33，藏于美国哈佛大学弗朗西斯·康德威医学图书馆。

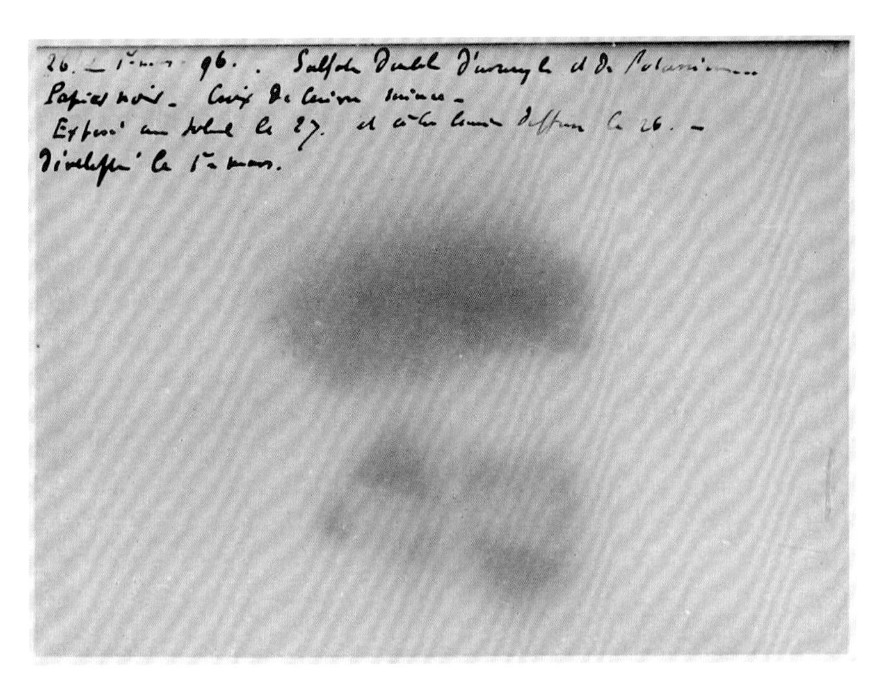

左图：亨利·贝克勒尔的第一张由放射性引起的印迹照片，1896年。出自《物质新性质的研究》（1903年出版于巴黎，出版商为Typographie de Firmin-Didot et Cie），藏于美国耶鲁大学哈维·库欣/约翰·海·惠特尼医学图书馆。

用原铀矿。在接下来的研究中，发生了一件很奇怪的事：这种矿石比提纯的铀具有更强的发射体；或者用他们引入的术语：具有更强的“放射性”。

居里夫妇得出了一个惊人的结论：矿石中一定含有杂质，这些杂质也有放射性，而且甚至比铀的放射性更强。“我有一个强烈的愿望，要尽快验证这个新的假设。”玛丽写道。

要做到这一点，就必须分离出这种新的放射源：采用分离其他新元素的化学方法，比如在钇矿物中发现稀土金属的方法。这通常意味着要寻找某种反应，使一种元素沉淀为固体，而其他元素留在溶液中。如果一种新元素在化学上类似于另一种容易沉淀的元素，它就可以被沉淀出来。放射性元素的好处是，你可以弄清楚它的“去向”—— 进入溶液，或进入沉淀 —— 因为放射性会伴随着元素，可以用居里夫妇设计的仪器检测出来。玛丽·居里在化学家古斯塔夫·贝蒙特的帮助下处理铀盐溶液，她惊讶地发现铀矿石中似乎还有两种放射性来源：其中一种的性质很像钡，另一种则像铋。

居里夫妇用这些提取方法制备放射性远高于铀的溶液。1898年7月，他们向法兰西学会报告说，他们从铀矿石中提取了“一种前所未有的金属，类似于铋……如果这种金属的存在得到证实，我们建议以我们中的一人的祖国命名为Polonium（钋）”。

下图：玛丽·居里、皮埃尔·居里与实验室技术员M.佩蒂特（左）在他们的实验室中，巴黎洛蒙德路，照片约于1898年拍摄，藏于英国伦敦惠康收藏馆。

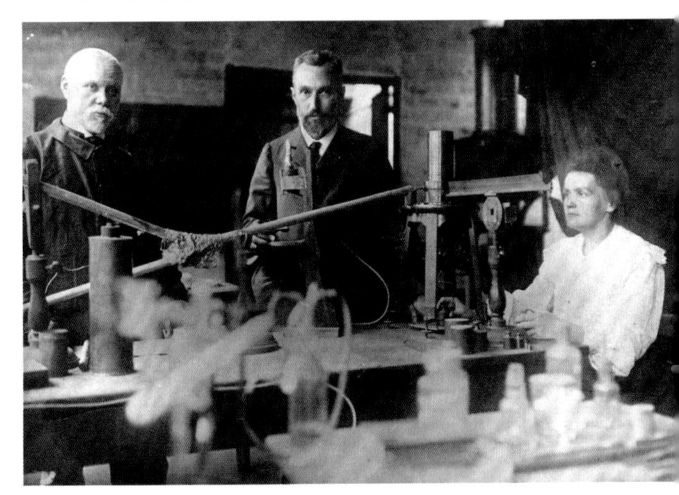

左图：一个装有最早的溴化镭的碗，在黑暗中拍摄，靠自己的磷光发光，1922年，藏于法国巴黎居里博物馆。

波兰当时被沙皇俄国统治，玛丽渴望维护其文化的独立性。

然而，居里夫妇首先成功分离的是另一种元素，“跟从”钡的元素。他们把这种元素的溶液浓缩到能够在一个新的光谱中识别出来——这是未知元素的明显特征。他们发现该元素的放射性足以使水发光。这种光激发了皮埃尔在1898年圣诞节前，在笔记本上记下这种元素的名字：镭（Radium）。玛丽写道：“观察到含有浓缩镭的产品能自发光，我们非常高兴。”

玛丽在化学和物理学院的实验室里努力分离出越来越纯的镭样品。虽然这个实验室不过是一间没有暖气的棚子，但她没有抱怨。她后来写道：“我们的乐趣之一，就是在夜晚进入我们的工作间，然后从各个方向看到装有产品的瓶子或胶囊发出微弱的光影。这真是一种迷人的景象，对我们来说都很新奇。”

直到1902年，玛丽·居里才得到了她需要的东西，并且明确宣称发现了这种新元素：大约0.1克

Huit pages : CINQ centimes

Le Petit Parisien

SUPPLÉMENT LITTÉRAIRE ILLUSTRÉ

DIRECTION : 18, rue d'Enghien (10e), PARIS

UNE NOUVELLE DÉCOUVERTE. — LE RADIUM

M. ET Mme CURIE DANS LEUR LABORATOIRE

上图：在获得诺贝尔奖之前，玛丽·居里和皮埃尔·居里在他们的实验室中工作。图片是《小巴黎人报》（出版于巴黎）1904年1月10日的封面，藏于美国马里兰州贝塞斯达美国国家医学图书馆。

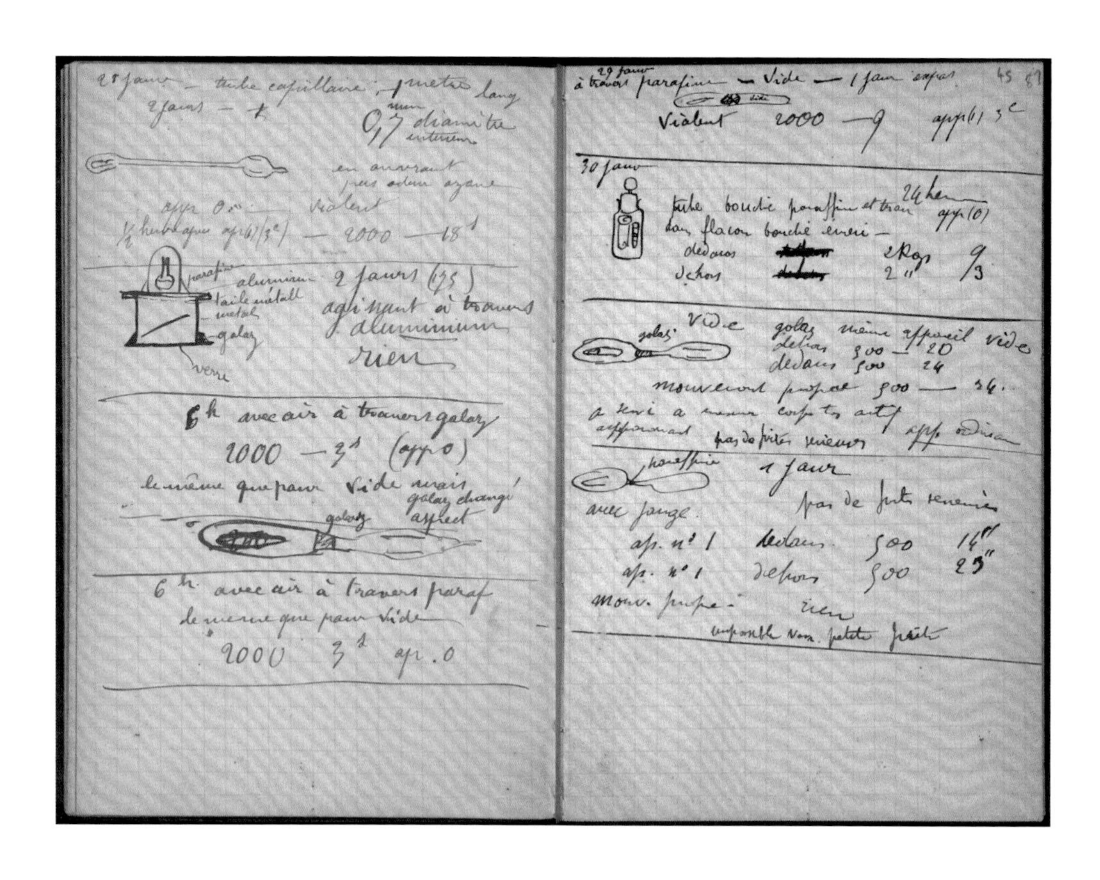

上图： 玛丽·居里的笔记本，里面有关于放射性物质的笔记和仪器草图，年 — 年，藏于英国伦敦惠康收藏馆。据说，由于接触了她所研究的物质，玛丽·居里的笔记本现在仍然具有放射性。

的纯镭化合物，从中可以测量原子量等性质。她在1903年6月提交了她的博士论文。当时科学界正在热烈讨论这些新的放射性物质 —— 以及放射性是什么。放射似乎永远存在 —— 那么，这些能量来自哪里？

同年，玛丽·居里和皮埃尔·居里被授予诺贝尔物理学奖，以表彰他们对理解贝克勒尔（与他们共同获奖）所发现的放射性的贡献。玛丽获得过两次诺贝尔奖，这是第一次 —— 第二次是1911年的化学奖，表彰她发现和分离镭与钋这两种元素。

起初，发光的镭被认为是一种神奇的治疗方法：镭盐被当作灵丹妙药出售，被放在“发光”鸡尾酒中，镭油漆被用于手表和仪表盘上的夜视盘面。但到了20世纪头十年中期，人们开始清楚地意识到，这种说法在医学上值得怀疑，而且镭可能有一定的危害。渐渐地，放射性对健康的危害变得很明显 —— 这也解释了为什么玛丽和皮埃尔会患有贫血，经常感到疲倦和关节疼痛，以及为什么他们的手指在处理过装有这些东西的烧瓶后会发炎和脱皮。玛丽·居里在生命的最后阶段，研究了镭在治疗癌症中的应用，即可以用它的放射性杀死肿瘤。但这对她来说已经太晚了：她于1934年7月死于白血病，原因可能是放射性物质方面的工作。

第 8 章

核时代

第一次氢弹试验（代号“迈克”），“常春藤行动”，太平洋马绍尔群岛埃内韦塔克环礁伊鲁吉拉伯岛，1952年11月1日。

核时代

1905 年
阿尔伯特·爱因斯坦阐述了他的狭义相对论。

1929 年
华尔街股灾，大萧条开始。

1939 年
纳粹入侵波兰，在欧洲引发第二次世界大战。

1944 年
第一台电子计算机“巨人”（Colossus）在英国布莱切利园开始运行。

1945 年
原子弹诞生，以及广岛和长崎的原子弹爆炸。“二战”结束。

1957 年
苏联的“斯普特尼克 1 号”卫星发射，这是世界上第一颗人造卫星，也是第一个绕地球运行的人造物体。

1962 年
在美国和苏联为期 13 天的对峙中，古巴导弹危机使世界接近核战争。

1969 年
阿波罗 11 号登月，尼尔·阿姆斯特朗在月球表面踏出第一步。

1989 年
柏林墙倒塌。

1991 年
12 月 26 日苏联解体。

现代原子科学起步于 19 世纪即将结束的时候。没有人确定这是物理学还是化学，但这门新学科使元素的性质和组织变得合理，也打破了关于物质基本性质的确定性。

具有讽刺意味的是，人们推翻了原子的名称（意为“不可分”），同时接受了原子是真实的物体。1908 年，法国物理学家让·佩兰在显微镜下测量了水中微小的树脂颗粒的运动，并证明它们不稳定的路径遵守了爱因斯坦三年前预测的数学规则。爱因斯坦的理论是基于这样的想法：正是这些小到看不见的水分子导致了“随机行走”。所以，这一结果支持了如下观点：物质由微小的颗粒组成，而这些颗粒由原子构成。佩兰在 1913 年出版的《原子》一书使原子理论赢得了最终的胜利，并说服了大多数一直持怀疑态度的科学家，这些科学家必须要看到原子存在的直接证据，他们认为原子不过是一种方便的表述方式。

但现在似乎很清楚，原子并不是构成物质的最小单位。1897 年，英国科学家约瑟夫·约翰·汤姆逊指出，从真空管负极发出的神秘射线，“阴极射线”，实际上是由带负电荷的粒子组成。这些粒子被命名为“电子”，它们被认为是电流的组成部分。无论来自哪种气体，所有的电子都是相同的。因此汤姆逊认为，电子是所有化学元素的原子的组成部分。它们是第一个亚原子粒子。

更重要的是，人们很快就发现，一个原子所含的电子数等于它的原子序数，而原子序数决定了元素在周期表中的位置。这个数字不只是一个标签，表示该原子在从轻到重的序列中的位置；这个数字还编码了一些深刻的东西，揭示了元素的原子结构。

对原子解剖的更多见解来自放射性的发现。科学家推断，来自铀等放射性物质的辐射实际上是粒子：原子的小碎片。“β 射线”实际上就是“β 粒子”—— 看上去，它实际上就是汤姆逊的电子。在世纪之交后不久，新西兰物理学家欧内斯特·卢瑟福指出，α 射线实际上是正电荷的粒子。在 1908 年曼彻斯特大学的一个优雅的实验中，他证明 α 粒子基本上是被剥去电子的氦原子。

通过与加拿大蒙特利尔麦吉尔大学的化学家雷德里克·索迪合作，卢瑟福指出，当放射性元素钍发射 α 粒子时，它似乎被转化为另一种元素。两位研究者最开始称之为“钍 -X”。这令人不安，因为化学元素应该是不可改变的：自然界提供了固定数量的各种元素，我们无法改变。但似乎，我们又可以制造更多的元素。

上图：汤姆逊发现电子所用的阴极射线管，1897 年，藏于英国伦敦科学博物馆。

卢瑟福认为，元素可以相互转化，这个想法听起来很危险，就像炼金术士的不可靠的信念。尽管如此，这个结论似乎不可避免。

科学家开始猜测由亚原子粒子构成的原子是什么样的。1902 年至 1904 年，汤姆逊和爱尔兰 – 苏格兰科学家开尔文勋爵都提出，原子是正电荷的云以某种方式镶嵌着电子，就像梅子布丁中的梅子（梅子布丁是当时英国餐桌上的主要甜点）。但汤姆逊已经指出，电子的质量只占氢原子的一小部分。因此，一旦几年后人们清楚地认识到原子的电子数等于其原子序数，问题就变成了：其余的质量在哪里？

卢瑟福在 1909 年回答了这个问题，当时他和他的学生汉斯·盖格、欧内斯特·马斯登用 α 粒子（他已经证明，α 粒子具有氦原子的全部重量）轰击薄薄的金箔。大多数粒子直接穿过，表明原子的大部分是空的。但也有一些粒子偏离了原来的路径，还有一些直接反弹回来，仿佛和某个巨大的障碍物相撞。卢瑟福的结论是，原子的大部分质量都集中在一个非常致密的“核心”（kernel）—— 根据这个词，他给出了希腊语名称“nucleus”（原子核）。核时代

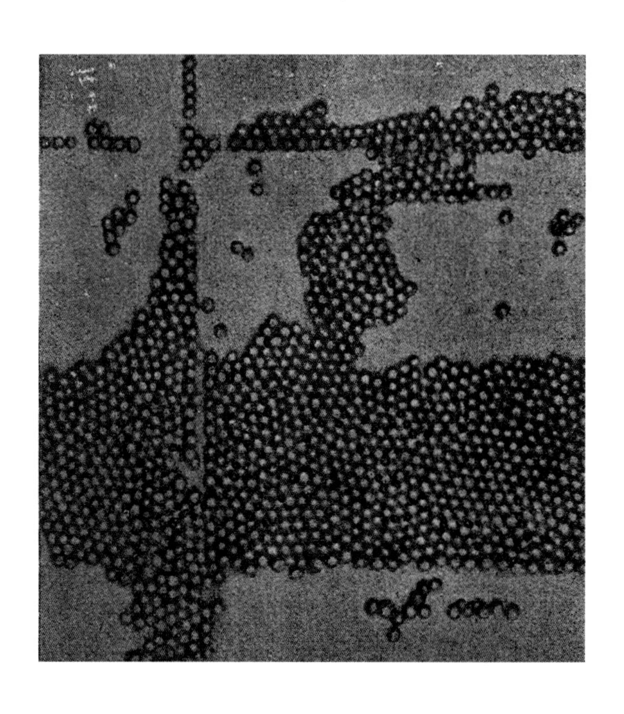

左图：在投影描绘器下测量颗粒。图片出自让·佩兰的《原子》（出版于纽约，出版商为 D. Van Nostrand Company），藏于美国加州大学图书馆。

左图：欧内斯特·卢瑟福、汉斯·盖格，以及他们用于计数 α 粒子的仪器，1912 年，照片藏于英国伦敦科学博物馆。

就此开始。

1911 年，卢瑟福提出，原子包括一个带正电荷的原子核，周围有足够的带负电荷的电子来平衡它，所以原子是电中性的。这很像太阳系中行星绕着（质量大得多的）太阳运行的方式 —— 但使原子固定在一起的不是引力，而是电荷之间的吸引力。

这种“行星原子”模型在接下来的几十年里逐渐完善。原子核本身是一个复合实体，由其他亚原子粒子组成。其中一个是质子（proton），它的电荷量与电子相等且相反，而质量几乎是电子的 2000 倍。电子可以离开一个原子或者加入一个原子 —— 这通常发生在化学反应中 —— 但质子的数量保持不变，并等于原子序数，它是化学元素的身份标志：例如，每个氢原子的原子核中有 1 个质子，而每个碳原子有 6 个质子。

然而，质子并不是原子核中唯一的粒子。原子（除了最普通的氢）还含有与质子质量相同但没有电荷的粒子：它们被称为“中子”，最早于 1932 年被发现。如果没有中子，原子核中带正电荷的质子会强烈地相互排斥，无法结合在一起。所有元素的原子都可以有不同的形式，叫“同位素”，它们有相同的质子数和不同的中子数。例如，氢有三种天然存在的同位素：最丰富的氢（占 99.98%）有 1 个质子，没有中子；氢 -2（也叫氘，Deuterium，几乎占了其他的天然丰度）有 1 个中子；氢 -3（氚，Tritium）有 2 个中子。

当放射性元素通过发射 α 粒子或 β 粒子（有时还有第三种辐射，γ 射线）进行衰变时，其原子核中的质子数会发生变化。α 粒子或 β 粒子从原子核中诞生：一个 α 粒子带走了两个质子和两个中子，从而将原子转化为元素周期表中前两格的元素的原子；尽管 β 粒子是电子，但在这种情况下，它们也来自原子核：一个中子分裂成一个电子和一个质子，电子被吐出，质子留下来。因此，原子核获得了一个质子，元素变成周期表中后一格的元素。

在自然界中，原子核解体或衰变的过程一直在发生，从一种元素变成另一种元素，或者从一种同位素变成另一种同位素，衰变的速度各不相同。有些同位素或多或少是稳定的，但还有些同位素以其“半衰期”定义的速度衰变。半衰期就是一堆原子（或

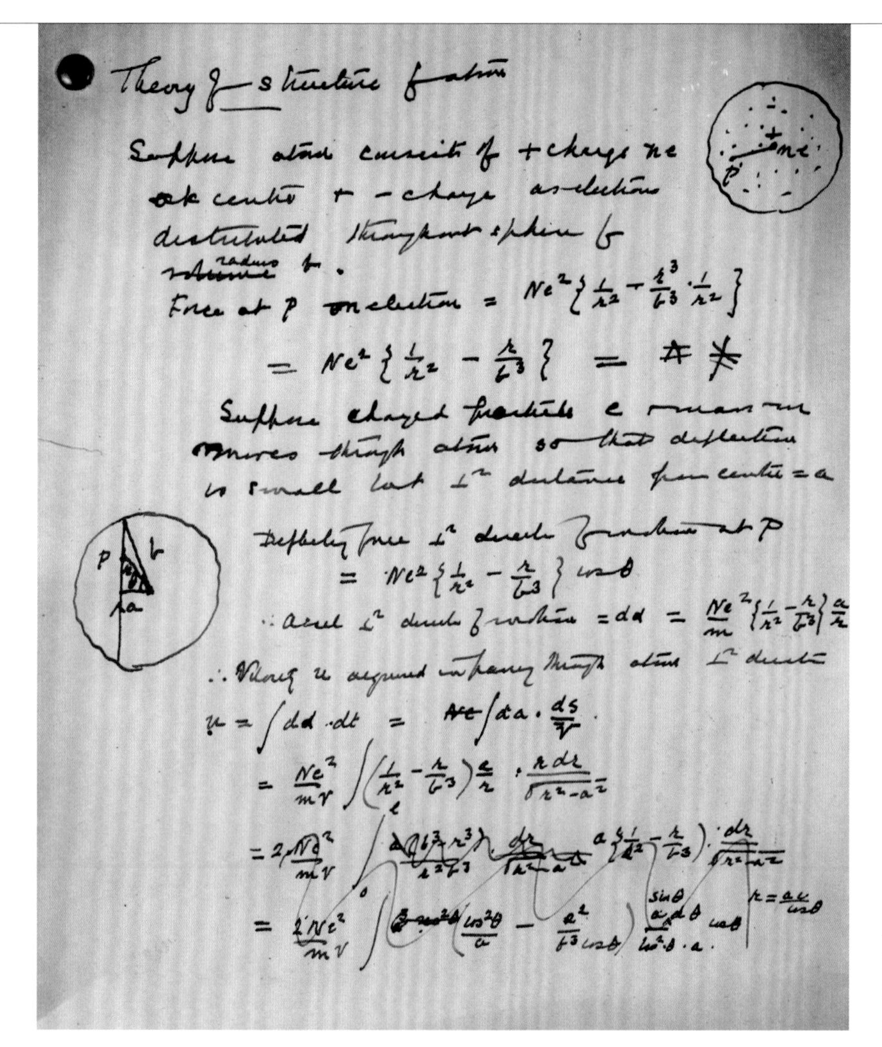

左图：欧内斯特·卢瑟福关于 α 粒子通过原子的第一次计算。手稿图片出自卢瑟福的论文，藏于英国剑桥大学图书馆。

一块材料）衰变一半所花的时间。无论最开始有多少个原子，半衰期总是相同的。例如，碳 -14 在地球大气中不断产生，是因为来自太空的亚原子粒子（宇宙射线）与空气中的氮原子发生碰撞。碳 -14 的半衰期为 5730 年。因此，当一种植物或动物死亡，其组织中的碳 -14 不再通过生长得到补充，它所包含的放射性同位素的量就会稳步减少。通过测量其遗体（如木雕或骨骼化石）中的减少量，我们可以计算出它的年龄 —— 这就是放射性碳定年法的基础。此外，铀 -238 的半衰期是 44.7 亿年。它是地球上众多的天然放射性元素之一，其逐渐衰变所发出的辐射能量有助于保持地球深处的温度和黏性，使岩石不断搅动，产生缓慢的大陆漂移。

20 世纪初，科学家开始了解原子的内部结构，并弄清楚不同元素的真正区别。同时，他们也看到了如何诱导和控制这些核反应与衰变过程。他们不仅掌握了如何释放束缚在原子核中的一些能量，也获得了诱导核反应的能力，将一种元素转化为另一种元素 —— 并制造出以前从未见过的新元素。寻找人造元素的工作开始了。

锝

第 7 族（VIIB）

43

Tc

锝

过渡金属

原子序数: 43

原子量: (98)

标准温度压力下的相: 固态

19 世纪末新发现的元素填满了元素周期表，但一些顽固的空格仍然存在。有一个元素的原子序数为 43，它上面是锰，左右两侧是钼（Molybdenum）和钌（Ruthenium）。这个缺失的元素显然是一种过渡金属，而且似乎没有什么特别之处。德米特里·门捷列夫在制定元素周期表时甚至预测了它的存在。但任何人、任何地方都找不到它。

这并不是因为缺乏尝试。1877 年，在圣彼得堡工作的俄罗斯化学家谢尔盖·柯恩声称他找到了一种属于这个位置的新金属，他以英国化学家汉弗里·戴维的名字命名为 davyum。但几十年后，它被证明是铱（Iridium）和铑（Rhodium）的混合物。1908 年，日本化学家小川正孝也声称发现了 43 号元素，他以自己国家的名字命名为 nipponium。他也错了，他可能是发现了铼（Rhenium）。

铼的发现通常归功于德国人瓦尔特·诺达克和伊达·塔克（他们两人后来结婚了），以及奥托·伯格。他们在柏林工作，于 1925 年报告了这一发现。诺达克夫妇和伯格在钶铁矿（铂和铌的矿石）等矿物中发现了这种元素。同时，他们声称，当他们用一束电子轰击钶铁矿时，看到了另一种新元素的证据。该材料发射出微弱的 X 射线，三位科学家认为这是一种未知元素存在的标志。他们认为这就是缺失的 43 号元素，并提议将其称为 masurium，以瓦尔特·诺

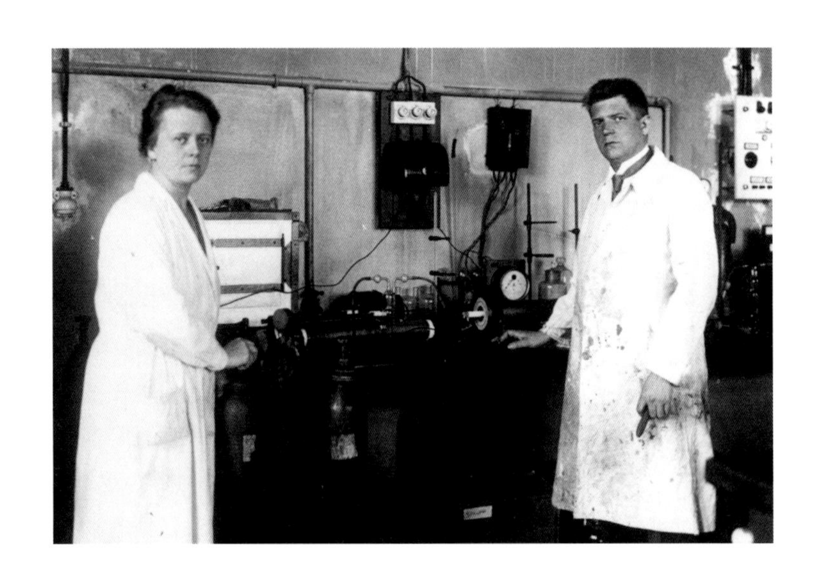

右图： 伊达·塔克和瓦尔特·诺达克在帝国技术物理研究所（PTR）的实验室，位于柏林夏洛滕堡，建于 1887 年，铼在这里分离出来和确定性质。照片来自德国韦塞尔市档案馆。

左图： 回旋加速器，第一个将粒子加速到能量超过100万电子伏的机器，藏于美国加利福尼亚劳伦斯伯克利国家实验室。

达克在东普鲁士的家乡命名。

确认43号元素

当时他们的说法被否定了，但后来的实验表明，他们的钶铁矿样品中可能确实含有43号元素，含量很少但可以被探测到。它是铀原子裂变时产生的：铀原子自发地分裂成更轻的原子核，其中可能包含这种元素。钶铁矿通常含有相当数量的铀——高达10%。1999年，新墨西哥州洛斯阿拉莫斯国家实验室的大卫·柯蒂斯指出，这种元素确实出现在铀矿中，而且他估计诺达克夫妇的样品中的量足以被探测到。更重要的是，20世纪80年代末，荷兰物理学家彼得·范·阿什切重新审视了诺达克夫妇和伯格报告的结果，认为他们的案例比他们同时代的人更有说服力。然而，这并不能说服所有人，而且说实话，我们不能肯定是谁发现了43号元素。

然而，43号元素不叫masurium——因为这一功劳被归于伟大的意大利放射化学家埃米利奥·塞格雷和他的合作者卡洛·佩里尔，他们都来自西西里的巴勒莫大学。43号元素是在1937年通过人工嬗变制成的：利用美国加州大学伯克利分校的粒子加速器，将氢-2（氘）的原子核射向钼金属靶。

这是当时核物理的最前沿。科学家在20世纪初就已经知道，通过亚原子粒子和原子的碰撞，可以人为地诱发核反应——将元素转变为另一种元素。最开始，“炮弹”是放射性原子发射的粒子，如α粒子。1919年，欧内斯特·卢瑟福用来自镭衰变的α粒子轰击氮原子，他得出结论，可以通过这种方式“分解”氮核：流行的说法是他“分裂了原子”。（事实上，他并没有真正做到这一点。相反，他的年轻同事帕特里克·布莱克特指出，被α粒子击中的氮原子获得了一个质子，变成了氧原子。）

然而，这种方法对较重的原子不起作用，因为它们的原子核更大、有更多的正电荷，会排斥带正电的α粒子，使它无法碰撞并进入原子核。为了克服这一障碍，炮弹拥有的能量应该大于它们从放射性衰变中获得的能量。1929年，美国人欧内斯特·劳伦斯在伯克利设计了一台机器，利用电场加速带电粒子，他称之为回旋加速器（因为被加速的粒子回旋运动）。其他研究者开始使用伯克利的回旋加速器，看看能诱发怎样的核嬗变。

上图：加州大学劳伦斯辐射实验室的1.5米回旋加速器，伯克利，摄于1939年8月，藏于美国华盛顿美国能源部公共事务局。

塞格雷本人并没有做43号元素的嬗变实验。他曾访问过伯克利，有人给他送来经过辐射的钼板，请他进行化学分析，看看里面是否有新的东西。这就是他和佩里尔发现元素的方法。43号元素是第一个通过技术手段获得的元素，因此被命名为Technetium（锝）。（塞格雷在巴勒莫的大学曾希望它被命名为panormium，基于该镇的拉丁文名称，但未能如愿。）

锝为什么如此难以寻获？很简单，它具有放射性——尽管寿命最长的同位素的半衰期为400万年，但锝元素出现在45亿年前地球形成的时候，“400万年”这个时间太短了，这些元素无法继续存在于地下。这意味着，我们今天必须通过核嬗变自己制造锝。

但有一个例外。1972年，科学家发现，非洲加蓬的奥克洛有一个天然铀矿床，大约在20亿年前就已经浓缩到能让铀缓慢地自发裂变，将矿床变成一个天然的核反应堆，缓慢地燃烧“燃料”——这个过程持续了100万年或更久。这个核过程产生了少量的锝——人们可以在奥克洛的矿物中检测到。

虽然很稀少，但锝确实有用，而且是具有重要的用途。1938年，塞格雷与伯克利的核化学家格伦·西博格合作，发现被中子轰击的钼-99会以“高能”的形式衰变成据说“相对稳定的”锝-99：它被称为^{99m}Tc。它以γ射线的形式释放出额外的能量，成为普通的锝-99，其半衰期为6个小时。

每个 ^{99m}Tc 原子都会发出两条 γ 射线，这些射线可以被探测到，从而确定其来源。^{99m}Tc 因此成为一种原子信标，用于绘制身体的医学图像。将原子附着于特定组织或细胞的分子上，γ 射线就可以提供身体内这些物体的地图。例如，附着在癌细胞上的蛋白质（^{99m}Tc 标记）可以对肿瘤成像，附着在红细胞上的分子可以显示血液循环；附着在心肌上的分子可以评估心脏病发作造成的伤害。^{99m}Tc 成像已被用于各种器官和组织：肺、肝、肾、骨骼和大脑。一旦 ^{99m}Tc 衰变成普通的 ^{99}Tc，它就会随尿液排出体外。这些实验中使用的 ^{99m}Tc 来自核反应堆中被辐射过的钼 -99，然后被运到医院，几天时间内它们就会衰变成 ^{99m}Tc。正是因为这种有价值的用途，相比于人们预期中的对这种稀有元素的研究，化学家对锝的研究 —— 将 ^{99m}Tc 标记在正确的器官上的基本知识 —— 要深入得多。

下图：埃米利奥·塞格雷在操作 90 厘米的回旋加速器，照片摄于 1941 年 6 月 12 日，藏于美国加利福尼亚劳伦斯伯克利国家实验室。

镎和钚

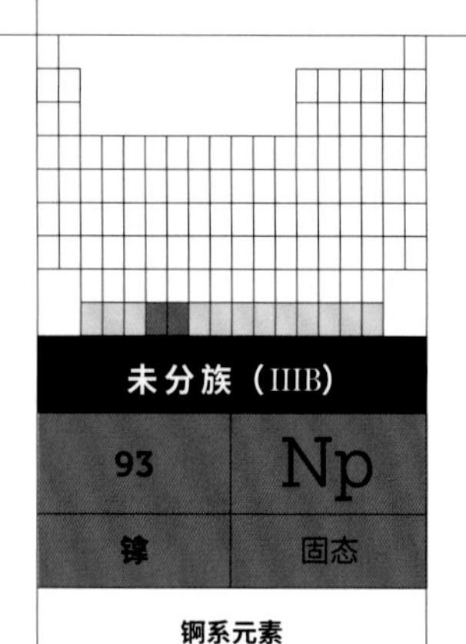

锕系元素

原子量：(237)

未分族（IIIB）

94 Pu

钚 固态

锕系元素

原子量：(244)

20 世纪 30 年代，科学家获得了诱导和控制核反应的能力，于是他们立刻就想知道能否创造出自然界没有的全新元素。当时已知最重的元素是铀，元素周期表中的 92 号元素。元素周期表能否人为地扩展到它的后面？

这是核炼金术士的壮举，使用的设备是粒子加速器：在加速器中，电场把带电粒子加速到非常高的能量。通过把粒子砸进原子核，也许可以制造出质子和中子的新结构？除了欧内斯特·劳伦斯在伯克利的回旋加速器，英国科学家约翰·考克饶夫和欧内斯特·沃尔顿在剑桥也建造了一个质子加速器——质子就是氢核。和劳伦斯的机器不一样，他们的机器是"线性"的：以直线的形式加速粒子，而不是以螺旋的形式。1932 年，他们使用这种设备向锂原子发射质子，把它们分裂成氦核。八年后，埃米利奥·塞格雷与伯克利回旋加速器的一个小组合作，向铋（83 号元素）发射 α 粒子，发现了一种未知的元素，85 号元素，他们称之为"砹"（Astatine，意思是"不稳定"，因为它的半衰期约为 7 个小时）。

右图：埃德温·麦克米伦在宣布发现时，重现搜寻镎的过程，1940 年 6 月 8 日，照片藏于美国加利福尼亚劳伦斯伯克利国家实验室。

对页图：粒子加速器的先驱约翰·考克饶夫在英国剑桥大学卡文迪许实验室，1932 年。

向原子核添加质子或 α 粒子并不是制造新元素的唯一方法。中子没有电荷，比那些带正电的粒子更容易进入原子核。英国的詹姆斯·查德威克在 1932 年发现了中子，中子是由放射性衰变的铀原子发射出来的，可以用作嬗变元素的炮弹。

乍一看，吸收一个中子并不会改变原子核的化学性质。元素性质只取决于原子核中的质子数；增加一个中子只是把它变成不同的同位

素。但是，当原子核发生β衰变，它的一个中子会分裂成一个质子和一个电子（一个β粒子），然后电子被抛出。这个过程也会喷射出一种难以捉摸的、非常轻的中性粒子，叫中微子。还有一种相反类型的β衰变，它将质子转变成中子，同时释放一个带正电的“反物质”电子，即正电子。

因此，发生在中子数占优势的原子核中的β衰变，使原子核的原子序数加1，成为周期表右边的下一个元素。

军事机密

在20世纪30年代，铀的右边没有任何元素。用中子轰击这种已知的最重元素，似乎是将元素周期表扩展到处女地的好办法。1934年，塞格雷与在罗马的核物理学家恩里科·费米合作，开始尝试这个方法。同年晚些时候，费米和他的同事奥斯卡·达戈斯蒂诺报告说，他们已经看到了以这种方法制造两种新原子的证据，原子序数分别是93和94。他们甚至提出了名称：ausenium和hesperium。但这个说法很快便被推翻。事实上，他们发现的是铀裂变的产物，铀原子核分裂成更小的碎片。他们无意中发现了这一过程，比奥托·哈恩和弗里茨·施特拉斯曼在柏林的报告早了四年。

1939年，塞格雷和费米都被迫逃离法西斯意大利，前往美国。塞格雷去了伯克利，在那里他和埃德温·麦克米伦一起用中子轰击铀，试图制造“超铀”元素。93号元素应该与铼位于周期表的同一族，所以他们认为这种元素将具有类似的化学性质。但他们识别的元素似乎更像稀土金属中的“镧系元素”，因此，他们认为只是分离出了一种镧系元素。

但并非如此。1940年，麦克米伦得到了一名年轻物理学家菲力普·艾贝尔森的帮助，他证明麦克米伦的铀靶中确实含有93号元素。铀是以天王星命名，因此很顺理成章地用下一个行星命名这种新物质：它被命名为Neptunium［镎，以海王星（Neptune）命名］。这并不是一种完全人造的元素，天然铀矿石中存在非常微量的镎——其他元素发射出的中子使一些铀原子转化为镎。但麦克米伦和艾贝尔森是第一个看到它的人。

我们还能不能走得更远?1941年，年轻的化学家格伦·西博格领导的伯克利团队使用回旋加速器向铀发射氢-2的原子核——氘核，它有1个质子和1个中子。碰撞产生了富含中子的镎的同位素，然后通过β衰变，形成94号元素。延续天文学术语，它被命名为“钚”（Plutonium），以最外层的“行星”，同时也是阴间之神的冥王星（Pluto）命名。

和镎不一样，钚的发现并没有直接报道。此时，核反应作为巨大能量来源的军事潜力已经很明显了，这样的研究属于敏感的机密信息，不能出现在科学杂志上。所以，宣布发现钚的论文直到1946年才发表。西博格和麦克米伦因为在超铀元素方面的工作获得了1951年的诺贝尔化学奖——而考克饶夫和沃尔顿获得了当年的诺贝尔物理学奖。

军事上的保密是完全合理的，因为在哈恩和施特拉斯曼于1938年报告了铀裂变之后，同盟国和轴心国都迅速意识到它可以被用来制造威力空前的炸弹。包括塞格雷在内的伯克利团队很快发现，有一种钚同位素，即钚-239，具有与铀-235类似的裂变性质，因此也可以用于制造炸弹。但它必须通过用中子轰击铀来人工制造。美国田纳西州的橡树岭很快建成了一个生产钚-239的工厂，截止到1945年已经制造出足够的钚-239（几千克）来制造一枚试验性核弹。这枚核弹于7月16日在新墨西哥州沙漠中

上图：钚弹“三位一体试验”，美国新墨西哥州白沙导弹靶场，1945年7月16日。

的“三位一体试验”中被引爆。第二枚钚弹，代号为“胖子”，于8月9日在日本长崎投下，造成约7万人死亡。人造的超铀元素已经到来，它的出现是难以想象的恐怖。

加速器元素：镅、锔、锫和锎

未分族（IIIB）	
95	Am
镅	固态

锕系元素

原子量：(243)

未分族（IIIB）	
96	Cm
锔	固态

锕系元素

原子量：(247)

未分族（IIIB）	
97	Bk
锫	固态

锕系元素

原子量：(247)

未分族（IIIB）	
98	Cf
锎	固态

锕系元素

原子量：(251)

在铀核上附加更多的质子和中子就可以得到超铀元素——只要这个目标有可能实现，科学家就会立刻意识到，这一过程可以作进一步引导。你可以先制造超铀元素镎和钚，然后向它添加更多的粒子。

这就是1944年格伦·西博格的伯克利团队制造95号元素和96号元素的方法。最先诞生的是96号元素，是在夏天通过用α粒子轰击钚-239产生的；95号元素随后出现，是通过向钚添加两个中子。这两个元素一直被保密，直到战争结束才公开和命名。96号元素开始了以伟大科学家的名字命名的做法——还有谁比开创了整个放射化学领域的居里夫妇更适合获得第一份荣誉?它就是锔（Curium）。与此同时，95号元素被赋予了民族主义的色彩，这是19世纪末命名惯例的遗产，现在由于冷战的开始，它被赋予了更多的涵意：它叫镅［Americium，以“美国”（America）命名］。

尽管战时围绕它们的创造有很多秘密，但这两种元素的公布可能是有史以来最随意的。1945年11月，为了回答一位听众的问题，西博格在美国的一个儿童广播节目中提到了它们——几天后才以更严肃的方式提交给美国化学学会。

放射化学家开始对作为化学实体的新元素感到好奇。它们如何与其他元素结合?它们的行为是否维持了元素周期表的趋势和规律?它们是否遵循与天然元素相同的化学逻辑?随着锔和镅的发现，西博格意识到它们的化学性质有一个意想不到的模式。它们并不像周期表中似乎在它们之上的元素：铱和铂。相反，它们形成的化合物更像

右图：格伦·西博格（左）和埃德温·麦克米伦，他们因为放射化学的研究而分享了1951年的诺贝尔奖，照片摄于美国加利福尼亚劳伦斯伯克利国家实验室。

上图: 装有13毫克锫-249的瓶子，由美国田纳西州橡树岭国家实验室的研究反应堆制造。田纳西州（Tennessee）在2009年被用来命名“人造”元素“石田”（Tennessine）。

是镧系元素——镧（57号元素）和铪（Hafnium，72号元素）之间的14个元素。西博格提出，它们属于一个类似的系列，从锕和钍开始。通过类比，他把它们称为“锕系元素”。

西博格和阿伯特·吉奥索领导的伯克利团队，通过用α粒子轰击镅和锔，推进到下一个层次。1949年，他们用这种方式制造了97号元素；次年，98号元素也随之而来。他们将前一个元素称为锫（Berkelium），后一个称为锎（Californium）。《纽约客》杂志诙谐地提问，既然这些元素出现在加州大学伯克利分校（University of California at Berkeley），为什么不更准确地命名为“niversitium”和“offium”，从而把两个新名字留给后面的元素。伯克利团队回答说，如果《纽约客》的科学家打败了他们，将接下来的两个元素命名为“newium”和“yorkium”，就会显得更加愚蠢。

这是一个有针对性的笑话。当然，不以发现元素的国家，而以发现元素的地区或城镇来命名元素，这是一个古老的传统。但现在，伯克利团队提出一个想法，即元素名称中也可以出现机构名：一个值得炫耀的“我们第一”的宣言 —— 尽管他们在纽约没有遇到真正的竞争者。然而，他们不是比赛中的唯一选手，元素制造正在成为一项国际运动，而且和当时大多数比赛一样，它受到了冷战紧张局势和竞争的影响。

缩小的窗口

这些新元素中有一些相当稳定，因此可以逐渐积累起来，甚至可以分离出来，多到可以用肉眼看见。镅的最早的同位素是镅 -241，它的半衰期为 432 年；而镅 -243 的半衰期为 7370 年。因此，这种元素可以被大量地制造，从而找到应用方式，最突出的是作为烟雾报警器的伽马射线来源。伽马射线从空气分子中敲出电子，使分子电离，并让一个非常小的电流通过电路中的两个电极。如果烟雾颗粒进入室内并阻断电流，就会触发警报。锔的第一个同位素是锔 -242，半衰期只有 160 天左右，但一些更重的同位素半衰期长达数千年甚至数百万年。

然而，到锫的时候，这种稳定性已经开始减弱。第一个被制造出来的锫的同位素是锫 -243，半衰期只有 4 个半小时 —— 而锫 -247 的半衰期为 1380 年。第一批锎原子的半衰期为 44 分钟。已经很清楚的是，如果化学家想要研究这些超铀元素，那么随着这些元素变得更重，机会之窗也会越来越窄。

右图： 埃德温·麦克米伦和爱德华·洛夫格伦在质子回旋加速器的防护物上，此照片于 20 世纪 50 年代在美国加利福尼亚劳伦斯伯克利国家实验室拍摄。

TR 4
WT 58,000
TR 4
WT 58,100
TR 4
WT 58,000
TR 1
WT 58,000
QB 4
WT. 55,400
QB 4
WT. 57,500
ET 14
WT. 6000 LBS.
E IV 13
WT. 15 500 LBS
E IV 12

炸弹试验的元素：锿和镄

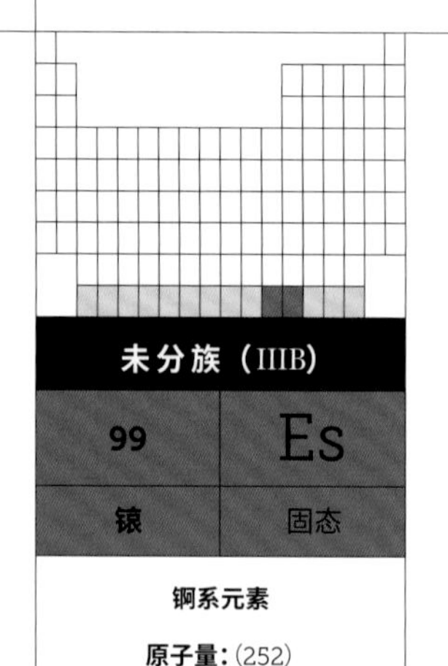

未分族（IIIB）

100 Fm

镄 固态

锕系元素

原子量：(257)

1938 年发现的铀的核裂变表明，如果科学家掌握了如何控制裂变过程，几十年前就知道的锁在原子核中的巨大能量就可以被利用和按需释放。到战争结束时，科学家已经知道如何建造核反应堆，从而缓慢地释放核能；也知道如何制造核弹，在可怕的、毁灭性的爆炸中一次性地释放核能。

甚至还有更多的可能性 —— 无论好坏。1919 年英国物理学家弗朗西斯 · 阿斯顿发明了一种可以非常精确地称重原子的仪器，他发现这些元素的质量不完全是氢原子质量的整数倍 —— 虽然氢核（1 个质子）是它们的构成单位。（当时人们还不知道原子核的另一种粒子，中子。）阿斯顿认为，通过爱因斯坦的标志性关系 $E = mc^2$，粒子在“核聚变”的过程中形成更重的原子核时，缺失的质量已经转化成了能量。质量的减少非常小，但足以在核聚变中释放出巨大的能量。阿斯顿写道：“将一杯水中的氢转化为氦，释放出的能量足以驱动‘玛丽皇后号’以全速穿越大西洋并返回。”

研究人员很快发现，这种核聚变产生了类似于太阳的恒星的能量：太阳是致密的球，里面的氢正在聚变成氦。每一秒钟，太阳中大约有 6 亿吨的氢转化为氦。然而，这并不是聚变过程的终点。一旦一颗恒星将大部分氢燃烧成氦，它就会收缩，并点燃氦的聚变，使之成为更重的元素，比如碳或氧。在稍后的阶段，这些元素还会聚变成钠、镁、硅等元素。换句话说，恒星是天然的元素工厂，所有的天然元素都是通过核聚变产生的。

放射性坠尘

核科学家意识到，从核聚变中获取的能量可能比核裂变多。要释放这些能量，氢的密度和温度必须极高，而这很难控制。使太阳中的氢原子聚合需要相当不切实际的条件，但同位素氢 -2（氘）和氢 -3（氚）可以在不太极端的条件下聚变。1942 年，恩里科 · 费米和匈牙利裔美国物理学家爱德华 · 泰勒意识到，这一过程可用于制造比铀裂变炸弹威力大很多倍的“超级炸弹”。泰勒恳求美国政府推行这一想法，要赶在纳粹之前 —— 也要在苏联之前。

“二战”期间，曼哈顿工程的工作重点是裂变核弹，因此这种“氢弹”—— 也叫“热核弹”（因为是热量引发了核反应）—— 直到后来才被开发出来。第一次氢弹试验，代号为“迈克”，于1952年在太平洋马绍尔群岛的埃内韦塔克环礁上进行。它的威力比广岛的原子弹强千倍，使引爆的小岛瞬间蒸发。三年后，苏联进行了第一次氢弹试验，标志着核对峙的开始，以及“保证相互毁灭”（指的是对立的两方中如果有一方全面使用核武器则两方都会被毁灭——译者注）时代的来临。

然而，迈克试验也带来了新的科学成果。飞过蘑菇云的飞机的过滤器，以及附近环礁的珊瑚，被送到伯克利，用于分析放射性坠尘。（其中一架收集过滤器样本的喷气式飞机在炸弹的电磁脉冲扰乱电子设备时失去了方向，在燃料耗尽的情况下坠落海中，飞行员吉米·罗宾逊牺牲。）放射性化学家还发现了两种新元素的证据，原子序数分别是99和100。爱因斯坦的著名公式为氢弹指明了方向，他们以这位科学家的名字命名了第一个元素：锿(Einsteinium)。第二个元素的名字是纪念费米在理解和应用核能方面的开创性贡献——镄（Fermium）。为了保密，这些发现直到1955年才公布。尽管爱因斯坦和费米在提出这些名称时都还活着，但他们都没能等到这些新元素被正式宣布的那一天。

上图：恩里科·费米在黑板前面，照片约于20世纪40年代在华盛顿美国能源部拍摄。

走向超重元素

这些重元素在氢弹的放射性坠尘中做了什么?它们产生于裂变炸弹中使用的铀，当炸弹引爆的时候，铀原子浸在中子里，作为点燃氘和氚聚变的引线。1954年，伯克利团队报告说，他们在实验室通过用钚和锎来制造这两种元素。

几个月前，位于瑞典斯德哥尔摩的诺贝尔物理研究所的一个团队也制造出了镄。他们的方法标志着制造超铀元素的一种新方法。他们并没有试图在目标核中植入中子或α粒子，而是通过粒子加速器向铀核发射氧离子，从而在原子序数上提供了较大的增量。伯克利团队也在探索这种方法，这种方法可以沿着直线使超铀元素的行列向前跳很多步。在接下来的几十年里，两个相对重的原子核的融合将成为制造新的“超重”元素的关键手段。

早期的超镄元素

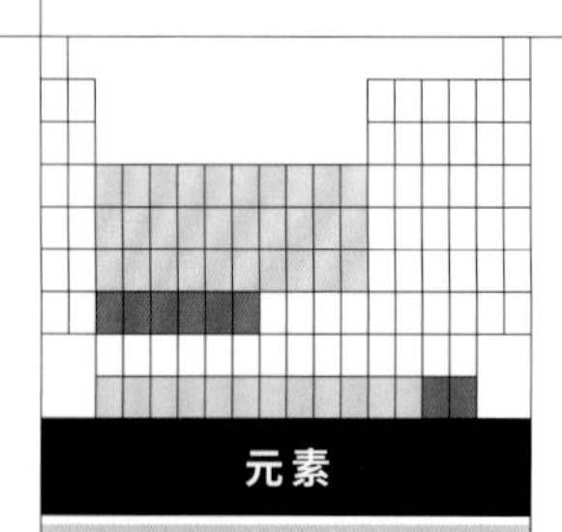

元素

钔(Mendelevium) 101
锘(Nobelium) 102
铹(Lawrencium) 103
铲(Rutherfordium) 104
𨧀(Dubnium) 105
𨭎(Seaborgium) 106
𨨏(Bohrium) 107
𨭆(Hassium) 108

瑞典科学家报告说，他们在1954年用氧离子轰击铀得到了100号元素，但美国和苏联大实验室里经验丰富的元素猎手却并不把他们看在眼里。然而，尽管资源相对匮乏和低劣，瑞典科学家确实是坚定的竞争者。1957年，斯德哥尔摩团队展示了102号元素的证据，他们建议将其命名为锘（Nobelium），以设立诺贝尔奖的化学家阿尔弗雷德·诺贝尔命名。但是，他们的数据很不稳定；当时这一说法没有让其他人相信，也没有得到证实。

但无论如何，苏联团队已经要求了优先命名权。苏联的元素制造中心是位于莫斯科附近的杜布纳联合核子研究所（JINR），这是苏联的国家科学中心之一，由苏联核弹计划的资深推动者、核物理学家格奥尔基·尼古拉耶维奇·弗廖罗夫领导。1956年，弗廖罗夫的团队说他们通过用氧离子轰击钚制造了102号元素，他们建议命名为"joliotium"，以玛丽·居里的女儿伊雷娜·约里奥－居里及其丈夫弗雷德里克·约里奥的名字命名。伊雷娜追随母亲的脚步，在20世纪30年代和40年代成为核科学领域的领军人物，而弗雷德里克是公开的共产主义者。

1958年，伯克利团队宣称，他们有了第一个令人信服的102号元素的证据，方法是用碳离子碰撞含有人造锔元素的靶子。这成为接下来大约20年的典型模式：竞争团队公布了一种新元素的证据，同时质疑竞争对手的证据。如何裁决这些主张?当时和现在都是由国际纯粹化学与应用化学联合会（IUPAC）来评估，它会请一个专家小组来衡量证据。然而，在冷战期间，这个国际机构也陷入了争论之中。它在1957年同意将102号元素的名称定为"锘"——这已经定下来了，但最终的决议是1956年的杜布纳声明优先于瑞典声明。但是到了20世纪80年代，这些争议已经在元素周期表的最远端造成了混乱。

以104号元素为例。苏联人说他们在1964年通过聚合钚和氖离子制造了它，并以苏联核科学家伊格尔·库尔恰托夫的名字命名为"kurchatovium"。库尔恰托夫是苏联核科学计划的负责人，策划制造了苏联第一颗核弹。但是伯克利的阿伯特·吉奥索和他的团队对这一说法提出异议，并坚持认为他们1969年从锎和碳中发现的104号元素是第一个令人信服的证据。他们称此元素为"Rutherfordium"（铲），以原子核的发现者欧内斯特·卢瑟福命名。苏联人和美国人都使用自己提议的名字，很快关于这些"超镄"元素的文献就陷入了

上图：更新元素周期表：阿伯特·吉奥索将“Lw”（Lawrencium的缩写）加入103号空格，旁边是合作者罗伯特·拉蒂默、托比昂·西克兰博士和阿尔蒙·拉什。照片由唐纳德·库克西于1961年拍摄，藏于美国国家档案局。

混乱。

情况变得更加糟糕。1967年杜布纳联合核子研究所的弗廖罗夫团队报告了105号元素的证据，三年后他们提出了一个繁琐的名字“nielsbohrium”，以丹麦物理学家尼尔斯·玻尔的名字命名：他在1912年指出了量子力学如何解释电子在原子中的排列。可以预见的是，吉奥索和伯克利团队在三年后提出了自己的论据，以奥托·哈恩的名字提出了“hahnium”。106号元素的情况也是如此；而107号元素还有另一个申请者。在德国达姆施塔特，重离子研究中心（GSI）带着一个专门建造的粒子加速器加入了这场战争，他们用加速器将重离子（如钙和铬）与铋等目标碰撞。这代表了另一种新的策略：不是将碳原子这样的小块添加到铀这样的重原子中，而是让两个中等大小的原子合并。该团队说他们在1981年制造了107号元素，但杜布纳团队声称他们在五年前就已经制造了它。

1985年，国际纯粹与应用化学联合会与国际纯粹与应用物理学联合会（IUPUP）合作，成立了一个超镄工作组来评估关于104号至107号元素的各种主张。该委员会在1992年宣布了他们的决定，称在任何情况下，都不可能明确地裁定优先权：和所有科学一样，有时候一个结果必须被认为是可信的，而不是确定的。不过，他们还是必须指定名称。1994年，工作组决定将104号元素称为“Dubnium”，以表彰苏联团队的努力；105号元素是“Joliotium”；106号元素获得了之前为104号元素提议的名字“Rutherfordium”；107号元素是“Bohrium”；108号元素是“Hahnium”。

随即便出现了异议。获得108号元素命名优先权的德国团队不想以奥托·哈恩的名字命名，而是坚持他们的首选“Hassium”（镙），以重离子研究中心所在的德国黑森州（Hesse）命名。更有争议的是，伯克利的美国人——该实验室现在被称为劳伦斯伯克利国家实验室——在1994年开始将106号元素称为“Seaborgium”（𬭳），以格伦·西博格的名字命名。你可能会想，这很公平：没有人会质疑西博格对该领域的巨大贡献，但问题是——如果可以这样说的话——他还活着。

持续的争论

以前还没有一种元素以在世的科学家的名字命名。的确，并没有一条明确的“规则”——毕竟，提出“锿”和“镄”的时候，两位科学家都还活着。但是国际纯粹与应用化学联合会似乎已经决定，这就是现在的传统——直到面对美国化学学会的反抗，他们才妥协。于是，在1997年，这些名字又被重新分配：104是Rutherfordium（𬬻）；105是Dubnium（𬭊）；106是Seaborgium（𬭳）。

这个事件被称为“超镄元素之争”，对核化学来说这并不光彩，因为它似乎反映了该领域是民族主义、沙文主义、必胜主义和自负主义的温床。此外，所有关于优先权和命名的争论都可能掩盖真正重要的问题，即这些元素在化学上是怎样的。随着质量的增加，这些“超重”元素的通常寿命变得越来越短，其形成速度也越来越慢。因此，寻找答案需要更多的技巧和智慧。

以𬭳为例。重离子研究中心的生产速率通常只有每天几个原子，而即便是20世纪90年代已知的寿命最长的同位素，半衰期也是以秒计算的。（目前的最长纪录是2018年报道的𬭳-269，半衰期为14分钟。）尽管如此，研究中心的科学家还是设计了一个系统试验，可以非常迅速地从碰撞碎片中分离出𬭳原子，然后带着它们沿着气流的管道进入一个室，少量的原子会在这里与氧气这样的化学物质反应，形成可以快速分析的化合物——这一切都在几秒钟内完成。正是因为𬭳原子发生了衰变，在这些实验中才能看到它们，因为它们以特有的能量发射出α粒子。通过这种方式，研究人员可以弄清楚𬭳原子的化合物的构成，以及溶解度之类的性质。他们还成功地通过这种方式研究了𬭛和镙——可惜它们的半衰期都太短，根本没有足够的时间推断出更多的信息。

于是，有了这么一个问题驱使人们去研究超重元素的化学性质：在这个由人造超重元素组成的奇特体系中，元素周期表是否仍然有效；这种备受推崇的元素组织方案，会不会在这种极端情况下开始崩溃？

对页图：在加州劳伦斯伯克利国家实验室，格伦·西博格在黑板上标注超铀元素。照片摄于1951年11月，藏于美国国家档案局。

94-Plutonium
95-Americium -63- Europium
96-Curium -64-
-65- Terbium
-66-

行的结束

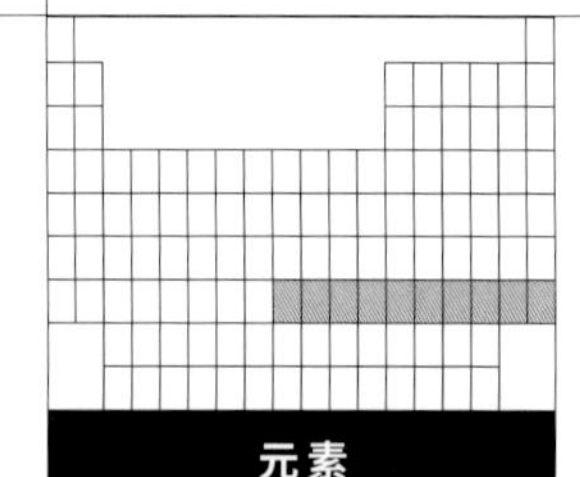

元素

- 鿏(Meitnerium) 109
- 鐽(Darmstadtium) 110
- 錀(Roentgenium) 111
- 鎶(Copernicium) 112
- 鉨(Nihonium) 113
- 鈇(Flerovium) 114
- 镆(Moscovium) 115
- 鉝(Livermorium) 116
- 鿬(Tennessine) 117
- 鿫(Oganesson) 118

冷战结束后，“超镄元素之争”也随之解冻。相比于20世纪90年代，今天寻找新的超重元素的工作有了更强的合作精神。不过，这不仅仅是反映了地缘政治关系的转变——也或多或少是这项任务本身的难度带来的必然。将元素周期表扩展到108号元素以后是非常困难的，需要来自不同国家的团队相互帮助：分享样本，检查和验证声明，提供专业知识。

更重要的是，这场比赛的意义已经远远不是谁先找到下一个超重元素。面对这样一个可怕的挑战，这些团队越来越注重巩固已经知道的东西：制造更多已知的超重元素，以便研究它们的性质，试图更加理解是什么决定了这些膨胀的、裂变的原子的稳定性。从1981年到1996年，德国的重离子研究中心团队制造了107号到112号之间的所有元素，其中的最后一种被命名为Copernicium（鎶），以16世纪末提出“日心说”宇宙模型的天文学家哥白尼（Copernicus）的名字命名。（这是一个奇怪的选择，因为哥白尼与原子或化学毫无关系。）这种元素首次被看到是在1996年一束锌离子与铅靶的碰撞中：这种两个质量相近的中型核的聚变被称为“冷聚变法”，因为相比于向一个已经很重的元素添加一个更小的核，这种方法需要的能量更少。直到2009年，在大量的进一步研究证实了这一说法之后，这一发现才被正式承认。

国际上的元素制造者已经成功地完成了一个伟大壮举，填满周期表的最下面一行，使其总数达到118个。最后一个元素位于以氦为首的惰性气体（即“稀有气体”）列的最下面。它被称为Oganesson（鿫），以俄罗斯杜布纳联合核子研究所的团队领导人尤里·奥加涅相的名字命名。奥加涅相在2002年首次发现了它。这也是𬭳之后第二个以在世科学家命名的元素。第一次探测是来自锎与钙离子的聚变，只涉及一两个新元素的原子，它经历的α衰变半衰期仅为0.69毫秒。这一发现在2006年被证实，由杜布纳团队和加州劳伦斯利弗莫尔国家实验室的美国科学家合作完成。

这种微弱的、转瞬即逝的迹象很难确定，也很难被确认。2015年12月，国际纯粹与应用化学联合会和物理学联合会的评审委员会宣布，杜布纳/利弗莫尔的努力已经报告了115号、117号和118号元素的令人信服的证据。2003年在杜布纳联合核子研究所首次看到的115号元素被命名为Moscovium（镆，杜布纳位于莫斯科地区）。117号元素——迄今为止的最新发现——被命名为

对页图： 通用线性加速器（UNILAC）的结构，在重离子研究中心用于制造新元素，位于德国达姆施塔特附近。

Tennessine（鿬），因为尽管它也是在 JINR 发现的，但该实验室使用的是田纳西州橡树岭国家实验室生产的锫靶。总共 22 毫克的锫样品于 2008 年 12 月完成，其半衰期只有 330 天，而提纯这种人造元素就要花 90 天。然后，它必须被尽快运到杜布纳进行对撞机实验。你可能想到了，发送一个高放射性的国际包裹（密封在一个铅容器里）需要相当严格的文书工作 —— 在从纽约到莫斯科的第一次飞行中，文件被遗落了，所以它被运回。在第二次尝试时，俄罗斯海关官员发现了它的问题，于是它又回到了大西洋上空。在被允许通过之前，它总共经历了五次旅行 —— 每一次都损失了珍贵的锫原子。即使在那时，一位过度热心的俄罗斯海关官员想要打开包裹检查，直到有人说服他这是一个非常糟糕的主意。在向该材料发射了 150 天的钙离子之后，俄美团队在 2010 年 4 月宣布看到了 6 个 117 号元素的原子，也就是鿬原子。

国际纯粹与应用化学联合会和物理联合会的委员会还宣布，113 号元素是日本光和市的理化学研究所的加速器科学中心的一个团队在 2004 年首次制造的。日本团队使用了德国团队开创的"冷聚变法"（该理论经尤里·奥加涅相发展），在这里是将锌离子和铋靶融合。这是日本发现的第一个超重元素，理化学研究所团队以他们国家的名称将其命名为 Nihonium（鿭）。

关于这些极端元素的一个关键问题是，它们是否遵循门捷列夫元素周期表的基础，即化学行为的周期性。对于重元素来说，表中的趋势可能会因狭义相对论的影响而被打断 —— 狭义相对论是爱因斯坦在 1905 年提出的，用来描述速度非常快的物体。由于原子最内层的电子与带高电荷的原子核之间有强烈的静电相互作用，所以这些电子的能量可能非常高，它们的速度非常快，以至于它们的质量变得更大 —— 就像狭义相对论预测的那样。这意味着最内层电子会被拉向原子核，从而更有效地使外层电子不受核电荷的影响。这种"相对论效应"改变了外层电子的能量，并因此影响了原子的化学活性。在我们熟悉的元素性质中，相对论效应就已经很明显 —— 例如，金的淡黄色和汞的低熔点。𨧀（105 号元素）等超镄元素的化学行为已经表现出这种效应。

但几乎不可能确定最大的超重元素的化学性质，因为它每次只产生一两个原子，而且衰变得非常快。尽管如此，科学家已经收集到一些线索。一个相对简单和快速的技术是测量原子从气体中被吸收到固体表面的强度。例如，德国团队的实验表明，𫓧（114 号元素）和它上面的元素（铅）一样具有金属性质，但活性较差；而鿭（113 号元素）与金一样表面形成强力的化学键。

在这些极端的原子中，化学行为的基准最终可能完全崩溃。一种元素如何反应，取决于其电子排列成壳的方式。但是，当原子核的质量如此之大，壳本身可能开始变得模糊，形成的电子云看起来几乎没有区别。这就是学界对鿫的预测。目前还没有实验能告诉我们它的任何化学信息 —— 其寿命最长的同位素半衰期不到 1 毫秒 —— 因此，科学家不得不根据量子力学方程的计算得出预测。这些预测意味着鿫有一个松散的、被遮住的电子罩，因此与周期表中位于它之上的惰性气体不同。它应该更容易形成化学键，而且许多鿫原子 —— 如果能制造出来的话 —— 应该能凝聚成固体，而不是像气体那样彼此冷漠。

寻找稳定

许多研究者对未来几年看到 119 号元素和 120

上图：发现新的超重元素113号元素鉨的日本团队负责人森田浩介，正在指出鉨在元素周期表中的位置，照片摄于2015年。

号元素的前景感到乐观，但它们的产生率可能非常小：目前的技术不是一天探测到一两个，而是一年能发现一次就不错了。所以这是个漫长的比赛，需要极大的耐心。

然而，核科学家推测，对于原子核中具有“特定”质子数和中子数的同位素而言，存在一个“稳定岛”。正如原子中的电子排列在壳中，质子和中子也有一个壳结构。电子的壳结构给某些构型带来了特殊的稳定性，特别是稀有气体的完全填满的壳；而所有质子和中子也有赋予稳定性的“幻数”。这个假定的稳定岛的中心对应着超重体系的“双幻数核”（即质子数和中子数都是幻数的核）。

这种具有双幻数核的主要候选者是同位素鈇-298，它有114个质子和184个中子。如果证明这种同位素特别稳定，那么一些同位素可能有足够长的半衰期，可以逐渐积累大量的元素。但是我们还不知道超重空间里是否存在稳定岛，而且科学家怀疑会很难到达。寻找新元素的几个世纪的探索，是会继续下去，还是已经接近终点?但可以肯定的是，元素猎手——现在已经变成了元素制造者——不会松懈他们寻找答案的决心。

引文出处

第9页：“我们这个部门不雇用女性”: Chapman, p.154.

第14页：“世界的躯体由四种基本成分组成……”: Plato, *Timaeus and Critias*, p.43. Penguin, 1986.

第16页：“大多数早期哲学家认为……”: Aristotle, *Metaphysics*, Book I, Part 3 (ca. 350 BC).

第18页：“通过化合、凝固和嵌入世间万物……”: Pullman, p.14.

第19页：“只源自水的木头、树皮和树根重164磅”: J. B. van Helmont, *Oriatrike or Physick Refined*, transl. J. Chandler. Lodowick Loyd, London, 1662.

第21页：“地球周围的气都在运动”: Aristotle, *Meteorology* Bk I, Pt 3 (ca. 350 BC), transl. E. W. Webster.

第22页：“一切事物都依赖于冲突和需要”: Text designated DK22B80 in the collection of Presocratic sources collected by Hermann Diels & Walther Kranz, *Die Fragmente der Vorsokratiker*. Weidmann, Zurich, 1985.

第24页：“万物生于大地……”: Pullman, p.19.

第25页：“土居中央，为之天润……”: J. C. Cooper, *Chinese Alchemy*, p.89. Sterling, New York, 1990.

第27页：“当然，我们必须认为……”: Plato, *Timaeus and Critias*, p.79. Penguin, 1986.

第28页：“诸神用（它）在整个天堂上绣出了星座”: 出处同上, p.78.

第32页：“如果我们的欲望没有深入地表……”“从我们的生活中被彻底赶走”: Multhauf, p.95.

第45页：“像狼一样扑过来”: Lord Byron, ‘The Destruction of Sennacherib’ (1815).

第45页：“公元前 6 世纪的希腊文明……”: T. K. Derry & T. I. William, *A Short History of Technology*, p.122. Clarendon Press, Oxford, 1960.

第46页：“渗碳钢只不过是铁……”: C. S. Smith, ‘The discovery of carbon in steel’, *Technology and Culture* **5**, 149–175 (1964), here p.171.

第52页：“复苏死者”: H. M. Pachter, *Paracelsus: Magic Into Science*, p.137. Henry Schuman, New York, 1951.

第54页：“地狱硫火和奇异的火焰”: J. Milton, *Paradise Lost*, Bk Ⅱ, line 69 (1667).

第61页：“就像从火中取出的炮弹一样闪闪发亮”: J. Emsley, *The Shocking History of Phosphorus*, p.32. Macmillan, 2000. “人的身体”: 出处同前, p.34.

第62页：“血红色的液滴”，“比蜂蜜还甜”: L. Thorndike, *A History of Magic and Experimental Science*, Vol. Ⅲ, p.360. Columbia University Press, New York, 1934.

第72页：“相信我，当我宣布我区分了这些化学家……”: R. Boyle, *The Sceptical Chymist*, p.xiii. London, 1661.

第72—73页：“在一些物体中无法提取四元素”: *The Sceptical Chymist*, in Brock, p.57; “某些原始的、简单的或完全纯净的物质……”: 出处同前, in H. Boynton, *The Beginnings of Modern Science*, p.254. Walter J. Black, Roslyn, 1948.

第78页：“古代人不知道的”: Wothers p.32; “发现了一种叫 bissamuto 的金属……”: A. Barba, *The Art of Metals*, pp.89–90. S. Mearne, London, 1674.

第83页：“还有一种大多数人不知道的金属……”: in Agricola, p.409; “相比于 Calamy（锌渣），Zink（锌）使铜的颜色更漂亮”: G. E. Stahl, *Philosophical Principles of Universal Chemistry*, p.335. John Osborn & Thomas Longman, London, 1730; “（锌）非常像锡……”: Wothers, p.58; “欧洲的化学炼金术士都不知道”: R. Boyle, *Essays of the strange subtility great efficacy determinate nature of effluviums*, p.19. M. Pitt, London, 1673.

第84页：“具有极强的腐蚀性……”: Agricola, p.113.

第86—87页：“还发现了各种相同颜色的小器皿……”: Theophilus, *On Diver Arts*, p.59. Dover, New York, 1979.

第88页：“真的有毒”，“不要用它弄脏你的嘴”: Cennino Cennini, *The Craftsman's Handbook*, transl. D. V. Thompson, p.28 . Dover, New York, 1933.

第90页：“不能与它做伴”: 出处同上, p.28.

第93页：“从彻底煮沸的或用火熔融的玻璃中……”: J. B. van Helmont, *Oriatrike, or, Physick Refined*, p.615. Lodowick Loyd, London, 1662; “一种新金属的金属灰”: T. Bergman, *Physical and Chemical Essays*, Vol. 2, p.202. J. Murray, London, 1784.

第98页：“新行星的发现没有跟上新金属的发现……”: M. Klaproth, *Analytical Essays Towards Promoting the Chemical Knowledge of Mineral Substances*, Vol. 1, p.476. T. Cadell, London, 1801.

第106页：“害羞和腼腆得近乎病态”: C. Jungnickel & R. McCorrmach, *Cavendish: The Experimental Life*, p.304. Bucknell, 1999.

第110页：“过了一段时间之后，我感觉呼吸特别轻盈和轻松”: J. Priestley, *Experiments and Observations of Different Kinds of Air*. J. Johnson, London, 1775.

第119页：“这两种物质都属于某种易燃物”: S. Tennant, ‘On the nature of the diamond’, *Philosophical Transactions of the Royal Society* **87**, 123–127, here p.124 (1797).

第127页：“利用暮冬天气”: M. Faraday, ‘On fluid chlorine’, *Philosophical Transactions of the Royal Society* **113**, 160–165, here p.160 (1823).

第128页：“火会熔化（萤石）……”: G. Agricola, *De natura fossilium*, transl. M. C. Bandy & J. A. Bandy, p.109, footnote. Mineralogical Society of America, New York, 1955.

第133页：“灰色，非常坚硬……”: ‘H. V. C. D.’, *Journal of Natural Philosophy, Chemistry, and the Arts*, July, pp.145–146 (1798); “由于其美丽的翠绿色……”: R. Newman, ‘Chromium oxide greens’, in E. West Fitzhugh (ed.), *Artists' Pigments: A Handbook of Their History and Characteristics*, Vol. 3, p.274. National Gallery of Art, Washington, DC, 1997.

第134页：“有望用于绘画”: F. Stromeyer, ‘New details respecting cadmium’, *Annals of Philosophy* [translated from *Annalen de Physik*], **14**, pp.269–274 (1819).

第140页：“原子就是道尔顿先生发明的圆形木头碎片”: Brock, p.128.

第140页：“为了科学和（你）自己的荣誉”: J. Dalton, *A New System of Chemical Philosophy*, Preface, v. R. Bickerstaff, London, 1808.

第147页：“具有高度金属光泽的小球……”: H. Davy, ‘The Bakerian Lecture: On some new phenomena of chemical changes produced by electricity, particularly the decomposition of the fixed alkalies…’, *Philosophical Transactions of the Royal Society* **98**, 1–44, here p.5 (1808); “欣喜若狂地在房间里跑来跑去”: H. Davy (ed. J. Davy), *The Collected Works of Sir Humphry Davy*, Vol. I, p.109. Smith, Elder & Co., London, 1839–1840; “瞬间爆炸……产生明亮的火焰”: Davy, ‘The Bakerian Lecture’, p.13.

第148页：“把它扔到水里……”: Davy, *The Collected Works of Sir Humphry Davy*, Vol. I, p.245.

第150页：“更知名”: L. B. Guyton de Morveau, *Method of Chymical Nomenclature*, transl. S. James, p.49. G. Kerasley, London, 1788.

第154页：“一些哲学朋友的坦率批评”“深灰色的金属膜”: H. Davy, *Elements of Chemical Philosophy*, p.350. J. Johnson & Co., London, 1812.

第156页：“深橄榄色”: Davy, *Elements of Chemical Philosophy*, p.316; “是最像碳的物质”: 出处同前, p.314.

第158页：“不得不寻找其他的处理方法”: Davy, *The Collected Works of Sir Humphry Davy*, Vol. Ⅳ, p.116; “一层金属物质的薄膜”: 出处同前, p.120; “灰色的不透明物质……”: 出处同前, p.121; “与石墨不一样的黑色颗粒”，“许多具有金属光泽的灰色颗粒”: 出处同前, *Elements*, pp.268, 263.

第159页：“完全不存在金属性质的证据”: T. Thomson, *A System of Chemistry*, Vol. Ⅰ, p.252. Baldwin, Cradock & Joy, London, 1817.

第163页：“仿佛我的眼睛里掉下了尺子”: W. A. Tilden, ‘Cannizzaro Memorial Lecture’, in D. Knight (ed.), *The Development of Chemistry 1798–1914*, 567–584, here p.579. Routledge, London, 1998.

第163页：“我在梦里看到一张表格……”: B. M. Kedrov, ‘On the Question of the psychology of scientific creativity (on the occasion of the discovery of D. I. Mendeleev of the periodic law)’, *Soviet Psychology* **5**, 18–37 (1966–1967).

第170页：“（光）只是一种通过均匀、一致和透明的介质传播的脉冲或运动”: T. Birch, *The History of the Royal Society*, Vol. 3, 10–15, here p.10 (1757); “行星之间和恒星之间的广阔空间……”: W. D. Niven (ed.), *The Scientific Papers of James Clerk Maxwell*, Vol. 2, LIV, pp.311–323, here p.322. Cambridge University Press, 1890.

第171页：“无线电报、邮政、电缆，以及目前所有的昂贵设备”: W. Crookes, ‘Some possibilities of electricity’, *Fortnightly Review* **51**, 175 (1892).

第173—174页：“两条靠近的灿烂的蓝线”，“其白炽蒸气的亮蓝色光线……”: G. Kirchhoff & R. Bunsen, ‘Chemical analysis by spectrum-observations’, Second Memoir, *The London, Edinburgh, and Dublin Philosophical Magazine and Journal of Science*, **22**, p.330. 1861.

第176页：“等待着用分光镜来发现”，“我已经看到了几个很可疑的光谱”: W. H. Brock, *William Crookes (1832–1919) and the Commercialization of Science*, p.63. Ashgate, Aldershot, 2008.

第177页：“它在光谱中的绿色线条……”: W. Crookes,‘Further remarks on the supposed new metalloid’, *The Chemical News* **3(76)**, p.303 (1861).

第181页：“我 …… 开始觉得可疑”: M. W. Travers, *A Life of Sir William Ramsay*, p.145. Edward Arnold, London, 1956.

第182页：“但似乎非常不可能形成（这样的）化合物”: W. Ramsay, *The Gases of the Atmosphere: The History of Their Discovery*, p.195. Macmillan, London, 1915.

第183页：“含有一种未知的元素，有三组明亮的谱线”，“与氩气结合，形成一种能立即致命的化合物”: H. G. Wells, *The War of the Worlds*, in H. G. Wells, *The Science Fiction*, Vol. Ⅰ, p.317. J. M Dent, London, 1995.

第184页：“深红色光芒的火焰”: M. W. Travers, *The Discovery of the Rare Gases*, pp.95–96. Edward Arnold, London, 1928.

第186页：“这是个全新的问题……”: C. Nelson, *The Age of Radiance: The Epic Rise and Dramatic Fall of the Atomic Era*, p.25. Scribner, New York, 2014.

第187页：“我有一个强烈的愿望……”: R. W. Reid, *Marie Curie*, p.65. Collins, London, 1974.

第187—188页：“一种前所未有的金属……”: S. Quinn, *Marie Curie: A Life*. Da Capo Press, 1996; “观察到含有浓缩镭的产品……”: M. Curie, *Pierre Curie*, p.49. Dover, New York, 1963; “我们的乐趣之一……”: 出处同前, p.92.

第208页：“将一杯水中的氢转化为氦……”: R. Rhodes, *The Making of the Atomic Bomb*, p.140. Simon & Schuster, New York, 1986.

扩展阅读

G. Agricola, *De Re Metallica*, transl. H. C. Hoover & L. H. Hoover. Dover, 1950.
《坤舆格致》，汤若望等译，明朝

H. Aldersey-Williams, *Periodic Tales*. Penguin, 2011.
休·奥尔德-威廉姆斯:《元素周期表传奇》，浙江大学出版社，2019年

P. Ball, *The Elements: A Very Short*. Oxford University Press, 2004.

W. H. Brock, *The Fontana History of Chemistry*. Fontana, 1992.

K. Chapman, *Superheavy: Making and Breaking the Periodic Table*. Bloomsbury, 2019.
基特·查普曼:《超重: 重塑元素周期表》，人民邮电出版社，2020年

J. Emsley, *Nature's Building Blocks*. Oxford University Press, 2001.

M. D. Gordin, *A Well-Ordered Thing: Dmitrii Mendeleev and the Shadow of the Periodic Table*. Basic Books, 2004.

T. Gray, *The Elements*. Black Dog, 2009.

R. Mileham, *Cracking the Elements*. Cassell, 2018.

R. P. Multhauf, *The Origins of Chemistry*. Gordon & Breach, 1993.

B. Pullman, *The Atom in the History of Human Thought*. Oxford University Press, 1998.

E. Scerri, *The Periodic Table: Its Story and Its Significance*, 2nd edn. Oxford University Press, 2020.
埃里克·塞利:《为什么是门捷列夫?》，大连理工大学出版社，2012年

E. Scerri, *The Periodic Table: A Very Short*. Oxford University Press, 2019.
埃里克·塞利:《牛津通识读本: 元素周期表》，译林出版社，2022年

E. Scerri, *A Tale of Seven Elements*. Oxford University Press, 2013.

P. Wothers, *Antimony, Gold, and Jupiter's Wolf*. Oxford University Press, 2019.

译名对照

人名

C. 罗森博格(C. Rosenberg)
C. A. 詹斯(C. A. Jense)
C. J. 贝塞利耶夫尔(C. J. Besselièvre)
F. 金斯利(F. Kingsley)
F. J. 德克沃维勒(F. J. Dequevauviller)
G. J. 斯托达特(G. J. Stodart)
H. 阿什比(H. Ashby)
H. 霍尔(H. Hall)
H. W. 佩恩(W. H. Payne)
J. 丹恩(J. Danne)
J. 弗格斯(J. Fergus)
J. 史蒂芬森(J. Stephenson)
J. 斯塔布斯(J. Stubbs)
J. C. 福门廷(J. C. Formentin)
J. V. C. 魏伊(J. V. C. Way)
M. 佩蒂特(M. Petit)
M. 斯蒂凡(M. Stephan)
T. 罗宾逊(T. Robinson)
W. 杰克逊(W. Jackson)
阿伯特・吉奥索(Albert Ghiorso)
阿尔布雷希特・丢勒(Albrecht Dürer)
阿尔弗雷德・哈特(Alfred A. Hart)
阿尔蒙・拉什(Almon Larsh)
阿尔瓦罗・阿隆索・巴尔巴(Álvaro Alonso Barba)
阿克塞尔・弗雷德里克・克龙斯泰特(Axel Fredrik Cronstedt)
阿梅代奥・阿伏伽德罗(Amedeo Avogadro)
阿那克西曼德(Anaximander)
阿那克西美尼(Anaximenes)
埃德加・法斯・史密斯(Edgar Fahs Smith)
埃德加・朗文(Edgar Longman)
埃德蒙・弗雷米(E. Fremy)
埃德温・麦克米伦(Edwin McMillan)
埃胡德・加利利(Ehud Galili)
埃米利奥・塞格雷(Emilio Segrè)
埃默里・沃克(Emery Walker)
艾尔伯图斯・麦格努斯(Albertus Magnus)
艾佛雷特・法希(Everett Fahy)
爱德华・布鲁斯特(Edward Brewster)
爱德华・弗兰克兰(Edward Frankland)
爱德华・凯利(Edward Kelly)
爱德华・洛夫格伦(Edward Lofgren)
爱德华・泰勒(Edward Teller)
爱德华・詹纳(Edward Jenner)
安布罗斯・戈弗雷・汉克维茨(Ambrose Godfrey Hanckwitz)
安德烈-马里・安培(André-Marie Ampère)
安德烈亚斯・利巴菲乌斯(Andreas Libavius)
安德烈亚斯・塞拉里乌斯(Andreas Cellarius)
安德斯・古斯塔夫・埃克伯格(Anders Gustav Ekeberg)
安东尼・卡莱尔(Anthony Carlisle)
安东尼奥・德・乌略亚・德・拉・托雷-劳特(Antonio de Ulloa y de la Torre-Giralt)
安娜・伯莎(Anna Bertha)
安托万・弗朗索瓦(Antoine Fourcroy)
安托万・拉瓦锡(Antoine Lavoisier)
安托万-杰罗姆・巴拉德(Antoine-Jerôme Balard)
安托万-克劳德・帕内捷(Antoine-Claude Pannetier)
奥古斯特・威廉・冯・霍夫曼(A. W. Hoffman)
奥劳斯・马格努斯(Olaus Magnus)
奥斯卡・达戈斯蒂诺(Oscar D'Agostino)
奥托・伯格(Otto Berg)
奥托・哈恩(Otto Hahn)
恩培多克勒(Empedocles)
巴里・劳伦斯・鲁德尔曼(Barry Lawrence Ruderman)
巴泰勒米・福哈斯・德・圣丰(Barthélemy Faujas-de-St-Fond)
巴西尔・瓦伦丁(Basil Valentine)
保罗・埃鲁(Paul-Louis Toussaint Heroult)
保罗・埃米尔・勒科克・德布瓦博德兰(Paul-Émile Lecoq de Boisbaudran)
保罗・勒隆(Paul Lelong)
保罗-埃米尔・勒科克(Paul- Émile Lecoq)
贝尔曼努斯(Bermannus)
贝尔纳・库尔图瓦(Bernard Courtois)
本杰明・汤普森(Benjamin Thompson)
本特・莱因霍尔德・盖尔(Bengt Reinhold Geijer)
彼得・爱华德(Peter Ewart)
彼得・范・阿什切(Pieter van Assche)
彼得・范・穆森布罗克(Pieter van Musschenbroek)
查尔斯・爱德华・科顿(Charles Edward Cotton)
查尔斯・霍尔(Charles Hall)
查尔斯・赖特曼(Charles Wrightsman)
查尔斯・威廉姆斯(Charles Williams)
达莲娜・霍夫曼(Darleane Hoffman)
大卫・柯蒂斯(David Curtis)
大卫・马丁(David Martin)
丹尼尔・克拉夫特(Daniel Kraft)
丹尼尔・卢瑟福(Daniel Rutherford)
德尼・狄德罗(Denis Diderot)
迪奥斯科里德斯(Dioscorides)
恩里科・费米(Enrico Fermi)
菲力普・艾贝尔森(Philip Abelson)
菲利波・布鲁内莱斯基(Filippo Brunelleschi)
菲利普・斯图尔特(Philip Stewart)
费迪南德・赖希(Ferdinand Reich)
弗朗西斯・阿斯顿(Francis Aston)
弗雷德里克・索迪(Frederick Soddy)
弗雷德里克・约里奥(Frédéric Joliot)
弗里茨・施特拉斯曼(Fritz Strassmann)
弗里德里希・施特罗迈尔(Friedrich Stromeyer)
弗里德里希・维勒(Friedrich Wöhler)
弗里德利布・费迪南德・龙格(Friedlieb Ferdinand Runge)
福斯托・德卢亚尔(Fausto d'Elhuyar)
戈特弗里德・莱布尼茨(Gottfried Leibniz)
格奥尔格・恩斯特・斯塔尔(Georg Ernst Stahl)
格奥尔格乌斯・阿格里科拉(Georgius Agricola)
格奥尔基・尼古拉耶维奇・弗廖罗夫(Georgy Nikolayevich Flerov)
格林・麦克劳克林(Glen McLaughlin)
格伦・西博格(Glenn Seaborg)
古列尔莫・马可尼(Guglielmo Marconi)
古斯塔夫・贝蒙特(Gustave Bémont)
古斯塔夫・基尔霍夫(Gustav Kirchhoff)
哈维・库欣(Harvey Cushing)
海因里希・赫兹(Heinrich Hertz)
海因里希・谢伦(Heinrich Schellen)
汉弗里・戴维(Humphrey Davy)
汉斯・盖格(Hans Geiger)
汉斯・黑塞(Hans Hesse)
汉斯・克里斯蒂安・奥斯特(Hans Christian Oersted)
赫伯特・乔治・威尔斯(Herbert George Wells)
赫耳墨斯・特里斯墨吉斯忒斯(Hermes Trismegistus)
亨利・贝克勒尔(Henri Becquerel)
亨利・贝塞麦(Henry Bessemer)
亨利・恩菲尔德・罗斯科(Henry Enfield Roscoe)
亨利・卡文迪许(Henry Cavendish)
亨利・莫瓦桑(Henri Moissan)
亨尼格・布兰德(Hennig Brandt)
胡安・何塞・德卢亚尔(Juan José d' Elhuyar)
吉米・罗宾逊(Jimmy Robinson)
贾比尔・伊本・哈扬(Jabir ibn Hayyan)
简・英格豪斯(Jan Ingenhousz)
卡尔・阿克塞尔・阿伦尼乌斯(Carl Axel Arrhenius)
卡尔・奥尔・冯・威尔斯巴赫(Carl Auer von Welsbach)

卡尔・古斯塔夫・莫桑德(Carl Gustaf Mosander)
卡尔・林奈(C. Linnaeus)
卡尔・威尔海姆・舍勒(Carl Wilhelm Scheele)
卡洛・佩里尔(Carlo Perrier)
克劳德・贝托莱(Claude Berthollet)
克劳德・弗朗索瓦・若弗鲁瓦(Claude François Geoffroy)
克劳德-奥古斯特・拉米(Claude-Auguste Lamy)
克劳德-路易・贝托莱(Claude-Louis Berthollet)
克劳迪奥・德・多梅尼科・塞伦塔诺・迪瓦莱(Claudio de Domenico Celentano di Valle)
克劳迪亚斯・盖伦(Claudius Galenus)
拉齐(Razi)
拉撒路・埃克尔(Lazarus Ercker)
理查德・库珀(Richard Cooper)
莱纳特・哈林(Lennart Halling)
老普林尼(Pliny the Elder)
勒内-安托万・费尔绍・德・列奥米尔(René-Antoine Ferchault de Réaumur)
里斯・刘易斯(Rhys Lewis)
利奥波德・格梅林(Leopold Gmelin)
鲁庇西萨的约翰(John of Rupescissa)
路易吉・伽伐尼(Luigi Galvani)
路易吉・帕尔米耶里(Luigi Palmieri)
路易-尼古拉・沃克兰(Nicolas Louis Vauquelin)
路易斯・勒梅里(Louis Lémery)
路易斯・西莫宁(Louis Simonin)
路易斯-伯纳德・盖顿・德莫沃(Louis Bernard Guyton de Morveau)
路易斯-尼古拉斯・罗伯特(Nicolas-Louis Robert)
路易-雅克・塞纳德(Louis-Jacques Thénard)
罗伯特・本生(Robert Bunsen)
罗伯特・波义耳(Robert Boyle)
罗伯特・弗拉德(Robert Fludd)
罗伯特・戈登(Robert Gordon)
罗伯特・胡克(Robert Hooke)
罗伯特・科尔(Robert Kerr)
罗伯特・拉蒂默(Robert Latimer)
马丁・克拉普罗特(Martin Klaproth)
马尔库斯・维特鲁威(Marcus Vitruvius)
马克・米尔班奇(Mark Milbanke)
马克斯・赫尔曼・鲍尔(Max Hermann Bauer)
玛丽・安・科顿(Mary Ann Cotton)
玛丽・雪莱(Mary Shelley)
玛丽-安妮・保尔兹・拉瓦锡(Marie-Anne Paulze Lavoisier)
玛丽亚・罗尔(Maria Röhl)
迈克尔・法拉第(Michael Faraday)
马修・博尔顿(Matthew Boulton)
马修斯(Matthews)
米歇尔・德・马洛雷斯(Michel de Marolles)
莫里斯・特拉弗斯(Morris Travers)
穆罕默德・伊本・乌梅尔(Muhammed ibn Umail al-Tamîmî)
纳维乌斯(Naevius)
尼尔・阿姆斯特朗(Neil Armstrong)
尼尔斯・玻尔(Niels Bohr)
尼尔斯・亚伯拉罕・朗勒特(Nils Abraham Langer)
尼凯斯・勒费弗尔(Nicaise Le Fèvre)
诺曼・洛克耶(Norman Lockyer)
欧内斯特・劳伦斯(Ernest Lawrence)
欧内斯特・卢瑟福(Ernest Rutherford)
欧内斯特・马斯登(Ernest Marsden)
欧内斯特・沃尔顿(Ernest Walton)
欧仁・佩利戈特(Eugène Peligot)
帕拉塞尔苏斯(Paracelsus)
帕特里克・布莱克特(Patrick Blackett)
皮・特奥多尔・克利夫(Per Teodor Cleve)
皮埃尔・拜恩(Pierre Bayen)
皮埃尔・居里(Pierre Curie)
皮埃尔・麦克奎尔(Pierre Macquer)
皮埃尔・朱尔・让森(Pierre Jules Janssen)
普罗斯佩-勒内・布朗洛(Prosper-René Blondlot)
乔凡尼・贝利尼(Giovanni Bellini)
乔瓦尼・阿尔迪尼(Giovanni Aldini)
乔治・勃兰特(Georg Brandt)
乔治・菲尔(George Field)
乔治・威尔逊(George Wilson)
琴尼诺・琴尼尼(Cennino Cennini)
让・勒朗・达朗贝尔(Jean le Rond d'Alembert)
让・佩兰(Jean Perrin)
让-安东尼・华托(Jean-Antoine Watteau)
让-巴蒂斯・卡米耶・柯洛(Jean-Baptiste-Camille Corot)
让-夏尔・加利萨德・德・马里尼亚克(Jean-Charles Galissard de Marignac)
儒勒・佩洛兹(J. Pelouze)
瑞利勋爵(Lord Rayleigh)
萨迪・卡诺(Sadi Carnot)
萨摩斯的希波(Hippon of Samos)
塞缪尔・克雷斯(Samuel H. Kress)
塞缪尔・莫雷(Samuel Morey)
史密森・特南特(Smithson Tennant)
斯蒂芬・格雷(Stephen Gray)
斯坦尼斯劳・坎尼扎罗(Stanislao Cannizzaro)
斯特拉波(Strabo)
唐纳德・库克西(Donald Cooksey)
特雷弗・威廉斯(Trevor Williams)
提奥多・德・索绪尔(Théodore de Saussure)
托比昂・西克兰博士(Dr. Torbjørn Sikkeland)
托尔贝恩・贝格曼(Torbern Bergman)
托马斯・贝多斯(Thomas Beddoes)
托马斯・德里(Thomas Derry)
托马斯・费兰多斯(Thomas Ferrandus)
托马斯・汤姆森(Thomas Thomson)
托马斯・西登纳姆(Thomas Sydenham)
托马斯・杨(Thomas Young)
瓦尔特・诺达克(Walter Noddack)
万诺乔・比林古乔(Vannoccio Biringuccio)
威廉・奥德林(William Odling)
威廉・德・布莱利斯(William de Brailes)
威廉・海德・沃拉斯顿(William Hyde Wollaston)
威廉・赫歇尔(William Herschel)
威廉・亨利・霍尔(William Henry Hall)
威廉・吉尔伯特(William Gilbert)
威廉・克鲁克斯(William Crookes)
威廉・拉姆齐(William Ramsay)
威廉・伦琴(Wilhelm Röntgen)
威廉・莫里斯(William Morris)
威廉・尼科尔森(William Nicholson)
威廉・普洛特(William Prout)
威廉・透纳(J. M. W. Turner)
威廉・希勒布兰德(William Hillebrand)
威廉・希辛格(Wilhelm Hisinger)
威廉姆斯・海因斯(Williams Haynes)
维拉诺瓦的阿纳尔德(Arnald of Villanova)
沃尔夫冈・菲利普・基利安(Wolfgang Philipp Kilian)
沃里克・戈布尔(Warwick Goble)
乌尔丽卡・帕什(Ulrika Pasch)
西奥多・克尔克林(Theodor Kerckring)
西奥菲勒斯(Theophilus)
西普里亚诺・塔尔乔尼(Cipriano Targioni)
希罗尼穆斯・里西特(Hieronymus Richter)
希皮斯利爵士(Sir J. C. Hippisley)
夏尔・艾蒂尔(Charles Estienne)
谢尔盖・柯恩(Serge Kern)
雅克・查尔斯(Jacques Charles)
雅克・居里(Jacques Curie)
雅克-路易・大卫(Jacques-Louis David)
亚当・伊斯利普(Adam Islip)
亚历山大・布鲁斯(Alexander Bruce)
亚历山大・格拉汉姆・贝尔(Alexander Graham Bell)
亚历山大-埃德蒙・贝克勒尔(Alexandre-Edmond Becquerel)
亚历山德罗・伏特(Alessandro Volta)
扬・巴普蒂斯塔・范・海尔蒙特(Jan Baptista van Helmont)
伊达・塔克(Ida Tacke)
伊格尔・库尔恰托夫(Igor Kurchatov)
伊格内修斯・凯姆(Ignatius Kaim)
伊雷娜・约里奥-居里(Irène Joliot-Curie)
以西结・温特劳布(Ezekiel Weintraub)
永斯・雅各布・贝采利乌斯(JÖns Jacob Berzelius)
尤里・奥加涅相(Yuri Oganessian)
尤利乌斯・ 洛塔尔・迈耶尔(Julius Lothar Meyer)

约翰·埃利斯(John Ellis)
约翰·比尔(John Bill)
约翰·道尔顿(John Dalton)
约翰·弗里德里希·亨克尔(Johann Friedrich Henckel)
约翰·福格(Johann Fugger)
约翰·戈特利布·甘恩(Johan Gottlieb Gahn)
约翰·戈特洛布·冯·库尔(Johann Gottlob von Kurr)
约翰·戈特洛布·莱曼(Johann Gottlob Lehmann)
约翰·海·惠特尼(John Hay Whitney)
约翰·加多林(Johan Gadolin)
约翰·考克饶夫(John Cockcroft)
约翰·克索布姆(Johann Kerseboom)
约翰·昆克尔(Johann Kunckel)
约翰·李奇(John Leech)
约翰·鲁道夫·格劳贝尔(Johann Rudolph Glauber)
约翰·马丁(John Martin)
约翰·梅奥(John Mayow)
约翰·纽兰兹(John Newlands)
约翰·塞勒(John Seller)
约翰·威廉·里特(Johann Wilhelm Ritter)
约翰·韦伯斯特(John Webster)
约翰·沃尔夫冈·德贝赖纳(Johann Wolfgang Döbereiner)
约翰·约阿希姆·贝歇尔(Johann Joachim Becher)
约翰内斯·古登堡(Johannes Gutenberg)
约翰尼斯·开普勒(Johannes Kepler)
约瑟夫·布拉克(Joseph Black)
约瑟夫·冯·夫琅和费(Joseph von Fraunhofer)
约瑟夫·赖特(Joseph Wright)
约瑟夫·路易·盖-吕萨克(Joseph Louis Gay-Lussac)
约瑟夫·普里斯特利(Joseph Priestley)
约瑟夫·约翰·汤姆逊(Joseph John Thomson)
詹姆斯·查德威克(James Chadwick)
詹姆斯·吉尔雷(James Gillray)
詹姆斯·焦耳(James Joule)
詹姆斯·克拉克·麦克斯韦(James Clerk Maxwell)
詹姆斯·索尔比(James Sowerby)
詹姆斯·瓦特(James Watt)
朱塞佩·阿韦拉尼(Giuseppe Averani)
佐西莫斯(Zosimos)

书名

《宝石学》(*Edelsteinkunde*)
《百科全书,或科学、艺术和工艺详解词典》(*Encyclopédie, ou dictionnaire raisonné des sciences, des arts et des métiers*)
《北方民族史》(*Historia de Gentibus Septentrionalibus*)
《大气中的气体:它们的发现史》(*The Gases of the Atmosphere: The History of Their Discovery*)
《大与小的两个宇宙的形而上学、物理学与技艺的历史》(*Utriusque Cosmi Maioris Scilicet et Minoris Metaphysica, Physica Atque Technica Historia*)
《地球天文剧场》(*Theatrum Astronomiae Terrestris*)
《地下生活》(*La Vie Souterraine*)
《帝国节日》(*Surname-i Hümayun*)
《电疗法的理论与实验》(*Essai Théorique et Expérimental Sur Le Galvanisme*)
《对各种物体的新经验与观察》(*Nouvelles Expériences et Observation Sur Divers Objets de Physique*)
《关于空气弹性及其效应的物理-力学新实验》(*New Experiments Physico-Mechanicall*)
《关于消色差望远镜的完善》(*In Relation to the Perfection of Achromatic Telescope*)
《光谱分析,1868年在伦敦药剂师学会举办的6场讲座》(*Spectrum Analysis. Six Lectures Delivered in 1868 Before the Society of Apothecaries of London*)
《光谱分析在地球物质中的应用,以及天体的物理结构》(*Spectrum Analysis in Its Application to Terrestrial Substances, and The Physical Constitution of the Heavenly Bodies*)
《和谐大宇宙》(*Harmonia Macrocosmica*)
《化学词典》(*A Dictionary of Chemistry*)
《化学的一般概念》(*Notions Générales de Chimie*)
《化学基本论述》(*Traité Élémentaire de Chimie*)
《化学命名法》(*Méthode de Nomenclature Chimique*)
《化学手册》(*Handbuch der Chemie*)
《化学条约》(*Traité de la Chimie*)
《化学新闻》(*Chemistry News*)
《化学性质概要》(*A Synopsis of the Chemical Characters*)
《化学原理》(*Osnovy Khimii*)
《化学哲学新体系》(*A New System of Chemical Philosophy*)
《化学哲学原理》(*Elements of Chemical Philosophy*)
《怀疑派化学家》(*The Sceptical Chymist*)
《火法技艺》(*De La Pirotechnia*)
《几种气体的实验和观察》(*Experiments and Observations on Different Kinds of Air*)
《将锻铁转化为钢的艺术》(*L'Art de Convertir le Fer Forgé en Acie*)
《金属的艺术》(*The Art of Metals*)
《金相学,或一部金属史》(*Metallographia, or A History of Metals*)
《科学和文学档案》(*Archives des Missions Scientifiques et Littéraires*)
《科学研究!气动的新发现!或关于气体动力的实验讲座》(*Scientific Researches!–New Discoveries in Pneumaticks!–or–an Experimental Lecture on the Powers of Air*)
《矿物王国》(*The Mineral Kingdom*)
《镭,制备及性质》(*Le Radium, Sa Préparation et Ses Propriétés*)
《理化研究》(*Recherches Physico-Chimiques*)
《炼金术公式书》(*Book of Alchemical Formulas*)
《炼金术士,寻找魔法石》(*The Alchymist, In Search of the Philosopher's Stone*)
《炼金术札记》(*Miscellanea d'Alchimia*)
《论磁石》(*De Magnete*)
《论电流在肌肉运动中的作用》(*De Viribus Electricitatis*)
《论空气和火的化学》(*Chemische Abhandlung von der Luft und dem Feuer*)
《论矿物和金属物质》(*De Mineralibus et Rebus Metallicis Libri Quinque*)
《论矿冶》(*De re Metallica*)
《论钻石的性质》(*On the Nature of the Diamond*)
《孟戈菲兄弟航天器的经验描述》(*Description des Expériences de la Machine Aérostatique de MM. de Montgolfier*)
《缪斯神庙的桌子》(*Tables of the Temple of the Muses*)
《色谱法》(*Chromatography*)
《上帝的礼物》(*Donum Dei*)
《世界的和谐》(*Harmonices Mundi*)
《苏纳特湖计划》(*A Plan of Loch Sunart...become Famous by the Greatest National Improvement this Age has Produc'd*)
《锑的凯旋战车》(*The Triumphal Chariot of Antimony*)
《提纯氟的研究》(*Recherches sur l'Isolement du Fluor*)
《天体地图集》(*Atlas Cælestis*)
《天体运行论》(*De Revolutionibus Orbium Coelestium*)
《天象论》(*Meteorologica*)
《物性论》(*De Rerum Natura*)
《物质的原理》(*Physica Subterranea*)
《物质新性质的研究》(*Recherches sur une Propriété Nouvelle de la Matière*)
《现代化学理论》(*The Modern Theory of Chemistry*)
《形成物质的冲动》(*Der Bildungstrieb Der Stoffe*)
《医学集成》(*Kitab al-Hawi fi al-tibb*)
《艺术家之钥》(*Clavis Artis*)
《银色水》(*Al-mâ' Al-waraqî*)
《英国矿物学》(*British Mineralogy, or, Coloured Figures Intended to Elucidate the Mineralogy of Great Britain*)
《原子》(*Atoms*)
《制造磷的方法》(*Way of Making Phosphorus*)
《重要矿石论》(*Beschreibung Allerfürnemisten Mineralischen Ertzt unnd Bergkwercks Arten*)
《自然科学会报》(*Philosophical Transactions of the Royal Society of London*)
《自然哲学的数学原理》(*Philosophiæ Naturalis Principia Mathematica*)
《植物化学研究》(*Recherches Chimiques Sur la Végétation*)
《最后的遗嘱和遗愿》(*The Last Will and Testament*)

图片来源

出版方向所有授权本书使用图片的机构、图库和所有者表示感谢。出版方已尽一切努力标注出本书所使用图片的来源，对于任何无心的遗漏或错误我们诚挚致歉，并十分愿意在此书再版时予以修正。

Every attempt has been made to trace the copyright holders of the works reproduced, and the publishers regret any unwitting oversights. Illustrations on the following pages are generously provided courtesy of their owners, their licensors, or the holding institutions as below:

Alamy Stock Photo: 16 (The Picture Art Collection); 21 (Granger Historical Picture Library); 35 top (Album); 44 (www.BibleLandPictures.com); 45 (FLHC 40); 55 top (Laing Art Gallery, Newcastle-upon-Tyne/Album); 55 bottom (Biblioteca Medicea Laurenziana, Florence); 56 (CPA Media Pte Ltd); 70–71 (Science History Archive), 76 top (Interphoto); 125 (Institution of Mechanical Engineers/Universal Images Group North America LLC)

© akg-images: 42 (SMB, Antikenmuseum, Berlin/ Bildarchiv Steffens); 87 (Topkapi Museum, Istanbul/Roland and Sabrina Michaud); 74–75 (Annaberg, Sachsen, Stadtkirche St. Annen)

Annaberg-Buchholz (St Ann's Church) / Wikimedia Commons (PDM): 96–97

Bayerische Staatsbibliothek München, Chem. 118 d-1, p.457 (detail): 162 bottom

Bethseda, The National Library of Medicine: 188 bottom

Biblioteca Civica Hortis, Trieste (PDM): 57 top

Biblioteca General de la Universidad de Sevilla (CC 1.0): 47

Bibliothèque nationale de France, département Estampes et photographie: 157 top

The British Library, London (PDM 1.0): 14, 53

Cavendish Laboratory, University of Cambridge, after J.B. Birks, ed., Rutherford at Manchester (London: Heywood & Co., 1962) p.70: 195

Deutsches Museum, Munich: 178

Edgar Fahs Smith Collection, Kislak Center for Special Collections, Rare Books and Manuscripts, University of Pennsylvania: 162 top

© E. Galili: 40

© Ethnologisches Museum der Staatlichen Museen zu Berlin—Preußischer Kulturbesitz (bpk); Photo: Ines Seibt: 33

Finnish Heritage Agency - Musketti (CC by 4.0): 139

Francis A. Countway Library of Medicine, Harvard: 129, 186

Gerstein—University of Toronto: 79, 120

Getty Images: 18 (© DEA / G. Nimatallah/De Agostini); 59 (Derby Museum and Art Gallery); 99, 133 (Fine Art Images/Heritage Images); 149 (Hulton Archive); 160–161 (Bettmann); 164 bottom, 184 bottom; 190–191 (Corbis); 193 top; 194 (© Science Museum /SSPL); 217 (Kazuhiro Nogi/Afp)

Getty Research Institute, Los Angeles: 15, 23, 41, 63, 64 (right), 80

GSI Helmholtzzentrum für Schwerionenforschung GmbH; photo: A. Zschau: 215

© Gun Powder Ma/Wikimedia Commons (CC0 1.0): 43

© History of Science Museum, University of Oxford: 11

Homer Laughlin China Company, 'Fiesta' is a registered trademark of the Fiesta Tableware Company; Photo: courtesy Mark Gonzalez: 100

© Institute of Nautical Archaeology, Texas: 86 bottom

J. Paul Getty Museum, Villa Collection, Malibu, California: 12–13, 35 bottom

Library of Congress, Washington, DC: 49, 119, 185 (Prints and Photographs Division); 107 (Rare Book and Special Collections Division)

The Linda Hall Library of Science, Engineering & Technology, courtesy of: 130, 201

Manna Nader, Gabana Studios, Cairo, by kind permission: 30–31

Marco Bertilorenzi, after 'From Patents to Industry. Paul Héroult and International Patents Strategies,1886-1889' (2012): 159 right

The Metropolitan Museum of Art, New York: 34, 38, 46 bottom, 90, 111

© Michel Royon / Wikimedia Commons (CC BY 2.0): 153 top

Ministry of Tourism and Antiquities, Cairo, courtesy Egymonuments.gov.eg; Photo: Ahmed Romeih - MoTA: 153 bottom

Musée Curie (Coll. ACJC), Paris: 188 top

Naples, by permission of the Ministry for Cultural Heritage and Activities and for Tourism—National Archaeological Museum; photo: Luigi Spina, inv. 5623: 20

National Central Library of Florence: 117

National Galleries of Scotland: 114

National Gallery of Art, Washington, DC. Samuel H. Kress Collection: 87

National Gallery, London: 134

Natural History Museum Library, London: 123, 179, 180

National Library of Norway, via Project Runeberg, DRM Free: 86 top

National Museum of China, Beijing/photo: BabelStone//Wikimedia Commons (CC BY-SA 3.0): 57 bottom

National Portrait Gallery, Mariefred, Södermanland: 84

Oak Ridge National Laboratory, PDM: 205

Philip Stewart, 2004, by kind permission: 166–167

© The President and Fellows of St John's College, Oxford: 21

Qatar National Library: 126

Rawpixel Ltd (CC0), via Flickr: 168–169

© 2010-2019 The Regents of the University of California, Lawrence Berkeley National Laboratory: 198, 200, 211 (Photo: Donald Cooksey); 199, 120 (Photo: Marilee B. Bailey); 204, 206–207 (Photolab); 197 (Photo: Roy Kaltschmidt)

The National Library of Scotland, Reproduced with the permission of: 155

The Royal Library, Stockholm, Archive of Swedish cultural commons: 138

The Royal Society, London: 56 bottom (CLP/11i/21 - detail), 127

Schlatt, Eisenbibliothek: 89

Science & Society Picture Library—All rights reserved: 141 (© Museum of Science & Industry); 165, 177 (Science Museum, London)

Science History Institute, Philadelphia (PDM 1.0), courtesy of: 48 top, 72, 64 left, 65, 72, 93, 95, 105, 109, 116 (Douglas A. Lockard), 124, 135, 163, 172, 173, 175, 181

Science Photo Library, London: 121; 148 (Royal Institution Of Great Britain); 150–151 (Sheila Terry); 174 (Rhys Lewis, Ahs, Decd, Unisa / Animate4.Com)

SLUB Dresden / Deutsche Fotothek: 50–51

Smithsonian Libraries, Washington, courtesy of, via BHL: 27, 76 bottom, 92, 154

Stadtarchiv Wesel, O1a, 5-14-5–02: 196

Stanford Libraries, courtesy, David Rumsey Map Center (PURL https://purl.stanford.edu/bf391qw5147): 26 (The Robert Gordon Map Collection), 28 (The Barry Lawrence Ruderman Map Collection); 29 (Glen McLaughlin Map Collection of California)

Statens Museum for Kunst, Copenhagen: 158

© Szalax / Wikimedia Commons (CC by 4.0): 37

Tekniska museet, Photo: Lennart Halling, 1960-11: 137

Topkapi Sarayi Ahmet III Library, Istanbul/ Wikimedia Commons (CC BY 4.0): 7

© The Trustees of the British Museum: 39, 82

University of California Libraries, via BHL: 183, 193 bottom

University of Illinois Urbana-Champaign, via BHL: 17

University of Miskolc: 66

United States Department of Energy, Office of Public Affairs, Washington: 198, 209; 203 (Special Engineering Detachment, Manhattan Project, Los Alamos, Photo: Jack Aeby)

United States Patent and Trademark Office, www.uspto.gov: 48 bottom, 159 left

Vassil/Wikimedia Commons (PDM): 85

Victorian Web, photo: Simon Cooke: 184 top

The Walters Art Museum, Baltimore (CC0): 24, 62

Wellcome Collection, London (CC BY 4.0): endpapers, 25, 67 both, 68, 72, 77, 81, 83, 91, 101, 102–103,108, 112, 115, 128, 132, 140, 142–143, 144, 145, 146, 147, 152, 164 top, 170, 176, 182, 187 both, 189

Wikimedia Commons (PDM): 122

Yoshida-South Library, Kyoto University: 10